"十二五"国家重点图书出版规划项目

动物分子免疫学

郑世军 著

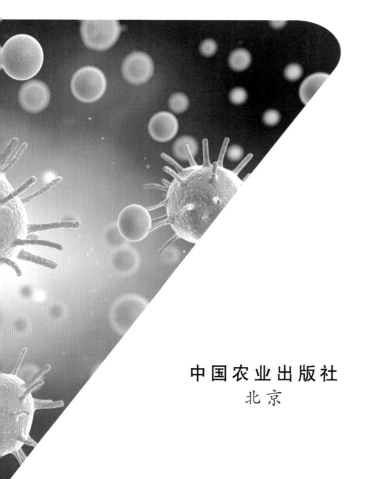

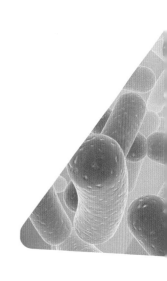

中国农业出版社

北京

图书在版编目（CIP）数据

动物分子免疫学/郑世军著 . —北京：中国农业
出版社，2015.9（2017.11 重印）
"十二五"国家重点图书出版规划项目
ISBN 978-7-109-20184-2

Ⅰ.①动…　Ⅱ.①郑…　Ⅲ.①动物学—分子免疫
Ⅳ.①S852.4

中国版本图书馆 CIP 数据核字（2015）第 033032 号

中国农业出版社出版
（北京市朝阳区麦子店街 18 号楼）
（邮政编码 100125）
责任编辑　黄向阳　周锦玉

北京通州皇家印刷厂印刷　新华书店北京发行所发行
2015 年 9 月第 1 版　2017 年 11 月北京第 2 次印刷

开本：700mm×1000mm 1/16　印张：18.5
字数：335 千字
定价：190.00 元
（凡本版图书出现印刷、装订错误，请向出版社发行部调换）

作者简介

郑世军，1964 年 8 月生，免疫学博士，博士生导师，国家杰出青年基金获得者，新世纪百千万人才工程国家级人选，中国农业科学院教学名师，获国务院特殊津贴。主要从事抗感染免疫的分子机制及畜禽传染病免疫防制的研究。主要研究成果以第一或共同第一作者或通讯作者的文章发表于 *Nature Immunology*、*J Clinical Investigation*、*J Immunology*、*Diabetes*、*J Virology*、*Immunobiology*、*Veterinary Microbiology*、*Virus Research*、*PLoS ONE*、*BBRC*、*Virology J*、*Poultry Science* 等重要国际刊物，特约撰写的研究综述发表于美国 *Immunological Research* 期刊。担任中国农学会理事，中国畜牧兽医学会禽病学分会理事兼副秘书长，动物传染病学分会常务理事，第一届全国动物防疫专家委员会委员，《亚洲兽医病例研究》主编，《中国兽医杂志》副主编，《生物工程学报》《中国禽病杂志》及 *Frontier in Agriculture and Engineering* 编委，美国 *Open J Veterinary Medicine*、*Frontier in Microbial Immunology*、*Frontier in Microbial Medicine*、*Frontiers in Biotechnology*、*Immunology and Immunobiotechniques* 及 *World J Virology* 学术期刊编委。担任 *J Immunology*、*Immunobiology*、*J genetics and genomics*、*The Veterinary Journal* 等 SCI 期刊论文审稿专家。担任《中国农业科学》《生物工程学报》《微生物学报》期刊论文审稿专家。

内容简介

　　本书针对免疫学领域最新知识及理论进行阐述，具有内容新颖、直观易懂、结合实际等特点。内容新颖，体现在对某些重要的热门领域阐明新理论、新技术和重要的原创性试验；直观易懂，体现在图文并茂，书中配有126幅彩图，有助于理解文中内容；结合实际，体现在如何利用免疫学服务于动物疫病防控，尤其是第八章及附录三至附录七，针对猪免疫防控的总结和应用，使该课程更接近于实践。

　　免疫学的发展史实际上也是免疫学家的成长史，这些科学家在成长过程中百折不挠，有着各种曲折的励志故事。这些故事不仅十分有趣，对我们也是一种激励。作者挑选了部分经典故事并亲自讲述，出版社将其制成音频二维码附于书后。希望读者在学习之余，通过聆听免疫学家的成长史及相关故事，加深对免疫学的学习兴趣，更好地理解免疫学的发展过程！

Preface

自序

　　免疫学发展迅速，知识更新快、周期短，尤其是近年来先天性免疫研究领域的突飞猛进，使人们对免疫系统生理功能的了解有了质的飞跃。然而对于免疫学知识，初次接触免疫学的学生往往既渴望了解其中蕴含的深刻道理，又感到力不从心；有一定免疫学基础的学生要在短期内更新知识也不是件容易的事。

　　自从 1986 年接触免疫学课程以来，我深深被该课程揭示的众多科学问题所吸引，并于 1990—1996 年教授动物医学专业本科生"动物免疫学"课程。虽然努力，但水平的确有限，试验技能仅限于掌握血清学检测技术，主要针对猪和家禽。1996 年获美国麻省大学（UMass）全额奖学金自费到该校攻读博士学位，研究的课题是以免疫学技术调节马的繁殖周期。学习期间曾师从于免疫学家 Dr. Richard Goldsby（*Kuby Immunology* 教材主编）、Dr. Barbara Osborne（*Kuby Immunology* 教材主编）、Dr. Samuel Black，以及 Dr. Cynthia Baldwin，聆听大师们的教诲，感受他们对免疫学深邃的热爱和孜孜以求的精神。现在还时常回忆起他们谦逊的话语及和蔼的微笑，尤其是 Goldsby 教授讲课时，他渊博的知识和优雅的风度给学生树立了光辉典范。在研究中，逐渐了解和体会到自身免疫病发病机制是免疫学研究中最深奥的课题之一。于是博士毕业后前往美国宾夕法尼亚大学医学院，在分子免疫学家 Dr. Youhai Chen 的指导下进行自身免疫病发病机制及感染与免疫机制的研究工作，以小鼠为模型研究人的免疫学。在此期间真正体会到免疫学试验的奥妙和乐趣，从此我成为一名实实在在的免疫学研究实践者。

2005 年夏，我回到母校中国农业大学动物医学院从事免疫学教学和研究工作。同年曾经与出版社联系，计划翻译 *Kuby Immunology* 这部教材。然而，由于插图版权问题没能达成协议，十分遗憾。于是，计划编撰一本与时俱进的《动物分子免疫学》的理想由此萌生。能坐下来潜心编写一部著作，的确是对意志的巨大考验，经过多年的努力，本书终于完成！

本书对免疫学核心内容进行了重点描述。免疫学最本质的核心内容是 T、B 淋巴细胞发育、成熟和活化（第四章和第五章），这部分是免疫学的根基和主干。如果将这部分内容完全深刻地理解了，遇到问题就能够迎刃而解，其他内容只是细枝末节问题。每章针对免疫学科最新研究成果进行阐述、针对最热门研究领域进行介绍，章节后设置"阅读心得"空间，读者可针对阅读中的问题进行提炼和总结。本书以专题性质重点讲述免疫学核心理论和疫病防控，可供生物医学，尤其是动物医学领域的研究人员参考使用。

这本书仅由我一人执笔，文中插图除图 11-3 是引用文献外，其余 125 幅彩图均由我一人用鼠标勾画完成。鉴于水平有限，书中难免存在纰漏或不足之处，真诚希望读者提出批评和指正，也希望志同道合者能精诚合作，将这本书不断更新和丰富！

郑世军

2015 年 4 月于北京

目录

第一章 绪 论

概述：免疫系统（immune system）是动物机体长期进化形成的多功能防御系统，具有保护动物抵抗外来病原感染、防止肿瘤形成和维护自身稳定的功能。免疫学（immunology）是研究动物免疫系统的构成和功能，并揭示其作用机制的一门生物学学科。随着细胞生物学和分子生物学技术在免疫学研究中的应用，人们从更深层次上探索和发现免疫系统的作用机制，从而迎来了分子免疫学时代。免疫学研究中的特殊技术和方法也极大地推动了生命科学、分子医学等相关研究领域的发展，分子免疫学已经成为生物医学研究领域的重要核心内容。

一、免疫学的诞生及其发展历程

人们对免疫现象的认识已有 2 000 多年的历史，最早可追溯到公元前 430 年的一场战争（Peloponnesian War-430BC），据雅典历史学家 Thucydides 描述：士兵中发生了一场瘟疫，只有康复的士兵可以照顾生病的同伴而不再发病。公元 11 世纪，我国宋代民间医生将天花病人的痂皮研磨成粉末后，经竹筒吹鼻接种预防天花，该方法后来传至土耳其。18 世纪初期（1718 年），驻土耳其君士坦丁堡（Constantinople，即现在的伊斯坦布尔）的英国大使夫人 Mary Wortley Montagu 观察到该方法能有效预防天花，她对自己的孩子进行了接种，获得了预期的效果，随后该方法传入英国，但由于该法用强毒接种，有一定的风险，后来停止使用。18 世纪末，英国医生爱德华琴奈（Edward Jenner）观察到牛场挤奶女工除偶尔手上有少量的水疱外，面部光洁，不感染天花。他认识到被牛痘病毒感染的人可能产生了对天花的抵抗力，因此推测：将牛痘脓疱液给人注射可能会达到预防天花的目的。琴奈为了证实自己的推测，1798 年他将牛痘脓疱液注入一位 8 岁男孩体内，然后用天花病毒感染这位男孩，结果证实男孩没有发病，这是人类历史上首次对疫苗的保护力进行科学评价。琴奈以牛痘脓疱液给人注射预防天花的方法很快传遍了欧洲，为防控天花的流行做出了杰出贡献。然而，在随后的 100 多年，该技术并没有在防控其他疫病中得到推广和应用。

科学发现依赖于人们对事物敏锐的观察和深邃的思考，免疫学的发展同样遵循这一规律。19 世纪末，法国著名科学家路易斯巴斯德（Louis Pasteur）在研究禽霍乱时成功地分离到病原菌，并发现用分离到的病原菌感染鸡能造成鸡死亡。巴斯德吩咐助手 Charles Chamberland 以病原菌培养物感染鸡，然后离开实验室去度暑假。该助手看巴斯德去度假，自己也偷偷离开实验室度假去了。1 个月后巴斯德度假回来，助手也回来了，于是他们用放置了一个月的陈旧细菌培养物感染鸡，所有接种陈旧细菌培养物的鸡安然无恙。助手认为自己犯了严重的错误，于是想把剩下的陈旧培养物弃掉，巴斯德阻止了助手并将陈旧培养物保留下来。考虑到陈旧细菌培养物可能失效，巴斯德准备了新鲜培养的病原菌并用其感染鸡。由于试验鸡数量有限，不得不使用上次试验剩下的鸡，结果出乎意料，那些以前接种过陈旧细菌培养物的鸡仍然安然无恙，这一现象引起了他的高度重视。经过进一步重复试验证实，用陈旧病原菌培养物接种鸡的确能使鸡产生针对该病原的抵抗力。巴斯德提出假说：陈旧的细菌培养物毒力已经致弱，接种鸡后仅仅引起轻微的症状，然后很快康复，康复后的鸡可抵抗强毒攻击。他将这种弱毒株称为疫苗（vaccine），vaccine 源自拉丁语中的 vacca，词义为"牛"，以纪念琴奈接种牛痘预防天花所做出的杰出贡献。

巴斯德将这些研究发现扩展到防控其他疫病的研究中。当时炭疽暴发流行，在 Robert Koch（1876）发现炭疽是由细菌引起的基础上，巴斯德提高温度培养炭疽杆菌，获得了减毒菌株疫苗。1881 年，在法国的 Pouilly-le-Fort，巴斯德进行了一次经典的免疫攻毒试验：用减毒炭疽杆菌疫苗免疫羊，12 天后加强免疫一次，2 周后用强毒炭疽杆菌进行攻毒。没有免疫的对照组动物全部死亡，而免疫组全部健康存活。这是人类历史上第一次利用智慧将强毒病原致弱并以之预防动物传染病。该试验的成功标志着免疫学的诞生。此外，巴斯德还将狂犬病病毒在家兔体内传代致弱，制备了狂犬病弱毒疫苗。1885 年，巴斯德以超人的胆识给一位被疯狗严重咬伤的 9 岁男童（Joseph Meister）进行了狂犬病免疫，当时巴斯德没有行医资格，给人治病意味着可能被追究法律责任并坐牢，然而如果不给 Joseph 进行免疫治疗，他将必死无疑。权衡利弊后，巴斯德果敢地给 Joseph 进行了免疫，Joseph 活了下来，治疗非常成功。巴斯德因成功医救了 Joseph 而被誉为"英雄"，赢得了社会赞誉和慷慨捐助，巴斯德研究所也就此诞生。Joseph 长大后为了报答巴斯德的救命之恩，跟随巴斯德做安全管理工作，掌管研究所所有的钥匙，巴斯德去世（1895 年）后遗体保存在巴斯德研究所的地窖密室里，Joseph 一直看守着这个密室。第二次世界大战期间，希特勒进攻法国，Joseph 是唯一坚持留下看管巴斯德研究所的人，德军想进入密室，Joseph 在密室门口自杀，以表自己的忠诚，Joseph 的勇气和责任感同样为后人传颂。

虽然巴斯德在研制和使用疫苗方面取得了巨大成功，但那时并不明白其中的道理。1883 年，俄国科学家 Elie Metchnikoff 观察到血液里的某些白细胞（当时他将其命名为吞噬细胞）能够吞噬病原菌和异源物质，发现免疫动物的吞噬细胞比非免疫动物的吞噬细胞吞噬活性更强，随后提出细胞介导的免疫学说，该学说被多数人接受。然而，1890 年，德国科学家 Emil von Behring（Robert Koch 的学生）和他的助手 Shibasaburo Kitasato 证实动物免疫白喉疫苗后，其血清过继给其他动物后，受体动物获得了坚强的抵抗力，首次证实决定抵抗力的因子存在于免疫动物的血清中。根据这一原理，他制备了白喉和破伤风毒素阳性血清，并利用该血清成功地治疗了白喉和破伤风病人，这些发现为进一步揭示免疫机制指明了方向。然而，当 Emil von Behring 提出体液介导的免疫学说时，大多数人认为这是天方夜谭，并讥笑其为"humors"，体液介导的免疫说法也被讥笑为"humoral immunity"。"humoral"在当时是双关语，既代表古希腊词汇"体液"，也是"开玩笑"的意思。随后，很多研究人员在血清中发现能中和毒素、沉淀毒素和凝集细菌的活性成分，根据所起的作用将血清中的成分分别命名为抗毒素、沉淀素和凝集素。

Robert Koch 是一位德国医生，有自己的实验室，对研究微生物有独特的兴趣，首次发现炭疽杆菌是引起炭疽的病原，随后发现多种疫病与细菌有关，证明结核病的病原是结核杆菌，推翻了结核病是遗传性疾病的传统观念，这些研究成果标志着医学微生物学的诞生。因此，医学微生物学与免疫学被认为是同时诞生的一对双胞胎兄弟。由于 Emil von Behring 在免疫机制研究方面做出了杰出贡献，因此他于 1901 年荣获诺贝尔医学奖，而 1905 年的诺贝尔医学奖授予了他的老师 Robert Koch。Elie Metchnikoff 也因发现细胞吞噬现象而荣获 1908 年诺贝尔医学奖。

然而，20 世纪初期，体液免疫与细胞免疫学说一直处于对立状态，由于组织细胞培养技术受到限制，所以细胞免疫学说发展相对滞后，而 1939 年 Elvin Kabat 用 OVA（卵白蛋白）免疫家兔证明血清中的 γ 球蛋白（γ-globulin，现在称为 immunoglobulin）是决定免疫力的成分，将球蛋白中具有免疫活性的成分称为抗体（antibody）。20 世纪 40 年代，Merrill Chase 将免疫了结核菌的豚鼠白细胞输入正常豚鼠，使受体动物获得抗结核的免疫力，该试验使人们再次对细胞免疫学说充满了希望。进入 20 世纪 50 年代，由于细胞培养技术取得了突破性进展，人们发现淋巴细胞具有细胞免疫和体液免疫的双重作用。不久后，美国密西西比大学的 Bruce Glick 教授在研究沙门氏菌感染鸡的试验中发现，切除了法氏囊的鸡不产生抗体，进而证实淋巴细胞有两大类，一类是源自胸腺的 T 淋巴细胞（简称 T 细胞），该类细胞介导细胞免疫；另一类是源自法氏囊的 B 淋巴细胞（简称 B 细胞），其参与体液免疫。这些研究证实体液免疫和细胞免疫是免疫系统发挥作用不可分割的两个方面。至此，体液免疫与细胞免疫学说的矛盾彻底化解，两种学派握手言和。

二、免疫学理论的形成及其发展历程

早期免疫学家最迷惘的科学问题是抗体识别抗原的特异性。20 世纪初期，巴斯德研究所的 Jules Bordet 证实动物对非病原的异源物质也能产生特异性免疫力，用异种动物的红细胞免疫动物后，动物可针对该红细胞产生免疫，这种免疫力可通过血清转移过继给同种不同个体的动物。Kar Landsteiner 证实用不同的有机化合物可诱导动物产生针对不同化合物的特异性抗体，发现抗体的特异性可以针对无穷无尽不同种类的抗原，而且抗体可以区分抗原分子之间极其细微的差异。人们提出各种猜测来解释抗体特异性的问题。具有代表性的理论是选择学说（selective theory）和诱导学说（instructional theory）。

最早的选择学说概念是由 Paul Ehrlich 于 1900 年提出的。他认为血液中的细胞表达"侧链受体"（side chain receptor），这些侧链受体结合并灭活病原体。该学说是借用 1894 年 Emil Fisher 提出的酶与底物相互作用的概念。Ehrlich 认为病原感染后，病原选择细胞膜上的侧链受体，他们之间的结合就像"一把钥匙开一把锁"，病原选择受体后诱导细胞产生和释放更多的具有相同特异性的侧链受体。按照这一学说推理，侧链受体的特异性在感染病原之前就存在，抗原只是选择特定的受体。该学说在很多方面是正确的，只有一点不对，因为所提到的受体是以细胞膜结合状态和溶解性状态两种方式存在，而可溶性受体并非是释放的膜受体。

20 世纪 30~40 年代，选择学说受到诱导学说的挑战。诱导学说认为，抗原决定抗体的特异性，抗体是以抗原为模板进行折叠形成的针对该抗原的特异结构。诱导学说最初是在 1930 年由 Friedrich Breinl 与 Felix Haurowitz 一起提出的，后来由 Linus Pauling 进一步完善，到 20 世纪 60 年代随着 DNA、RNA、蛋白质等结构的解密，人们发现动物机体可以产生针对所有化合物的抗体，诱导学说被彻底否定，退出历史舞台。

20 世纪 50 年代，随着新的研究成果出现，选择学说再次受到青睐。Niels Jerne、David Talmadge 及 Macfarlane Burnet 以超人的智慧和洞察力将选择学说发展和完善，提出了著名的克隆选择学说（clonal selection theory）。该学说的核心内容是：每个淋巴细胞都表达针对某一种特定抗原的受体，该受体的特异性在淋巴细胞接触抗原之前就形成了；抗原与特异性受体结合激活淋巴细胞，活化的淋巴细胞增殖成淋巴细胞克隆（即性状相同的一群淋巴细胞），该淋巴细胞克隆与原初的淋巴细胞具有相同的免疫特异性。该学说经进一步完善和发展，成为现代免疫学最基本的核心理论之一。

三、分子免疫学时代的到来

20 世纪 50 年代以来，免疫学无论在理论还是在实践方面都取得了飞跃式发展，已形成了一门独立的、富有生命力的新兴学科，人们对免疫的认识也不断深入和提高。动物免疫分为先天性免疫和获得性免疫。先天性免疫（innate immunity）又称为固有免疫，是机体早期阻止、抑制和杀灭病原的防御能力，是抵抗和消灭外来病原的第一道防线。先天性免疫包含四类防御屏障。①解剖屏障：又称为机械屏障，如皮肤、黏膜等；②生理屏障：包括温度、低 pH 环境、化学介质等；③细胞吞噬屏障：如巨噬细胞、中性粒细胞等；④炎症反应屏障：如组织损伤释放的抗菌活性物质、吸引吞噬细胞的趋化因子等。先天性免疫是动物与生俱来的生理性防御机制。没有先天性免疫，动物在自然环境中根本无法存活。不论低等动物还是高等动物，都具有先天性免疫，然而只有高等动物才具有获得性免疫。获得性免疫（acquired immunity），又称为适应性免疫，是机体受到抗原刺激后产生的针对该抗原的特异性抵抗力，主要由抗体和特异性 T 淋巴细胞承担。获得性免疫具有四个基本特征。①抗体特异性：指免疫系统能区分抗原分子之间细微的差异，抗体甚至能区分不同分子之间存在的一个氨基酸分子的差异；②多样性：指免疫系统能产生无穷无尽具有不同特异性的抗体分子，识别不同的抗原分子结构；③免疫记忆：指免疫系统在识别抗原产生免疫应答后，具备了对同一抗原再次入侵而产生的迅速而强大的免疫应答能力；④识别自我和非我：正常情况下免疫系统对自身组织具有耐受（tolerance），只对异源（非我）物质产生免疫应答。如果出现异常，免疫系统攻击自身组织，则会导致自身免疫病。先天性免疫与获得性免疫不是截然分开的，他们相互联系、相互促进构成机体完整的防御体系。这些现象深层次的精细机制一直是免疫学研究的重点内容。

几十年来，一直困扰免疫学家不得其解的问题是抗体为何具有如此浩瀚的多样性。为了解释这一现象，人们提出两种理论，一种是生源学说（germ-line theories），另一种是体细胞突变学说（somatic-variation theories）。生源学说认为：基因组中含有大量的免疫球蛋白基因，这些基因来源于卵子与精子等生殖细胞，在长期的生存进化中，动物基因组中形成了大量的编码免疫球蛋白的基因，也就是说，所有编码抗体的基因都是从亲本遗传下来而事先存在的。相反，体细胞突变学说认为：基因组含有的免疫球蛋白基因数量较少，体细胞通过基因突变和重组产生了大量的特异性抗体。随着免疫球蛋白氨基酸序列测定数据的不断积累，人们发现一个特别的现象，即免疫球蛋白恒定区（constant region）保持氨基酸序列不变，而可变区（variable region）的差异却很大，免疫球蛋白的多样性主要体现在可变区。生源学说很难解释为什么免疫球蛋白在重链和轻链构成的可变区具有如此浩瀚的多样性，而在恒定区却保持不变。体细胞突变学说也很难解释为什么可变区基因突变的同时而恒定区却保持不变。然而，更令人费解的是，在对人的骨髓瘤蛋白进行氨基酸序列分析后，人们发现可变区的氨基酸序列完全一样，而恒定区却有γ和μ两种重链类型。美国加州理工大学 Charles Todd 教授在免疫家兔时也观察到类似的现象，即针对某一特定的抗原，决定抗体特异性的可变区序列不变，但恒定区可能有α、γ或μ几种重链，不同异型（isotype）的抗体完全有可能具有相同的可变区序列，即有相同的抗体特异性。

1965 年，Dreyer 与 Bennett 提出双基因模型（two-gene model）假说，以解释免疫球蛋白的基本结构。该模型的核心内容是：无论是轻链还是重链都是由两条独立的基因编码，其中一条链编码可变区，而另一条编码恒定区。这两条基因在 DNA 水平上通过某种机制发生重组连接到一起，形成了一个连续的DNA 序列，经转录和翻译形成一条轻链或重链；此外，在生殖细胞内含有数以万计的可变区基因，而恒定区基因只有一个。该基因重组模型解释了为什么免疫球蛋白存在着恒定区不变而可变区千差万别的现象。然而，支持 Dreyer与 Bennett 的试验证据不足，虽然用核酸探针在检测免疫球蛋白恒定区基因时只发现1～2 个基因拷贝，符合该假说的预测，但这些试验结果还不能使学术界接受该假说，因为两条基因编码一种蛋白违反了公认的"一条基因编码一种蛋白"的原则，而且在任何生物现象中都史无前例。科学常常处于一种尴尬的局面，即一种现象无法理解，但解释这种现象的新理论又因试验技术和研究方法的落后而无法证实，免疫球蛋白多样性研究就遇到了这种尴尬。虽然 Dreyer 与 Bennett 提出的双基因模型假说从理论上解释了免疫球蛋白序列和基因结构之间的关系，但要从试验上证实，还需要分子生物学在试验技术方面取得突破性进展。

在分子生物学研究领域，限制性内切酶和 DNA 重组技术的出现为解决长期争论的抗体多样性问题提供了技术支撑。1976 年，瑞典 Basel 免疫学研究所的 Susumu Tonegawa 教授利用该技术揭开了抗体多样性的神秘面纱，也使免疫学从此迈入分子免疫学时代。他用同位素标记 mRNA 发现：在胚胎细胞基因组中编码抗体的基因有多个片段，每个片段之间被其他基因序列分隔着，可变区基因与恒定区基因被一段较大的基因片段所分隔，该分隔段的基因含有酶切位点，随着胚胎细胞向淋巴细胞分化，到终末浆细胞阶段（产生抗体的骨髓瘤细胞）时，可变区基因与恒定区基因相互靠近，而插在他们之间的基因被切割掉，重链与轻链都遵循这一规律。Tonegawa 进一步研究证实抗体的多样性主要来源于基因重组和体细胞基因突变。这一研究发现证实了 Dreyer 与 Bennett 提出的一个基因编码可变区，另一基因编码恒定区的双基因模型学说。因其在抗体多样性研究方面做出的杰出贡献，Tonegawa 于 1987 年荣获诺贝尔医学奖。

四、分子免疫学迅速发展

20 世纪 80 年代以来，分子生物学与分子遗传学技术使免疫学在各个方面取得了重大突破，分子免疫学研究发展十分迅速。尤其是 90 年代中后期，随着模式识别受体的发现，先天性免疫研究日新月异，目前已发现模式识别受体有四大家族（TLRs、NLRs、RLRs、CLRs），这些受体的发现揭开了吞噬细胞识别与活化的分子机制。新的淋巴细胞亚群 NKT 细胞、Treg（调节性 T 细胞）、Th17、γδT 细胞等的发现或重新认识，使分子免疫学研究进入了迅速发展阶段，成为生命科学和分子医学研究的重要核心内容。

免疫应答及其分子机制始终是免疫学研究的前沿性课题。30 多年来，科学家们对先天性免疫细胞、T 淋巴细胞、B 淋巴细胞的抗原受体、抗原加工和递呈、免疫识别、免疫细胞活化，以及信号转导进行了深入研究。单克隆抗体技术及分子生物学技术在 T 淋巴细胞、B 淋巴细胞和其他免疫细胞的分化（CD）抗原结构与功能研究中的应用，使免疫应答研究取得了跨越式发展。迄今已发现和命名的淋巴细胞 CD 抗原分子超过 350 种，其在机体免疫应答中的作用与作用机制正在深入研究之中。分子免疫学研究表明，动物机体免疫系统内部存在着复杂的免疫应答调控网络，神经、内分泌与免疫系统之间构成的调节网络对机体的免疫应答起着十分重要的调控作用。

抗原抗体标记技术在近 20 年里取得了巨大发展，派生出多种高效敏感的检测技术和方法，如免疫荧光、免疫酶、放射免疫、免疫转印技术、免疫沉淀技术、化学发光免疫测定、流式细胞术、免疫 PCR 技术等，这些技术方法已广泛用于生命科学和分子医学研究的各个领域。

在疫苗研制方面，DNA 重组技术与遗传工程技术为人类和动物疫苗的研究开创了一条全新的途径，各类基因工程疫苗，如基因工程亚单位疫苗、基因工程重组活载体疫苗、基因缺失疫苗、DNA 疫苗等相继问世。各类新型佐剂的研制使疫苗免疫效果显著提高。蛋白质合成技术的发展也为疫苗的研制开辟了一条新途径，即通过人工合成肽制备疫苗。

五、动物分子免疫学的特点及其应用

免疫学研究起源于动物疫苗的研究，但随着研究的深入，以实验动物（如小鼠）为模型的人医免疫学研究远远超越了畜禽免疫研究水平。虽然动物免疫学是以动物传染病的免疫防控为主要研究内容，但很多概念和理论借助于人医研究成果，以跟随发展。动物免疫学研究本身具有特色，在比较免疫学研究方面有独特优势，然而由于动物种类不同，免疫系统的构成存在差别，因此有些现象很难以人医免疫学理论进行解释，但随着科学技术进步，动物分子免疫学也迎来了蓬勃发展时期。

（一）动物疫病的免疫防控

动物传染病防控是兽医工作者的主要任务，而免疫防控是动物免疫学研究的重要内容之一。一些传染病的消灭主要就是依靠疫苗，如我国应用兔化牛瘟疫苗消灭了牛瘟，通过免疫各类动物防控传染病，因此免疫防控一直是畜禽传染病控制的重要手段。传统的弱毒活疫苗和灭活疫苗仍在发挥着极大的作用，某些基因工程疫苗，如猪伪狂犬病基因缺失苗，已在生产实践中应用。近年来，反向遗传操作技术成为高效研发基因工程疫苗的重要手段。此外，应用抗血清或卵黄抗体注射发病畜群或个体动物进行被动免疫防控或治疗，也取得了显著效果，如小鹅瘟、小鸭肝炎、鸡传染性法氏囊病等一些病毒性疾病，在病初进行治疗能收到较好的疗效。此外，一些幼龄动物（或禽）从初乳（或卵黄）获得母源抗体能够得到天然被动免疫保护。

（二）动物疫病的诊断

抗体与相应的抗原结合具有高度的敏感性和特异性，根据该特点建立了各类血清学和细胞免疫检测技术。这些技术在动物传染病、寄生虫病的诊断与监测中已广泛应用。另外，通过血清学技术可以对新分离的病原进行血清学分型和鉴定，也可以对疫苗免疫效果进行评价。

（三）在农业和相关学科中的应用

免疫检测技术以其高度的敏感性与特异性在农业及相关学科中被广泛应用，如微量活性物质、农药和兽药残留检测等，极大地推动了农业科学和相关学科的发展。另外，动物分子免疫学与多学科交叉，形成了很多分支学科和新的研究领域。

总之，动物分子免疫学正在蓬勃发展，随着研究的深入，必将成为生命科学中最重要的组成部分之一。

 思考题

1. 我国民间出现免疫防控天花最早的时间是什么时候？
2. 巴斯德研制了哪三种疫苗？
3. 抗体概念的由来？

4. 克隆选择学说的主要内容是哪些?

5. 抗体多样性是如何证实的? 对免疫学发展有何意义?

6. 举例说明动物免疫学主要应用于哪些方面?

参考文献

Goldsby R. A.，Kindt T. J.，Osborne B. A. 2007. Kuby Immunology［M］. 6th ed. New York：WH Freeman and Company.

Herzenberg L. A. 1973. Immunoglobulin genetics in cellular immunology［M］. Annual New York academy of Science.

Tauber A. I.，Podolsky S. H. 1996. Darwinism and antibody diversity-a historical Perspective［C］. 65 Forum in immunology.

Tack B. F.，Prah J. W.，Todd C. W. 1973. Rabbit immunoglobulin lacking group α allotypic specificities Ⅱ. Retention of constant region d11 and d12 specificities［J］. Biochemistr，12：5178-5180.

Kaufmann S. H.，McMichael A. J. 2005. Annulling a dangerous liaison：vaccination strategies against AIDS and tuberculosis［J］. Nat Med，11：S33-S44.

Award A.，Award M. L. 1987. New York City（1987）and NOBEL PRIZE in Physiology or Medicine［C］. Stockholm，Sweden.

>>> 阅读心得 <<<

第二章　免疫系统

> **概述：** 哺乳动物的免疫系统是经长期进化而形成的机体防御性体系，包括免疫器官、免疫细胞，以及免疫分子。免疫系统的各种因素巧妙地相互协作，通过免疫应答的方式为机体发挥正常的生理功能提供保障。

第一节　免疫器官

　　动物机体的免疫器官是由中枢免疫器官、外周免疫器官和三级淋巴组织组成。中枢免疫器官，又称为初级免疫器官，是淋巴细胞发育成熟的场所，包括胸腺和骨髓。禽类的法氏囊是 B 淋巴细胞成熟的主要场所，也是重要的中枢免疫器官。另外，胎儿期的肝脏，也起中枢免疫器官的作用，但出生后这种功能逐渐消逝。外周免疫器官，又称为次级免疫器官，是成熟淋巴细胞定居、捕获抗原、产生免疫应答的场所，包括脾脏、淋巴结、黏膜相关淋巴组织等。三级淋巴组织指组织中弥散性分布的淋巴细胞，通常居住在皮下，主要作用是参与炎症反应、分泌细胞因子及趋化因子等。

表 2-1　免疫器官与功能

免疫器官	分　布	功　能
中枢免疫器官 （初级免疫器官）	胸腺、骨髓、法式囊（禽类）	淋巴细胞发育成熟
外周免疫器官 （次级免疫器官）	脾脏、淋巴结、黏膜相关淋巴组织（肠道集合淋巴结）	捕获抗原、进行免疫应答
三级淋巴组织	少量的弥漫性淋巴细胞，常寄居在皮内	炎症反应，吸引淋巴细胞

　　血液生成（hematopoiesis）： 血液中所有的细胞都是由造血干细胞（hematopoietic stem cell，HSC）分化而来。干细胞（stem cell）可通过分裂进行自我更新，从而保持恒定的数量。在人胚胎发育的第一周，血液在卵黄囊中就开

右侧标注：肠道　胸腺　骨髓　脾脏　淋巴结

图 2-1　猪胸腺、骨髓、脾脏和肠系膜淋巴结分布示意图

始形成了。在胚胎中卵黄囊干细胞分化成含有血红蛋白的原始类红细胞 (primitive erythroid cell)。到妊娠第 3 个月，造血干细胞从卵黄囊迁移到胎儿肝脏，然后移行到脾脏。在妊娠第 3～7 个月，肝脾是主要的造血器官。随后造血干细胞在骨髓中分化，骨髓逐渐成为主要造血器官。到出生时，肝脾已基本不再造血。

造血干细胞属于多能干细胞，能够以多种方式进行分化，生成红细胞、粒细胞、单核细胞、肥大细胞、淋巴细胞、巨核细胞等。骨髓中的造血干细胞比例很小，通常是 1/50 000。由于干细胞可自我更新，其数量在动物的一生中基本保持稳定。但在需要造血时，造血干细胞迅速增殖，表现出巨大的增殖与分化能力。

对一个多能干细胞而言，在造血的早期可沿着两个分化途径之一进行分化，即要么产生淋巴前体细胞 (lymphoid progenitor cell)，要么产生髓样前体细胞 (myeloid progenitor cell)（图 2-2）。

中枢免疫器官（central immune organ）：中枢免疫器官又称为初级淋巴器官 (primary lymphoid organ)，是淋巴细胞发育成熟的场所，包括胸腺和骨髓。禽类的法氏囊是 B 淋巴细胞成熟的主要场所，也是重要的中枢免疫器官。

骨髓（bone marrow）：骨髓是动物胚胎后期和出生后的主要造血器官，是所有血液细胞的发源地，同时也是多种免疫细胞产生、分化和成熟的场所。绝大多数动物，如人和老鼠，骨髓是 B 细胞产生和成熟的地方。骨髓中含有 B 细胞发育的重要细胞，即骨髓基质细胞 (stroma cell)。骨髓基质细胞与 B 细胞直接接触并分泌各种 B 细胞发育所需要的细胞因子。然而，并非所有动物都一样，有些动物例外，如兔的阑尾是 B 细胞发育和成熟的重要场所。而禽的法氏囊 (bursa of fabricius) 则是 B 细胞发育和成熟的重要场所和集聚地。法氏囊中有大量的免疫细胞，数量超过 100 亿（10^{10}）个。

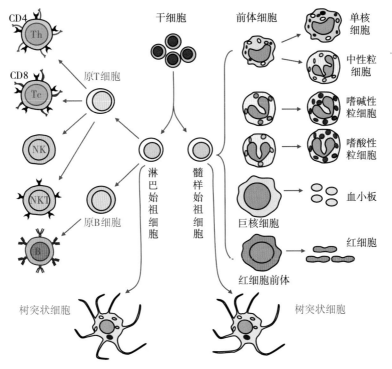

图 2-2　血液细胞生成示意图

胸腺（thymus）：胸腺是 T 细胞发育和成熟的场所。胸腺在结构上由结缔组织分成多个小叶。每个小叶有两个区域构成。外层区域为皮质区（cortex），该处密集着不成熟的 T 细胞，即胸腺细胞。内层区域为髓质区（medulla），该处的胸腺细胞较少。除 T 细胞外，在皮质和髓质区，分布着胸腺上皮细胞、树突状细胞及巨噬细胞。这些基质细胞相互交错构成了三维网络空间，为 T 细胞提供发育场所。在皮质区，有些基质细胞直接与发育中的 T 细胞接触，称为滋养细胞（nurse cell）。滋养细胞通常有较长的细胞膜突触，周围有 50 多个胸腺细胞，形成较大的细胞群落。其他胸腺上皮细胞也有长的细胞突触，相互交叉形成网络，可直接与移行的 T 细胞接触，对 T 细胞的发育成熟起重要作用。胸腺随年龄逐渐长大，到青春期达到最大，随后逐渐萎缩。

外周免疫器官（peripheral immune organs）：外周免疫器官又称外周淋巴器官（peripheral lymphoid organs）或次级淋巴器官（secondary lymphoid or-gans），包括淋巴结、脾脏及各种黏膜相关淋巴组织（mucosal-associated lymphoid tissue，MALT），是抗原递呈和发生免疫应答的场所。肠道相关淋巴组织（gut-associated lymphoid tissue，GALT）也属于外周淋巴器官。从形

态上，淋巴结大致可分成三个区域，即皮质区、副皮质区和髓质区。最外层是皮质区，含有淋巴细胞（主要是 B 细胞）、巨噬细胞，以及滤泡树突状细胞。皮质区下面是副皮质区，该区主要是 T 细胞群居的地方，但也含有间指树突状细胞（interdigitating dendritic cell）。由于小鼠切除胸腺后，淋巴结副皮质区的细胞数量极少，因而该区又称为胸腺依赖区（thymus-dependent area）。与此相应，皮质区又称为非胸腺依赖区（thymus-independent area）。淋巴结的最里部是髓质区（medulla），有散居的淋巴类细胞，其中包括分泌抗体的浆细胞。

当抗原随淋巴液进入淋巴结时，副皮质区的间指树突状细胞和 B 细胞捕获抗原。捕获的抗原经加工后由 MHC-Ⅱ类分子递呈给辅助性 T 细胞（Th），引起 Th 细胞的活化。在 Th 细胞辅助下，B 细胞被活化。Th 和 B 细胞一旦活化后，增殖 的 B 细胞在副皮质区边缘形成小的滤泡。滤泡中的 B 细胞分化成浆细胞（plasma cell），浆细胞分泌 IgM 与 IgG。抗原免疫后 4～6 天，这种含浆细胞的淋巴滤泡达到最大体积。

三级淋巴组织（tertiary lymphoid tissue）：三级淋巴组织主要是指与皮肤相关的淋巴组织。皮肤的角质细胞（keratinocyte）可分泌大量的细胞因子，引起局部炎症反应。此外，角质细胞经诱导后可表达 MHC-Ⅱ类分子，发挥抗原递呈的作用。皮内的朗罕氏细胞（langerhans cell）也是一种树突状细胞，在捕获抗原后游走到局部淋巴结，分化成间指树突状细胞，高度表达 MHC-Ⅱ类分子，强烈激活 Th 细胞。真皮内的淋巴细胞大多数是 CD8T 细胞，这类细胞主要表达γδT 细胞受体（TCR）。γδT 细胞主要针对皮肤入侵的微生物发挥作用。皮肤下层散在的 CD4 和 CD8 T 细胞主要是已经活化的 T 细胞或记忆性细胞。

第二节 免疫细胞

免疫细胞指参与免疫应答的所有细胞，主要包括淋巴细胞和髓样细胞。淋巴细胞是免疫系统的核心细胞，包括 T 细胞、B 细胞、自然杀伤细胞（NK cell）与自然杀伤 T 细胞（NKT cell）。T 细胞、B 细胞主要承担获得性免疫应答的任务，具有多样性、特异性、免疫记忆、自我/非我识别等免疫特性。髓样细胞是由髓样前体细胞分化而来的非淋巴细胞细胞群，包括血液中的单核细胞（monocyte）、中性粒细胞（neutrophil）、嗜酸性粒细胞（eosinophil）、嗜碱性粒细胞（basophil）、骨髓中的巨核细胞（megakaryo-cyte）与红细胞前体细胞（erythroid progenitor），以及组织中的巨噬细胞（macrophage）等，主要作用是吞噬和消灭微生物、递呈抗原、分泌细胞因子等。

一、淋巴细胞

淋巴细胞（lymphocyte）占机体白细胞总数的 $20\%\sim40\%$。人体内有 $10^{10}\sim10^{12}$（平均为 10^{11}）个淋巴细胞。淋巴细胞随血液或淋巴液在体内循环，进出淋巴结和局部组织，发挥免疫功能。根据细胞的功能和细胞膜组成，淋巴细胞大致可分为 B 细胞、T 细胞、NK 细胞、NKT 细胞与 γδT 细胞。淋巴细胞的表面抗原是在细胞分化的过程中产生的，因而称为分化抗原。要识别和区分淋巴细胞发育的不同阶段，可通过特异性单克隆抗体检测细胞膜表面的特定抗原。将能与同一特定抗原表位结合的所有单抗归集到一起，作为一个分化群（cluster of differentiation，CD）来定义该抗原。淋巴细胞的分化抗原通常以与其结合的抗体分化群表示，因此又称为 CD 抗原。每一新制备的单抗都要经过分析以确定其结合的抗原是否属于已知的 CD 抗原。若不在已知的 CD 抗原范围内，则应以新的 CD 来命名该抗体所结合的抗原。如 CD3 是 T 细胞受体（T cell receptor，TCR）复合体的相关分子，而 Anti-CD3 是结合 CD3 抗原的单抗，有时写成@CD3。目前 CD 抗原已经命名到 CD350。随着免疫学的发展，CD 抗原的数目会进一步增加。

B 细胞：B 细胞的"B"源自禽的法氏囊英文字头（bursa of fabricius）。禽的 B 细胞在法氏囊中发育成熟。对哺乳动物而言，骨髓是 B 细胞发育成熟的场所，因而说"B"来源于骨髓的英文名称的首字母（bone marrow）也很贴切。成熟的 B 细胞，在细胞膜上含有抗原受体，因此简称为 BCR（B cell receptor），起识别抗原的作用（图 2-3）。BCR 实际上是结合在细胞膜上的表面免疫球蛋白（抗体）。1 个 B 细胞表面大约有 1.5×10^5 个 BCR，这些抗体的抗原结合位点是相同的，即它们都结合相同的抗原表位。B 细胞表面除了有识别抗原的 BCR 分子外，还有 B220、MHC-Ⅱ、CR1（CD35）、CR2（CD21）、FcγRⅡ（CD32）、B7-1（CD80）、B7-2（CD86）、CD40 等分子。这些分子与 B 细胞的功能有重要关系。

T 细胞：T 细胞的"T"来源于胸腺英文名称的首字母（thymus），因为 T 细胞在胸腺中发育成熟。T 细胞表面有抗原结合受体，简称为 TCR（T cell receptor）。TCR 具有特异性，只与特定的抗原结合。但与 B 细胞膜受体 BCR 不同的是 TCR 只识别结合在自身 MHC 分子上的抗原。T 细胞的 TCR 不结合游离的或可溶性的抗原，只限于识别自身 MHC 递呈的抗原。TCR 属于多肽复合体，其中包括 CD3。大多数 T 细胞含有 CD4 或 CD8 膜分子（图 2-3）。此外，成熟的 T 细胞还表达 CD28、CD45 等分子。表达 CD4 的 T 细胞只识别 MHC-Ⅱ类分子递呈的抗原，而 CD8 T 细胞只识别 MHC-Ⅰ类分子递呈的抗原。CD4 T 细胞一般为辅助性 T 细胞（Th），而 CD8 T 细胞为 T 细胞毒细胞（T cytotoxic cell，Tc）。Th 细胞通过识别抗原递呈细胞（antigen-presenting cell，APC）MHC-Ⅱ类分子递呈的抗原而被活化。活化后的 Th 细胞开始分裂增殖，产生效应细胞。这些 Th 细胞分泌各种细胞因子，直接参与调节免疫应答。细胞因子发生改变，免疫应答也随之变化。如 Th1 免疫应答产生的细胞因子主要是促进炎症反应，活化 T 细胞和巨噬细胞。Tc 细胞被活化后进一步分化增殖成为效应细胞，称为细胞毒 T 淋巴细胞（cytotoxic T lymphocyte，CTL）。与 Th 细胞比较而言，CTL 不能协助 B 细胞分泌抗体，但能够杀灭发生突变的非正常细胞。Th2 免疫应答主要是活化 B 细胞，促进体液免疫应答而产生抗体。Th17 细胞分泌 IL-17，促进炎症反应。

NK 细胞（natural killer cell）：NK 细胞体积较大，内含颗粒，细胞膜没有典型的 T 细胞或 B 细胞的表面标志。NK 细胞不需抗原刺激即可杀伤靶细胞，因而称为自然杀伤细胞。人的 NK 细胞占外周血液中淋巴细胞总数的 5%～10%。虽然 NK 细胞没有类似于 TCR 或 BCR 等的抗原识别受体，但可通过两种方式识别靶细胞：①NK 细胞可通过识别肿瘤细胞或病毒感染细胞表面 MHC 分子表达量的降低或表达特殊抗原来识别靶细胞；②NK 细胞通过机体对肿瘤或病毒感染细胞产生的抗体识别靶细胞。由于 NK 细胞表达 CD16，而 CD16 是 IgG 分子 Fc 片段羧基端受体。因此，NK 细胞可通过结合到靶细胞上的抗体杀灭靶细胞，这一过程称为抗体依赖性细胞介导的细胞毒作用（antibody-dependent cell-mediated cytotoxicity，ADCC）。

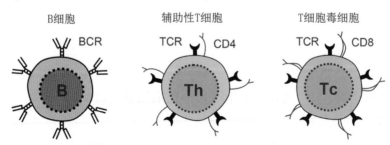

图 2-3　B 细胞、T 细胞及表面抗原受体

NK 细胞杀伤靶细胞有两种作用方式：①释放穿孔素（perforin）和颗粒酶（granzyme）；②通过膜结合受体，即通过 NK 细胞膜上的 FASL 和 TRAIL 配体与靶细胞膜上的 Fas 和细胞凋亡受体（DRs）结合诱导靶细胞凋亡。NK 细胞除了具有杀伤靶细胞的作用外，还具有免疫调节作用，NK 细胞活化后分泌 IFN-γ、TNF-α、GM-CSF 等细胞因子，以及 CCL3、CCL4、CCL5 等化学因子（chemokine），这些物质在免疫应答中起着重要的调节作用。

NK 细胞通过何种方式区分自身的健康细胞和需要杀伤的靶细胞（被感染

的细胞和肿瘤细胞）一直是人们关心的问题。目前的研究成果表明，NK 细胞是否发挥杀伤作用主要与活化受体（activating receptor）和抑制性受体（inhibitory receptor）介导的信号传递有关。这些受体包括 NKG2 家族受体、杀伤细胞免疫球蛋白样受体（KIRs）、自然杀伤细胞毒受体（NKp30、NKp44、NKp46）、细胞因子受体、TLRs，以及黏附分子等，这些受体共同作用，调控 NK 细胞的杀伤功能。

NKT 细胞（natural killer T cell）：NKT 细胞是近年来发现的一种新的细胞类型。NKT 细胞的特征是细胞含有 CD161（CD161c 又称为 NK1.1）和 NKR-P1 表面标志，并具有 T 细胞受体（TCR）。NKT 细胞与 T 细胞的不同之处是其 TCR 不与 MHC 分子结合，而是与一种和 MHC 结构相似的分子 CD1 结合。MHC 主要结合和递呈蛋白类抗原，而 CD1 则结合和递呈糖脂（glycolipid）或脂（lipid）类抗原。NKT 细胞专性识别 APC 处理的与 CD1 结合的脂类（如某些革兰氏阴性菌的细胞壁成分、内源性脂类等）抗原。值得一提的是，在海藻中提取的一种糖脂 α-GalCer 对 NKT 细胞具有较强的活化作用，α-GalCer 是目前研究 NKT 细胞功能的重要刺激原。NKT 细胞除了 TCR 结合 CD1 分子外，与 T 细胞的另一不同之处是 NKT 细胞没有免疫记忆，因此被认为是先天性免疫细胞。NKT 细胞在接触抗原后迅速产生 Th1（IFN-γ）与 Th2（IL-4、IL-13）细胞因子，调节免疫应答。因此，NKT 细胞起着从先天性免疫向获得性免疫应答过渡的桥梁作用。

NKT 细胞最主要的特征是能识别 CD1 分子递呈的脂类抗原，与常规 T 细胞 TCR 相比，NKT 细胞 TCR 可变区的多样性程度较低，小鼠 NKT 细胞的 TCRα 链较恒定，主要是 Vα14-Jα18，而 β 链主要是 Vβ8.2、Vβ2、Vβ7。人 NKT 细胞的 TCRα 链主要是 Vα24-Jα18，而 β 链主要是 Vβ11。NKT 细胞在体内的分布较特殊，如在小鼠血液、骨髓、胸腺、脾脏和淋巴结中的 NKT 细胞比例一般不到 1%，而在肝脏中却占淋巴细胞总数的 20%～40%。那么，NKT 细胞在肝脏中富集有何生理意义？目前对于这一问题还有待于深入研究。然而，如果以 Vα24/Vβ11 表面标志来定义人的 NKT 细胞，NKT 细胞在人肝脏中所占淋巴细胞总数的比例则不足 1%。NKT 细胞在小鼠和人类之间有如此大的差异，这种差异究竟源于物种间的差别，还是 Vα24/Vα11 表面标志不适于定义人的 NKT 细胞，目前还不十分清楚。

Wingender 与 Kronenberg（2008）根据 NKT 细胞的研究进展，将 NKT 细胞分为五个亚群。①iNKT 细胞（i 代表 invariant）：该亚群 NKT 细胞表达恒定的 Vα 链，在小鼠体内为 Vα14i，在人类为 Vα24i，是经典的 NKT 细胞；②mNKT 细胞（m 代表 mucosal）：该亚群 NKT 细胞也表达恒定的 Vα 链，在小鼠体内为 Vα7.2i，在人类为 Vα19i，是与黏膜组织相关的 NKT 细胞；

③vNKT 细胞（v 代表 variant）：该亚群 NKT 细胞能结合 CD1 分子与抗原的复合物，又称为变种（variant）NKT 细胞；④χNKT 或 tgNKT 细胞：该亚群是指那些没有归类的但能够表达 NK 细胞受体的 T 细胞；⑤表达 NK 细胞受体的 γδT 细胞：这类 NKT 细胞能够识别和结合 CD1a、CD1b、CD1c 分子递呈的抗原。很显然，按照这种分类方法，以任何一个 NKT 细胞亚群作为代表都不能反映出 NKT 细胞的整体情况。另外，这些 NKT 细胞亚群所占的比例在不同种动物或人的不同个体之间的差异究竟有多大还不十分清楚。尽管没有统一的细胞表面标志表示所有的 NKT 细胞，但 NKT 细胞最主要的特征是识别 CD1 分子递呈的抗原，因此以 α-GalCer-CD1 制备的四聚体是用于检测 NKT 细胞的主要手段。

试验证据表明，NKT 细胞是重要的免疫调节细胞。NKT 细胞活化后，迅速分泌大量的细胞因子，这些细胞因子既有 Th1 细胞因子（IFN-γ）又有 Th2 细胞因子（IL-4、IL-13），这两类细胞因子有时同时产生，有时有所偏重。NKT 细胞通过分泌这些细胞因子调控免疫应答的方向。NKT 细胞可通过 TCR 结合 CD1 分子递呈的脂类抗原被活化，也可以在体外试验中不通过 TCR 途径直接在 IL-12 和 IL-18 的作用下被活化。由于在体外试验中，活化的 NKT 细胞分泌大量的 IFN-γ，而 IFN-γ 在抗肿瘤的过程中起重要作用，因此给临床肿瘤治疗带来了希望，希望通过活化肿瘤病人体内的 NKT 细胞，达到治疗肿瘤的目的。迄今为止，经过数次临床试验发现，无论是用 NKT 细胞抗原（α-GalCer）直接注射还是用载有 α-GalCer 的 APC 注射，得到的临床试验结果都与预想的有较大差异，这种以活化 NKT 细胞治疗肿瘤的愿望很难实现。这些试验结果给生物医学工作者们很好的启示，即：尽管以动物模型（如具有 NKT 细胞缺陷的 Vα14-/-或 Jα18-/-小鼠）获得的试验结果说明 NKT 细胞在抗肿瘤免疫中起着十分重要的作用，但在肿瘤病人的临床治疗中难以简单地重复出在实验动物中获得的试验结果，因此研究人的临床免疫治疗比单纯利用动物做试验要复杂得多。NKT 细胞除了在肿瘤免疫方面发挥作用外，还在自身免疫病炎症反应和抗感染免疫方面发挥重要的作用，尤其在病原感染早期，NKT 细胞活化后通过分泌细胞因子不仅调节先天性免疫应答（详见第三章图 3-1），还对适应性免疫具有重要影响。

γδT 淋巴细胞（γδT lymphocyte）：γδT 细胞是 T 淋巴细胞的一种，其 TCR 复合体是由 γδ 两条链和 CD3 分子组成。γδT 细胞在血液、淋巴组织和器官中比例很小，占小鼠脾淋巴细胞的 5% 以下，在人血液中占淋巴细胞的比例为 1%～10%。γδT 细胞主要聚集于皮肤和黏膜上皮，如聚集于消化道、泌尿生殖道、肺脏等组织。与 NKT 细胞类似，γδT 细胞识别 CD1 分子递呈的糖脂类抗原，除了通过 TCR 被活化外，γδT 细胞还可以通过非 TCR 结合途径

（如与 PAMPs、TNF、超抗原等结合）被活化，因此被认为是先天性免疫细胞。由于 γδT 细胞在皮肤和黏膜中聚集,活化后分泌 IFN-γ 和 TNF-α 调节单核巨噬细胞的免疫反应,另外该类细胞还通过分泌穿孔素和颗粒酶杀伤病原感染细胞(如结核杆菌和弓形虫感染的细胞),因此 γδT 细胞是早期抗感染免疫的主要细胞。此外，研究发现 γδ-/-小鼠在烧伤或受外伤后比野生型（WT）小鼠伤口愈合缓慢，该结果说明 γδT 细胞在烧伤恢复或外伤愈合方面起重要作用。

二、髓类细胞

髓类细胞（myeloid cell）主要包括中性粒细胞、嗜酸性粒细胞、嗜碱性粒细胞、单核细胞/巨噬细胞、树突状细胞、巨核细胞和红细胞等（图 2-4）。哺乳动物的中性粒细胞和巨噬细胞具有强大的吞噬、杀灭和清除病原的能力。

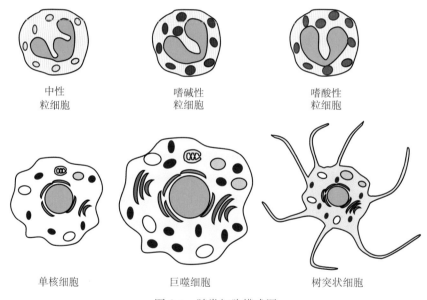

中性粒细胞　嗜碱性粒细胞　嗜酸性粒细胞

单核细胞　巨噬细胞　树突状细胞

图 2-4　髓类细胞模式图

中性粒细胞（neutrophil）：中性粒细胞是吞噬性粒细胞中的主要细胞，在骨髓中生成，在血液中的数量较多。在正常情况下，中性粒细胞在血液中维持恒定数量，在成年人体液中大约有 500 亿个中性粒细胞，占血液中白细胞的 60%～70%，但反刍动物的中性粒细胞仅占血液中白细胞的 20%～30%。中性粒细胞生成快，但寿命短，只存活几天，体液中的中性粒细胞大约 1 周更新（turn-over）一次，主要以细胞凋亡的形式被清除。中性粒细胞吞噬病原菌的功能十分强大，吞噬病原后依靠细胞内吞噬体中的消化酶（水解酶、蛋白酶、氧化酶、过氧化物酶、溶解酶、纤维蛋白酶等）将病原菌消灭。细胞表面有补体受体和免疫球蛋白受体（Fc receptor），这些受体可增强吞噬细胞的吞噬能力。另外，中性粒细胞也是产生抗菌肽的主要细胞。然而，禽类没有中性粒细胞，取而代之的是异嗜性细胞（heterophil），这种异嗜性细胞缺少中性粒细胞功能强大的多种消化酶，因此禽类对细菌性疾病较易感。

嗜酸性粒细胞（eosinophil）：嗜酸性粒细胞产生于骨髓，但要移行到脾脏中才能进一步发育成熟。血液中的嗜酸性粒细胞只能存活半小时，但进入组织后可存活近 2 周。嗜酸性粒细胞同样具有吞噬和清除病原的功能。该吞噬细胞不含溶解酶，但胞浆颗粒中含有大量的磷酸酶和过氧化物酶，在伊红染色中这些颗粒呈红色，特征明显。嗜酸性粒细胞胞浆颗粒中的磷酸酶和过氧化物酶具有强大的杀伤能力，能杀灭寄生虫体。该细胞除了能杀伤吞噬的病原外，最重要的特点是能杀伤细胞外的寄生虫。当寄生虫感染后，趋化因子吸引嗜酸性粒细胞到感染部位，嗜酸性粒细胞释放颗粒物质，包括阳离子短肽、磷脂溶酶等，能有效杀灭寄生虫。

嗜碱性粒细胞（basophil）：嗜碱性粒细胞是数量最少的吞噬细胞，细胞内含有大量的嗜碱性颗粒，经 HE 染色呈蓝色颗粒。在炎症反应中，嗜碱性粒细胞释放具有血管活性的颗粒物质，包括组胺、5-羟色胺等，具有增加血管通透性的作用。嗜碱性粒细胞主要在局部炎症和过敏性反应中发挥作用。

单核细胞/巨噬细胞（mononuclear cell/macrophage）：单核细胞/巨噬细胞是血液中单核吞噬细胞（mononuclear phagocyte）的统称。这类细胞体积较大，具有吞噬功能，其特征性表面标志是细胞膜表面含有 CD11b 分子，但当单核吞噬细胞移行至局部组织时，进一步分化为组织相关性吞噬细胞，体积增大至 5 倍以上，拥有不同的名称，如在肝脏中称为枯否氏细胞（Kupffer cells）、在肺脏中称为尘细胞（alveolar macrophage）、在脾脏中称为巨噬细胞、在结缔组织中称为组织细胞（histiocyte）、在脑组织中称为小胶质细胞（microglial cells）。单核/巨噬细胞活化后表现为 $CD11b^+$/$F4/80^+$ 双阳性标志，除了具有吞噬作用外，还产生大量的细胞因子（TNF、IL-1、IL-6、IL-12 等），TNF 与 IL-12 共同作用活化 NK 和 NKT 细胞，活化的 NK 和 NKT 细胞通过产生 Th1 和 Th2 细胞因子，调节适应性免疫应答。巨噬细胞表面具有所有的模式识别受体（TLRs、NLRs、RLRs、CLRs），能识别各类病原特异成分，根据模式分子的类型启动相应的免疫应答（详见第三章先天性免疫章节）。另外，巨噬细胞又是职业抗原递呈细胞，通过 MHC 分子将特异抗原表位递呈给 CD4 和/或 CD8T 淋巴细胞，激活获得性免疫应答（详见第七章抗原加工与递呈章节）。

树突状细胞（dendritic cell，DC）：树突状细胞属于职业抗原递呈细胞。DC 在体内广泛分布，尤其是与外界接触的组织，如皮下、黏膜组织。DC 有长长的纤突，有利于捕获抗原快速迁移至附近淋巴结，将抗原递呈给淋巴细胞，产生免疫应答，因此 DC 又被称为"哨兵细胞"。DC 除了抗原递呈外，还分泌多种细胞因子进行免疫调控。

第三节　免疫分子

免疫分子是参与免疫应答的分子的统称，一般指天然可溶性游离分子，如细胞因子、趋化因子、补体、抗病原微生物小分子多肽（包括抗菌肽与溶菌酶）等。这些免疫分子以不同的方式参与免疫应答，在抗感染和免疫调控中起重要作用（详见第三章第一节）。

 **思考题**

1. 什么是中枢免疫器官？有何作用？
2. 什么是外周免疫器官？有何作用？
3. 什么是髓类细胞，其包括哪些细胞？
4. 禽类的髓类细胞有何特点？
5. 吞噬细胞有哪些？非吞噬性先天性免疫细胞有哪些？

 参考文献

Askenase, P. W., A. Itakura, M. C. Leite-de-Moraes, et al. 2005. TLR-dependent IL-4 production by invariant Valpha14$^+$ Jalpha18$^+$ NKT cells to initiate contact sensitivity in vivo [J]. J Immunol, 175: 6390-6401.

Benlagha K., D. G. Wei, J. Veiga, et al. 2005. Characterization of the early stages of thymic NKT cell development [J]. J Exp, 202: 485-492.

Bilenki L., S. Wang, J. Yang, et al. 2005. NK T cell activation promotes Chlamydia trachomatis infection in vivo [J]. J Immunol, 175: 3197-3206.

Cornish A. L., R. Keating, K. Kyparissoudis, et al. 2006. NKT cells are not critical for HSV-1 disease resolution [J]. Immunol Cell Biol, 84 (1): 13-19.

Diab A., A. D. Cohen, O. Alpdogan, et al. 2005. IL-15: targeting CD8$^+$ T cells for immunotherapy [J]. Cytotherapy, 7: 23-35.

Faunce D. E., J. L. Palmer, K. K. Paskowicz, et al. 2005. CD1d-restricted NKT cells contribute to the age-associated decline of T cell immunity [J]. J Immunol, 175: 3102-3109.

Fujita K., M. Kobayashi, R. R. Brutkiewicz, et al. 2006. Role for IL-4 nonproducing NKT cells in CC-chemokine ligand 2-induced Th2 cell generation [J]. Immunol Cell Biol, 84 (1): 44-50

Godfrey D. I., J. McCluskey, J. Rossjohn. 2005. CD1d antigen presentation: treats for NKT cells ［J］. Nat. Immunol，6：754-756.

Goldsby R. A.，Kindt T. J.，Osborne B. A. 2003. Kuby Immunology ［M］. 5th ed. New York：WH Freeman and Company.

Griseri T.，L. Beaudoin，J. Novak，et al. 2005. Invariant NKT cells exacerbate type 1 diabetes induced by CD8 T cells ［J］. J Immunol，175：2091-2101.

Kim J. H.，H. Y. Kim，S. Kim，et al. 2005. Natural Killer T（NKT）Cells Attenuate Bleomy-cin-Induced Pulmonary Fibrosis by Producing Interferon-｛gamma｝ ［J］. Am. J Pathol，167：1231-1241.

Liu R.，A. La Cava，X. F. Bai，et al. 2005. Cooperation of Invariant NKT Cells and CD4$^+$ CD25$^+$ T Regulatory Cells in the Prevention of Autoimmune Myasthenia ［J］. J Immunol，175：7898-7904.

Mattner J.，N. Donhauser，G. Werner-Felmayer，et al. 2006. NKT cells mediate organ-specific resistance against Leishmania major infection ［J］. Microbes. Infect.，8（2）：354-362.

McNab F. W.，S. P. Berzins，D. G. Pellicci，et al. 2005. The influence of CD1d in postselection NKT cell maturation and homeostasis ［J］. J Immunol，175：3762-3768.

Miyake S.，T. Yamamura. 2005. Therapeutic potential of glycolipid ligands for natural killer （NK） T cells in the suppression of autoimmune diseases. Curr. Drug Targets. Immune. Endocr ［J］. Metabol. Disord，5：315-322.

Morishima Y.，Y. Ishii，T. Kimura，et al. 2005. Suppression of eosinophilic airway inflamma-tion by treatment with alpha-galactosylceramide ［J］. Eur. J Immunol，35：2803-2814.

Oki S.，C. Tomi，T. Yamamura，et al. 2005. Preferential Th2 polarization by OCH is sup-ported by incompetent NKT cell induction of CD40L and following production of inflamma-tory cytokines by bystander cells in vivo ［J］. Int. Immunol，17：1619-1629.

Osada T.，M. A. Morse，H. K. Lyerly，et al. 2005. Ex vivo expanded human CD4$^+$ regulatory NKT cells suppress expansion of tumor antigen-specific CTLs ［J］. Int. Immunol，17：1143-1155.

Sen Y.，B. Yongyi，H. Yuling，et al. 2005. V alpha 24-invariant NKT cells from patients with allergic asthma express CCR9 at high frequency and induce Th2 bias of CD3$^+$ T cells upon CD226 engagement ［J］. J Immunol，175：4914-4926.

Sullivan B. A.，M. Kronenberg. 2005. Activation or anergy：NKT cells are stunned by alpha-galactosylceramide ［J］. J Clin Invest，115：2328-2329.

Wang，J.，R. Sun，H. Wei，et al. 2005. Poly I：C prevents T cell-mediated hepatitis via an NK-dependent mechanism ［J］. J Hepatol，44（3）：446-454.

Wei D. G.，H. Lee，S. H. Park，et al. 2005. Expansion and long-range differentiation of the NKT cell lineage in mice expressing CD1d exclusively on cortical thymocytes ［J］. J Exp. Med，202：239-248.

Yu K. O.，S. A. Porcelli. 2005. The diverse functions of CD1d-restricted NKT cells and their potential for immunotherapy ［J］. Immunol Lett，100：42-55.

>>> 阅读心得 <<<

第三章　天然免疫

概述： 天然免疫，又称为先天性免疫或固有免疫，是机体与生俱来的对病原微生物感染的天然抵抗力，是抵抗病原微生物感染的第一道防线，包括天然生理屏障（如皮肤和黏膜屏障、血脑屏障、胎盘屏障、血睾屏障等）和先天性免疫应答。从低等生物到高等生物（包括人类）都存在这种抗感染的防御性机制。先天性免疫对病原微生物最直接的杀灭和清除作用是通过机体分泌先天性免疫分子和吞噬细胞来实现的。在众多的先天性免疫分子中，防御素（defensin）起着十分重要的作用。防御素是呼吸道、消化道、泌尿生殖道黏膜及皮肤上皮细胞分泌的多种小分子多肽，这些小分子多肽通过破坏病原的膜结构直接杀灭细菌、真菌或囊膜病毒。另外，病菌一旦入侵机体之后，体液中的补体能够直接识别菌体成分，使补体系统活化，产生级联反应，组装膜攻击复合物而直接杀灭病菌。

吞噬细胞在吞噬、杀灭和清除病原的过程中始终起着核心作用，吞噬细胞主要包括单核-巨噬细胞、中性粒细胞、嗜酸性粒细胞、嗜碱性粒细胞等，这些吞噬细胞通过特殊受体识别病原微生物的特征性成分，区分敌我，产生免疫应答。因此，识别病原微生物是免疫应答的前提和基础。非吞噬性先天性免疫细胞，主要有 NK、NKT、$\gamma\delta$T 细胞等，这些细胞不仅对病原感染细胞具有直接破坏作用，同时通过分泌细胞因子进一步活化吞噬细胞，提高其吞噬、杀灭和清除病原的能力。更重要的是，NK/NKT 细胞通过分泌 Th1 和 Th2 细胞因子，发挥重要的免疫调节作用，调节适应性免疫应答的类型，使免疫应答朝着细胞免疫或体液免疫应答的方向发展。因此，NK/NKT 细胞是先天性免疫向适应性免疫过渡的桥梁。图 3-1 阐述了先天性免疫应答的基本过程。本章重点讲述近年来发现的天然免疫分子和细胞，同时对防御素的作用机制、吞噬细胞识别病原和产生先天性免疫应答的分子机制进行阐述。

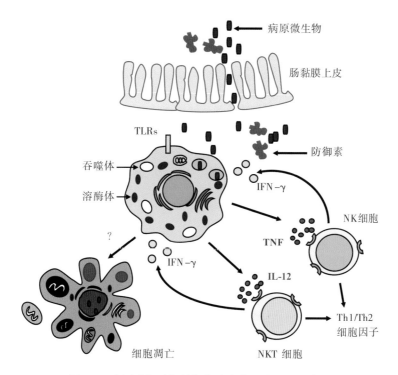

图 3-1 病原感染引起早期免疫应答基本过程示意图

病原微生物入侵宿主后，首先引起宿主先天性免疫应答。防御素、吞噬细胞，以及
NK/NKT 细胞在杀灭和清除病原过程中起着十分重要的作用。巨噬细胞在识别和吞噬入
侵的病原后，分泌白介素（IL）-12 和肿瘤坏死因子（TNF），IL-12 与 TNF 激活 NK 和
NKT 细胞，活化的 NK/NKT 细胞分泌 γ 干扰素（IFN-γ），IFN-γ进一步活化巨噬细胞，
活化的巨噬细胞具有强大的吞噬、杀灭和清除病原的能力，而 NK/NKT 细胞通过分泌
Th1 或 Th2 细胞因子调节免疫应答。有些病原，如李斯特杆菌（*Listeria monocyto-
genes*）、沙门氏菌和一些病毒在早期感染会诱导巨噬细胞凋亡，这一现象的生理学意义
尚待深入研究。

第一节 天然免疫分子

天然免疫分子指生物体与生俱来的抗病原微生物感染的小分子多肽。这些
小分子多肽的种类很多，根据作用方式大致分为三大类：①能够直接破坏细菌
和病毒外膜的小肽，如抗菌肽（antimicrobial peptide，AMP）；②能够通过酶
活性作用破坏病原菌的小肽，如溶菌酶；③能够螯合锌、铁等金属离子的小
肽，如钙卫素（calprotectin）和乳铁素（lactoferrin）等。这些天然小分子在
先天性免疫抗感染的过程中起着十分重要的作用。

一、抗菌肽的种类和作用

抗菌肽，又称为宿主防御肽（host defense peptide，HDP），在生物界中广泛存在，无论是植物、动物还是真菌都通过产生抗菌肽提高自身的抵抗力。抗菌肽是由单基因编码的小分子蛋白，没有特异性，具有广谱杀灭病原菌和病毒的特点，目前发现最重要的抗菌肽有两大类：一类是防御素（defensin），另一类是凯瑟琳抗菌肽（cathelicidin）。抗菌肽在病原感染后表达量迅速增加，在早期抗感染过程中起着重要作用。近年来，抗菌肽的研究取得了令人瞩目的进展，不仅发现了抗菌肽的抗病原活性和作用机制，还发现某些抗菌肽具有免疫调节作用。

（一）防御素

防御素（defensin）是由机体的呼吸道、消化道黏膜和皮肤上皮细胞和中性粒细胞分泌的一类小分子阳离子多肽，富含半胱氨酸，对病原微生物具有广谱的毒杀效应。根据防御素多肽二硫键配对的不同，将防御素分为α、β、θ三种。α防御素主要由中性粒细胞和黏膜杯状细胞产生；β防御素主要由黏膜上皮细胞产生，分子质量比α防御素稍大；α与β防御素广泛存在于各种动物。而θ防御素仅存在于非人类灵长动物。各类防御素的分布不同，而且具有各自独特的功能。防御素除了具有杀灭病原微生物的作用外，还有调节免疫应答的作用。

虽然防御素具有明显的抑制和杀灭病原微生物的作用，但作用机制尚不十分清楚。普遍认为，带正电的防御素与带负电的细菌细胞膜相互吸引，防御素在细菌外膜通过形成二聚或多聚体形成跨膜的离子通道而扰乱细胞膜的通透性及细胞能量状态，导致细胞膜去极化、呼吸作用受到抑制，以及细胞ATP含量下降，最终导致靶细胞死亡（图3-2）；防御素的抗病毒作用则是通过与病毒外膜蛋白结合而导致病毒失去生物活性来实现的。正是由于这种特殊的作用机制，才使得防御素具备两个特点：①抗菌谱广；②病原微生物难以对防御素产生抗性突变。

防御素还具有调节免疫应答的作用。某些防御素可以刺激免疫细胞，使STAT、MAPK/p38、ERK1/2等磷酸化，引起细胞因子、趋化因子的表达，还能促使肥大细胞脱粒。随着研究的深入，对防御素功能的了解将会更全面。

（二）凯瑟琳抗菌肽

在动物中，存在着一大类小分子多肽，具有较强的杀菌作用。由于该类分子的功能区与凯瑟琳（cathelin）药物有很高的同源性，因此称为凯瑟琳抗菌

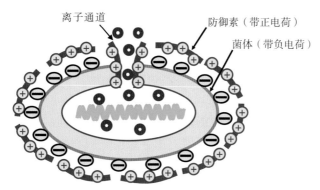

图 3-2 抗菌肽杀灭病原菌的机制模式图

一般情况下，病原菌带有负电荷，含有大量阳离子正电荷的抗菌肽分
子与菌体结合，带正电的防御素与带负电的细菌细胞膜相互吸引，防御素
在细菌外膜通过形成二聚或多聚体形成跨膜的离子通道，使靶细胞死亡。

肽（cathelicidin，虽然有人译为导管素，但该译法似乎源自该词的前缀，显得较牵强，所以在本文暂译为凯瑟琳抗菌肽）。该抗菌肽主要以无活性的原肽（propeptide）形式储存于细胞内，在细胞受刺激后，被加工处理成为有活性的小肽分子，释放于细胞外，执行杀菌作用。多种髓样前体细胞，以及成熟的中性粒细胞和淋巴样细胞都表达凯瑟琳抗菌肽。由于不同动物物种在表达凯瑟琳抗菌肽水平上差异较大，这种差异是否与物种抗病力有关需要深入研究。

抗菌肽的活性与浓度之间有量效关系，正常情况下抗菌肽在人体液中的含量为40ng/mL，然而在感染条件下，体液中的含量超过1mg/mL，在败血症的情况下可高达170mg/mL。在体外研究结果表明，抗菌肽的活性与浓度相关，低浓度的抗菌肽可以刺激免疫细胞分泌细胞因子，中等浓度具有趋化作用，而高浓度时可以直接裂解肿瘤细胞和细菌。另外，某些抗菌肽可以直接结合病原相关分子模式，如脂多糖（LPS）、胞壁酸（LTA）等，起到抗感染的作用。

二、溶菌酶

溶菌酶（bacteriolytic enzyme），又称为细胞壁溶解酶，是一大类广泛存在于自然界中的酶蛋白，动物多种组织和分泌液中都含有这种物质，鸡蛋清中的含量较多，是一种较稳定的碱性蛋白质，由129个氨基酸残基组成，相对分子质量为14 000，有4个二硫键，活性较稳定。蛋清溶菌酶能水解菌体细胞壁的肽聚糖，导致细菌细胞壁损伤。由于革兰氏阳性（G^+）和革兰氏阴性（G^-）细菌的细胞壁肽聚糖含量有很大差异，G^+菌细胞壁几乎全部由肽聚糖组成，所以对溶菌酶敏感；而 G⁻ 菌的肽聚糖含量低，而且在内壁层，因此溶菌酶对 G⁻ 菌作用不大。人和动物的眼泪、唾液、鼻分泌物、乳汁中有较多的溶菌酶。在吞噬细胞中，溶菌酶主要存在于溶酶体（lysosome）中。当吞噬细胞吞噬病原菌后，吞噬体（phagosome）与溶酶体融合，成为吞噬溶酶体（phagolysosome），溶菌酶则发挥降解病原菌的作用。人的溶菌酶含有 130 个氨基酸残基，有 4 个二硫键，其溶菌活性比蛋清溶菌酶高很多，在人先天性抗感染中起到十分重要的作用。溶菌酶由于其对细胞壁具有较强的破坏作用，因而在生物医学和食品工业中得到广泛的应用。目前我国利用动物转基因技术生产的转基因牛，能够在乳汁中分泌溶菌酶，为广泛利用溶菌酶奠定了基础。

第二节　天然免疫细胞

天然免疫细胞是参与先天性免疫应答免疫细胞的统称，包括吞噬细胞（单核-巨噬细胞、中性粒细胞、嗜酸性粒细胞、嗜碱性粒细胞等）和非吞噬性先天性免疫细胞（NK、NKT、γδT 细胞等）。这些细胞都来源于造血干细胞，在先天性免疫应答中起着重要作用，同时还通过分泌细胞因子调节获得性免疫应答的发展方向。

一、吞噬细胞

吞噬细胞是机体内具有吞噬功能细胞的总称。体内所有组织，特别是黏膜组织，均存在大量的吞噬细胞。哺乳动物的吞噬细胞可分为功能互补的两大类：髓样吞噬细胞（myeloid phagocyte）和单核吞噬细胞。髓样吞噬细胞的胞浆中含有大量的颗粒样物质，所以又称为粒细胞（granulocyte）。粒细胞分为三个亚群：分别为中性粒细胞（禽类没有该类细胞，取而代之的是异嗜性细胞）、嗜碱性粒细胞、嗜酸性粒细胞等。这些粒细胞的共同特点是细胞核分叶，而且不规则，因而又统称为多形态核细胞（polymorphonuclear，PMN）。PMN 具有强大的吞噬和清除外来病原的能力，在抗病原菌感染中起着十分重要的作用。单核吞噬细胞包括血液中的单核吞噬细胞和不同组织中的吞噬细胞，这类细胞的特点是具有圆形不分叶的细胞核，吞噬能力强。当遇到病原微生物感染后，可以迅速被招募到感染部位，通过模式识别受体识别病原微生物的碳水化合物、核酸、脂多糖等病原相关分子模式（pathogen associated molecular patterns，PAMP）成分吞噬病原微生物。病原微生物被吞噬后，在胞浆溶酶体中被杀灭和清除。吞噬细胞除能直接吞噬病原微生物外，还能吞噬病原感染的自身细胞，从另一个层次上清除病原体。

二、非吞噬性先天性免疫细胞

在先天性免疫应答过程中，有一部分细胞没有吞噬病原的功能，但具有杀伤作用（如 NK 细胞），还可以通过分泌细胞因子调控免疫应答，主要包括 NK、NKT、γδT 细胞等（详见第二章）。这些细胞不仅在先天性免疫中发挥作用，还调控适应性免疫。

第三节　天然免疫细胞识别和清除 病原的作用机制

近年来在先天性免疫研究领域取得了飞速发展，尤其是 TLRs（toll-like receptors）的发现给天然免疫研究带来了巨大变化。目前已经明确，宿主细胞通过模式识别分子识别病原相关分子模式，区分非己物质，启动相关免疫应答，从而达到杀灭和清除外来病原的目的。

一、模式识别受体和病原相关分子模式的概念

模式识别受体（pattern recognition receptors，PRRs）又称为模式识别分子（pattern recognition molecules，PRMs），是宿主细胞识别病原的特殊分子。PRRs 专门识别病原微生物的特征性分子结构。病原微生物所特有的能被天然免疫细胞识别的靶分子称为病原相关分子模式（pathogen associated molecular patterns，PAMPs）。PAMPs 是微生物共有的在进化上保守的模式分子，广泛存在于病原体，如内毒素、肽聚糖、鞭毛蛋白、双链 RNA、非甲基化 DNA，以及酵母细胞壁上的甘露糖等。宿主细胞通过 PRRs 识别 PAMPs，启动免疫应答。免疫应答的类型和强度都与 PRRs 识别 PAMPs 有关。因此，PRRs 特异性识别 PAMPs 是先天性免疫应答的前提和基础（图 3-3）。目前已经发现，PRRs 有四大家族，分别为 TLRs、NLRs、RLRs 和 CLRs。这些分子分工明确，相互协作，调控免疫应答，维护机体的正常生理状态。

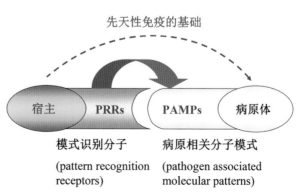

图 3-3　先天性免疫细胞识别病原模式图
宿主细胞通过 PRRs 特异性识别 PAMPs，启动免疫应答，清除病原。

二、模式识别受体的种类和结构

（一）TLRs

该家族受体能广泛识别病原，包括细菌、病毒、真菌和原虫等。

TLRs（toll-like receptors）是一大类模式识别受体，该家族成员属于膜结合蛋白，分布于细胞膜表面和内噬体（endosome）膜上，其分子结构与白细胞介素-1（IL-1）非常相似。TLR 在结构上分为胞外区、跨膜区和胞内区，胞外区含有亮氨酸富集重复区（leucine-rich repeats，LRR），该区域是识别PAMPs 的部位；胞内区含有 TIR 功能区，该部位是 TLR 活化后招募接头蛋白向下传递信号的功能性区域（图 3-4）。目前发现 TLR 家族有 23 个成员（TLRs1-23），但在不同动物中，TLRs 成员的数量不相同：

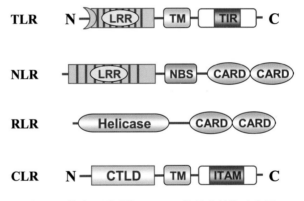

图 3-4　模式识别受体（PRR）的基本结构示意图

LRR（leucine-rich repeats）：亮氨酸富集重复区，是识别病原微生物成分的区域；TM（transmembrane domain）：跨膜区，是受体分子固定于膜上的区域；TIR domain［Toll/IL-1 receptor（TIR）domain］：TLR 的胞内功能区，是 TLR 活化后招募接头蛋白向下传递信号的区域；helicase domain：识别病毒核酸的区域；NBS（nucleotide-binding site）：核酸结合区域，是 NLR 单体活化后聚集成三聚体的结合区域；CARD（caspase activation and recruitment domain）：是 RLR 活化后，招募接头蛋白向下传递信号的区域；CTLD（C-type lectin-like domain）：C-型植物血凝素样区域；ITAM（immunoreceptor tyrosine-based activation motif）：免疫受体酪氨酸活化结构域。

人类 TLR 家族有 10 个成员，分别为 TLR1 至 TLR10。

小鼠 TLR 家族有 12 个成员，包括 TLR1 至 TLR9、TLR11 至 TLR13，目前没有发现 TLR10。

禽类 TLR 家族目前发现有 10 个成员，分别为 TLR1A、TLR1B、

TLR2A、TLR2B、TLR3、TLR4、TLR5、TLR7、TLR15 和 TLR21。

猪 TLR 家族目前发现有 7 个成员，包括 TLR1 至 TLR6、TLR9。随着研究的深入，TLRs 家族可能会有更多的成员。

（二）NLRs

该家族受体主要识别细胞浆内细菌。

NLRs［nucleotide-binding oligomerization domain（NOD）-like receptors］是存在于细胞浆中的一类模式识别受体，负责识别进入胞浆内的病原菌。NLR 的基本结构有三个功能区域，即 LRR、NBS 和 CARD（图 3-4）。NLR 与 TLR 相似，依靠 LRR 区域识别 PAMPs；NBS 是 NLR 单体相互聚合形成三聚体的结合区域，当 NLR 结合 PAMPs 时，NLR 结构发生改变，形成三聚体，向下传导信号；CARD（caspase activation and recruitment domain）是 NLR 活化后招募接头蛋白向下传递信号的区域。NLRs 家族成员繁多，最典型的是 NOD1 和 NOD2，主要识别病菌的肽聚糖（peptidoglycan，PGN）成分。

（三）RLRs

该家族成员主要识别病毒。

RLRs［Retinoic acid-inducible gene Ⅰ（RIG-Ⅰ）-like helicases receptors］是存在于细胞浆中的一类模式识别受体，负责识别出现于胞浆内的病毒核酸。RLR 分子的基本结构有两个功能区，即 Helicase 和 CARD（图 3-4）。Helicase 是识别病毒核酸的部位。CARD 是 RLR 活化后招募接头蛋白向下传递信号的功能区。该家族成员主要有 RIG-1 和 MDA5（melanoma differentiation-associated gene-5）。

（四）CLRs

该家族成员主要识别真菌。

CLRs（C-type lectin receptors）属于膜结合受体，胞外部分含有甘露糖结合植物血凝素，是专门识别真菌碳水化合物的功能区（图 3-4），这类受体分子有 1 000 多种，分为 7 个亚群，大多数分子与细胞吞噬、抗原递呈和维护内源性糖蛋白浓度有关。部分成员识别病原特定的成分，传递信号，引起免疫应答。Dectin-1 是该家族的代表性受体分子，该受体通过胞外区 CTLD（C-type lectin-like domain）识别真菌 PAMPs，与之结合并活化，活化的 Dectin-1 通过胞内区 ITAM（immunoreceptor tyrosine-based activation motif）招募接头分子酪氨酸激酶 Syk，最终激活 NF-κB 信号传递通路。

三、模式识别受体识别病原相关分子模式的种类

(一) TLRs 识别 PAMPs 的主要种类

TLRs：是膜结合分子，主要识别细胞外和内噬体中的病原成分。

TLR1 和 TLR6：能与 TLR2 形成复合受体，主要识别宿主细胞外的微生物脂蛋白成分。

TLR2：主要识别宿主细胞外的脂蛋白和糖脂，包括酵母细胞壁、肽聚糖等。

TLR3：主要识别内噬体中的双链核酸。

TLR4：主要识别宿主细胞外的病原菌细胞壁的脂多糖。

TLR5：识别病原菌的鞭毛蛋白。

TLR6：主要识别宿主细胞外的微生物脂蛋白。

TLR7 和 TLR8：主要识别内噬体中的单链核酸。

TLR9：主要识别内噬体中的病原菌非甲基化 CpGDNA、病毒核酸等。

TLR10：TLR10 的配体尚不清楚。

(二) NLRs 识别 PAMPs 的主要种类

NLRs 家族成员较多，主要识别出现于细胞浆中的病原成分，有代表性的成员是 NOD1 和 NOD2。NOD1 主要识别进入细胞浆中的革兰氏阴性（G^-）菌某些成分，如肽聚糖（PGN）中的 γ-谷氨酰内消旋二胺基庚二酸（Meso-DAP），该结构主要存在于 G^- 菌的 PGN 中，但少数 G^+ 菌（李斯特杆菌）的 PGN 也有少量存在。NOD2 主要识别进入细胞浆中的革兰氏阳性（G^+）菌的某些成分，如肽聚糖（PGN）中的胞壁酰二肽（MDP），MDP 存在于所有 G^- 菌和 G^+ 菌的 PGN 中。

(三) RLRs 识别 PAMPs 的主要种类

RLRs 存在于细胞浆中，主要识别进入细胞浆中的病毒核酸，该家族成员主要有 RIG-1 和 MDA5。

(四) CLRs 识别 PAMPs 的主要种类

CLRs 是分布于细胞膜上的受体，主要识别真菌的 β-葡聚糖，与 TLRs 具有协同作用。

四、吞噬细胞识别病原产生免疫应答的分子机制

吞噬细胞在杀灭和清除病原的过程中起着关键作用，吞噬细胞通过 PRRs

识别病原微生物特征性成分 PAMPs，产生免疫应答。

（一）TLRs 识别 PAMPs 产生免疫应答的信号传导过程

由于 TLRs 是膜结合分子，一些 TLRs（TLR1、TLR2、TLR4、TLR5 和 TLR6）分布于细胞膜表面，细胞通过 TLRs 识别细胞外病原的特殊成分（如脂多糖、鞭毛蛋白、脂蛋白等）被活化，进行信号转导。另一些 TLRs 分布于内噬体的膜结构上，包括 TLR3、TLR7、TLR8、TLR9 等，这些受体专门识别内噬体中的病菌或病毒的特殊成分，活化后进行信号传导，启动下游基因的转录和表达。无论 TLRs 分布如何，在结合相应的配体后，都要通过NF-κB、AP-1 或 IRF 等转录调控因子启动免疫相关基因的转录与表达。

TLRs 介导的信号传递途径主要分为 MyD88（myeloid differentiation yactor 88，髓样分化因子 88）依赖性和非依赖性两种信号传递途径。MyD88 依赖性信号传递途径通过激活 NF-κB 和 AP-1 转录调控因子，控制相关基因的转录与表达。TLRs 与相应的配体结合后，胞内功能区 TIR 被活化，招募和活化 MyD88、TIRAP、TRAM 等接头分子。MyD88 是最重要的接头分子，经 MyD88 进行的信号传递过程需要 TIR-TIR 之间的相互作用。MyD88 活化后，招募 IRAK 使其磷酸化，活化的 IRAK 招募和活化 TRAF6，TRAF6 活化 TAK1。TAK1 活化后，最终激活 NF-κB 信号传递途径，也可以通过 JNK 和 p38 激活 AP-1。NF-κB 和 AP-1 活化后，通过核膜间隙进入细胞核内，结合到特定基因的启动子上，启动下游基因的转录和表达。NF-κB 和 AP-1 调控多种免疫相关基因的表达，包括促炎性反应因子（IL-1、IL-6、IL12、TNF 等）、趋化因子、免疫共刺激分子等。MyD88 非依赖性信号传递途径是通过接头分子 TRIF 活化 TBK，最终激活转录调控因子 IRF，IRF 活化后通过核膜间隙进入细胞核内，结合到 I-型干扰素基因的启动子上，启动 I-型干扰素（IFN-α/β）基因的转录和表达（图 3-5）。TLR4 在识别 LPS 后，除了通过 MyD88 激活 NF-κB 和 AP-1 信号传导通路外，还可以通过 TRIF 接头分子激活 IRF 信号传递途径，启动 I-型干扰素（IFN-α 和 IFN-β）的转录和表达。而 TLR2 识别配体后，通过 PI3K 接头分子活化 Akt 激酶，激活 NF-κB 信号传递途径（图 3-5）。

内噬体中的 TLRs 主要识别病毒核酸和细菌非甲基化 DNA。这些 TLRs 识别配体后，也经 MyD88 依赖性和非依赖性两种主要途径进行信号转导（图 3-6）。TLR3 主要经 MyD88 非依赖性信号传递途径传递信号，通过 TRIF 和 PI3K 分别活化 TBK1 和 AKT，激活 IRF 信号传递途径，启动下游基因的转录和表达，目前没有发现 TLR3 与 MyD88 有关。

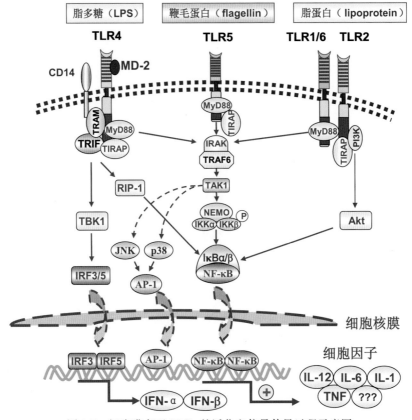

图 3-5　细胞膜表面 TLRs 的活化和信号传导过程示意图

　　TLRs 与相应的配体结合后，胞内功能区 TIR 被活化，招募和活化 MyD88、TIRAP、TRIF、TRAM 等接头分子。MyD88 是最重要的接头分子，经 MyD88 进行的信号传递过程需要 TIR-TIR 之间的相互作用。MyD88 活化后，招募 IRAK 使其磷酸化，活化的 IRAK 招募和活化 TRAF6，TRAF6 活化 TAK1。TAK1 活化后，最终激活 NF-κB 信号传递途径，也可以通过 JNK 和 p38 激活 AP-1。NF-κB 和 AP-1 活化后，通过核膜间隙进入细胞核内，结合到特定基因的启动子上，启动下游基因的转录和表达。另外，TLR4 识别配体后，也可以招募和活化 TRIF，TRIF 活化 TBK，最终激活转录调控因子 IRF，IRF 活化后通过核膜间隙进入细胞核内，与Ⅰ-型干扰素基因的启动子结合，启动Ⅰ-型干扰素 (IFN-α/β) 基因的转录和表达。

　　MyD88 (myeloid differentiation factor 88)：髓样分化因子 88；TIRAP (TIR domain-containing adapter protein)：含有 TIR 功能区的接头蛋白；TRIF (TIR domain-containing adapter-inducing interferon-β)：诱导产生β干扰素并含有 TIR 功能区的接头分子；TRAM (TRIF-related adapter molecule)：TRIF 相关接头分子；IRAK (IL-1 receptor kinase)：白介素-1 受体激酶；TRAF (tumor necrosis factor receptor-associated factor)：肿瘤坏死因子相关分子；TAK (TGF-β activated kinase 1)：TGF-β活化激酶；NF-κB (nuclear factor kappa enhancer binding protein)：核因子 κ 增强子结合蛋白；JNK (c-Jun-N-terminal kinase)：Jun N-端激酶；AP-1 (activating protein-1)：活化蛋白-1；IRF (interferon regulatory factor)：干扰素调节因子；RIP (receptor interacting protein)：受体结合蛋白；PI3K (phosphoinositol-3 kinase)：磷酸肌醇激酶；NEMO (NF-κB essential modulator)：NF-κB 调控关键因子；IKK (inhibitor of NF-κB kinase)：NF-κB 抑制因子激酶；IκB (inhibitor of NF-κB)：NF-κB 抑制因子；poly (I∶C)：根据病毒核酸结构人工合成的 dsRNA；MAVS (mitochondrial antiviral signaling protein) 线粒体抗病毒信号转导蛋白；NBS (nucleotide-binding site)，核苷酸结合位点；CARD (caspase activation and recruitment domain)：caspase 活化与招募功能区。

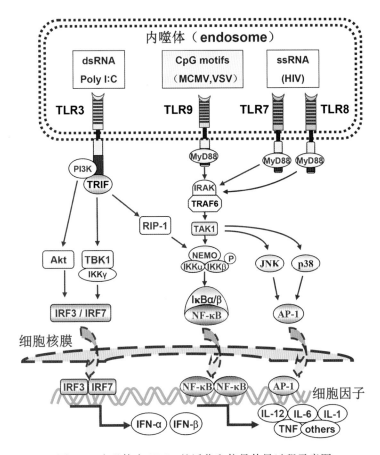

图 3-6　内噬体中 TLRs 的活化和信号传导过程示意图

　　TLRs 识别内噬体中相应的配体后，TIR 功能区被活化，招募和活化 MyD88、TRIF、PI3K 等接头分子。经 MyD88 进行的信号传递过程需要 TIR-TIR 之间的相互作用。MyD88 活化后，招募 IRAK 使其磷酸化，活化的 IRAK 招募和活化 TRAF6，TRAF6 活化 TAK1。TAK1 活化后，最终激活 NF-κB 信号传递途径，也可以通过 JNK 和 p38 激活 AP-1。NF-κB 和 AP-1 活化后，通过核膜间隙进入细胞核内，结合到特定基因的启动子上，启动下游基因的转录和表达。TLR3 识别配体后，招募和活化 TRIF，TRIF 活化 TBK 和 Akt，最终激活转录调控因子 IRF，IRF 活化后通过核膜间隙进入细胞核内，结合到 I-型干扰素基因的启动子上，启动 I-型干扰素（IFN-α/β）基因的转录和表达。

　　MyD88 (myeloid differentiation factor 88)：髓样分化因子 88；TIRAP (TIR domain-containing adapter protein)：含有 TIR 功能区的接头蛋白；TRIF (TIR domain-containing adapter-inducing interferon-β)：诱导产生 β 干扰素并含有 TIR 功能区的接头分子；TRAM (TRIF-related adapter molecule)：TRIF 相关接头分子；IRAK (IL-1 receptor kinase)：白介素-1 受体激酶；TRAF (tumor necrosis factor receptor-associated factor)：肿瘤坏死因子相关分子；TAK (TGF-β activated kinase 1)：TGF-β 活化激酶；NF-κB (nuclear factor kappa enhancer binding protein)：核因子 κ 增强子结合蛋白；JNK (c-Jun-N-terminal kinase)：Jun N-端激酶；AP-1 (activating protein-1)：活化蛋白-1；IRF (interferon regulatory factor)：干扰素调节因子。RIP (receptor interacting protein)：受体结合蛋白；PI3K (phosphoinositol-3 kinase)：磷酸肌醇激酶；NEMO (NF-κB essential modulator)：NF-κB 调控关键因子；IKK (inhibitor of NF-κB kinase)：NF-κB 抑制因子激酶；IκB (inhibitor of NF-κB)：NF-κB 抑制因子；poly (I：C)：根据病毒核酸结构人工合成的 dsRNA；MAVS (mitochondrial antiviral signaling protein) 线粒体抗病毒信号转导蛋白；NBS (nucleotide-binding site)，核苷酸结合位点；CARD (caspase activation and recruitment domain)：caspase 活化与招募功能区。

（二）NLRs 识别 PAMPs 产生免疫应答信号的传导过程

NLRs 分布于细胞浆中，主要识别细胞浆中的病原成分。NOD1 和 NOD2 是该家族的代表性成员，在没有病原感染的正常细胞中，NOD 以单体的形式存在。当病原感染细胞在胞浆内出现 PAMPs 时，NOD 以 LRR 功能区结合相应的配体，NOD 单体的 NBS 区域相互结合形成三聚体，随后 CARD 功能区活化，招募和活化 RIP2，RIP2 活化后激活 TAK1，TAK1 活化后激活 NF-κB 和 AP-1 信号传递途径，启动与免疫相关的基因转录和表达（图 3-7）。如前所述，

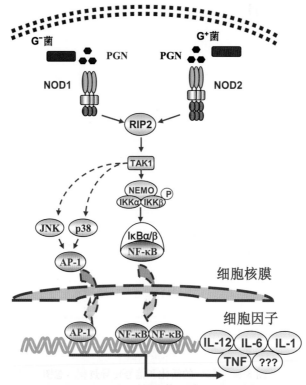

图 3-7　NLRs 的活化和信号传导过程示意图

NOD1 识别细胞浆内的革兰氏阴性菌的肽聚糖（PGN），而 NOD2 主要识别革兰氏阳性菌的肽聚糖（PGN）成分。NOD 以 LRR 功能区结合相应的配体，NOD 单体的 NBS 区域相互结合形成三聚体，随后 CARD 功能区活化，招募和活化 RIP2，RIP2 活化后激活 TAK1，TAK1 活化后激活 NF-κB 和 AP-1 信号传递途径，启动与免疫相关的基因转录和表达。

NLRs：nucleotide-binding oligomerization domain（NOD）-like receptors；PGN（peptidoglycan）：肽聚糖；TAK（TGF-β activated kinase 1）：TGF-β 活化激酶；NF-κB（nuclear factor kappa enhancer binding protein）：核因子 κ 增强子结合蛋白；AP-1（activating protein-1）：活化蛋白-1；RIP（receptor interacting protein）：受体结合蛋白；NEMO（NF-κB essential modulator）：NF-κB 调控关键因子；IKK（inhibitor of NF-κB kinase）：NF-κB 抑制因子激酶；IκB（inhibitor of NF-κB）：NF-κB 抑制因子；NBS（nucleotide-binding site），核苷酸结合位点；CARD（caspase activation and recruitment domain）：是招募与活化 caspase 的功能区。

NOD1 主要识别进入细胞浆中的革兰氏阴性（G⁻）菌的肽聚糖（PGN），而NOD2 主要识别革兰氏阳性（G⁺）菌的肽聚糖成分。

（三）RLRs 识别 PAMPs 产生免疫应答信号的传导过程

RLRs 存在于细胞浆中，主要以 Helicase 功能区识别进入细胞浆中的病毒核酸。RLRs 结合相应的配体后，通过 CARD 功能区，激活线粒体上的 MAVS 分子的 CARD 功能区，活化的 MAVS-CARD 功能区激活 NF-κB 和 IRF 信号传递途径，启动抗病毒免疫基因的表达（图 3-8）。RIG-1 和 MDA-5 是该家族的代表性成员。PolyI：C（一种模拟病毒核酸人工合成的 dsRNA）

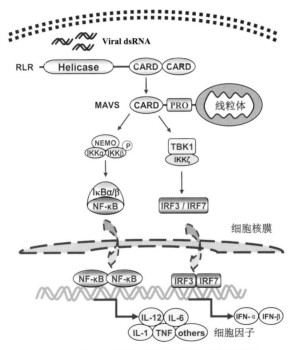

图 3-8　RLRs 的活化和信号传导过程示意图

RLR 以 Helicase 功能区识别细胞浆中的病毒核酸。RLRs 结合相应的配体后，通过 CARD 功能区，激活线粒体上的 MAVS 分子的 CARD 功能区，活化的 MAVS-CARD 功能区激活 NF-κB 和 IRF 信号传递途径，启动免疫相关基因的表达。

RLRs［retinoic acid-inducible gene I（RIG-I）-like helicases receptors］；NF-κB（nuclear factor kappa enhancer binding protein）：核因子 κ 增强子结合蛋白；IRF（interferon regulatory factor）：干扰素调节因子；NEMO（NF-κB essential modulator）：NF-κB 调控关键因子；IKK（inhibitor of NF-κB kinase）：NF-κB 抑制因子激酶；IκB（Inhibitor of NF-κB）：NF-κB 抑制因子；MAVS（mitochondrial antiviral signaling protein）线粒体抗病毒信号转导蛋白；NBS（nucleotide-binding site）：核苷酸结合位点；CARD（caspase activation and recruitment domain）：是招募与活化 caspase 的功能区；TRAF（tumor necrosis factor receptor-associated factor）：肿瘤坏死因子相关分子；TANK（TRAF family member-associated NF-κB activator）：TRAF 相关 NF-κB 活化因子；TBK（TANK-binding kinase）：TANK 结合激酶。

特异性结合 MDA-5，不结合 RIG-1。RLR 识别病毒核酸 5'末端裸露的磷酸基团。由于胞浆中宿主 RNA 末端的磷酸基团被覆盖，即帽化（capping），因此不被 RLR 识别。这是 RLR 区别病毒 RNA 和宿主 RNA 的物质基础。

（四）CLRs 识别 PAMPs 产生免疫应答信号的传导过程

CLRs 分布于细胞膜上，主要识别细胞外真菌的β-葡聚糖，与 TLRs 具有协同作用。CLR 识别相应的配体后，通过胞内功能区 ITAM 招募和活化 Syk 激酶，Syk 激酶活化 Syk，Syk 活化 CARD9，活化的 CARD9 激活 MALT1 和 BCL-10，MALT1/BCL-10 激活 NF-κB 和 AP-1 信号传递途径。此外，Syk 活化后还可以激活 NFAT 信号传递途径，启动与免疫相关基因的表达（图 3-9）。

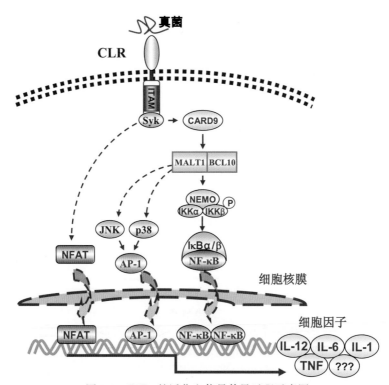

图 3-9　CLRs 的活化和信号传导过程示意图

NF-κB（nuclear factor kappa enhancer binding protein）：核因子κ增强子结合蛋白；JNK（c-Jun-N-terminal kinase）：JUN N-端激酶；AP-1（activating protein-1）：活化蛋白-1；IRF（interferon regulatory factor）：干扰素调节因子；NEMO（NF-κB essential modulator）：NF-κB 调控关键因子；IKK（inhibitor of NF-κB kinase）：NF-κB 抑制因子激酶；IκB（inhibitor of NF-κB）：NF-κB 抑制因子；CARD（caspase activation and recruitment domain）：是招募与活化 caspase 的功能区；NFAT：T 细胞活化核因子。

五、NF-κB 信号传递途径

先天性免疫应答是机体抵抗外来病原微生物感染的生理性防御反应，从低等生物到高等生物（包括人类）都存在这种防御机制。先天性免疫应答首先要通过模式识别受体（PRRs）识别病原微生物的特定成分（PAMPs）。如上所述，PRRs 有 TLRs、NLRs、RLRs、CLRs 等四大家族受体。这些受体识别相应的病原成分，通过特定的信号传递途径，针对不同的病原启动不同程度的免疫应答，体现了既相互独立又互补配合的生理反应过程。虽然不同的 PRRs 介导的免疫应答过程有所不同，但都要通过激活 NF-κB 信号传递途径，启动免疫相关基因的转录和表达。由此可见，NF-κB 信号转导途径在免疫应答过程中起着十分重要的作用。

（一）NF-κB、IκB 和 IKK 家族成员的基本结构

NF-κB/Rel 是最重要的转录调控因子，调控多种基因的转录和表达，与细胞活化、细胞增殖、免疫应答、炎症反应等过程关系密切。该家族有五个成员，分别为 RelA、RelB、C-Rel、p100/p52（NF-κB2）和 p100/p50（NF-κB1）（图 3-10）。这些成员都具有相同的 RHD（Rel homology domain）功能区。NF-κB 受上游分子 IκB（inhibitor of NF-κB）的严格控制，IκB 家族也有五个成员，分别为 IκBα、IκBβ、IκBε、IκBγ 和 BCL3，除了 BCL3 以外，IκB 家族其他成员的任务就是严格控制转录调控因子 NF-κB 的活动。而 IκB 又受到上游分子 IKK（IκB

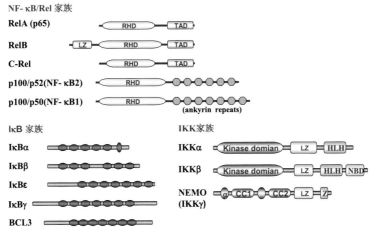

图 3-10　NF-κB、IκB 和 IKK 家族成员的基本结构示意图

LZ（leucine zipper）：亮氨酸拉链蛋白；HLH（helix-loop-helix domain）：螺旋环状功能区；NBD（NEMO-binding domain）：NEMO 结合蛋白；RHD（rel homology domain）：Rel 同源功能区；TAD（transactivation domain）：跨区域激活蛋白；NF-κB（nuclear factor kappa enhancer binding protein）：核因子 κ 增强子结合蛋白；NEMO（NF-κB essential modulator）：NF-κB 调控关键因子；IKK（inhibitor of NF-κB kinase）：NF-κB 抑制因子激酶；IκB（inhibitor of NF-κB）：NF-κB 抑制因子。

kinase）的控制，IKK 家族有三个成员，分别为 IKK α、IKK β 和 IKK γ（又称 NEMO）。IKK 接受上游信号后，激活 IκB，解除 IκB 对 NF-κB 的限制，从而 NF-κB 从细胞浆转移到细胞核内，调控下游基因的转录和表达。

（二）NF-κB 信号传递过程

NF-κB 信号传递是目前了解最清楚的分子信号转导过程，该过程分为经典途径（classical pathway 或 canonical pathway）和替代途径（alternative pathway 或 non-canonical pathway）。

1. NF-κB 信号转导经典途径　在 NF-κB 信号转导经典途径中，使 NF-κB 从 IκB 的束缚中释放出来是激活 NF-κB 信号转导通路的关键。当细胞受体

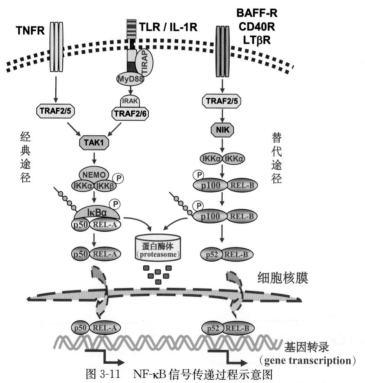

图 3-11　NF-κB 信号传递过程示意图

经典途径（classical pathway 或 canonical pathway）：TNFR1/2，TCR，BCR，PRRs 与相应的配体结合后，招募和活化接头分子向下游传递信号，激活 TAK1，活化的 TAK1 激活 IKK α 和 IKK β。IKK α/IKK β 磷酸化后激活 IκB。在 SCFbTrCP-type E3 连接酶的作用下，磷酸化的 IκB 泛素化，通过 Proteasome 降解，p50/RelA 得以释放，进入细胞核，结合特定基因的启动子（promoter），启动相关基因的转录和表达。TAK（TGF-β activated kinase）：TGF-β 活化激酶；NF-κB（nuclear factor kappa enhancer binding protein）：核因子 κ 增强子结合蛋白；NEMO（NF-κB essential modulator）：NF-κB 调控关键因子；IKK（inhibitor of NF-κB kinase）：NF-κB 抑制因子激酶；IκB（inhibitor of NF-κB）：NF-κB 抑制因子；NIK（NF-κB-inducing kinase）：NF-κB 诱导激酶。

（TNFR1/2、TCR、BCR、PRRs）与相应的配体结合后，招募和活化接头分子向下游传递信号，激活 TAK1，活化的 TAK1 激活 IKK α 和 IKK β。IKKα/IKK β 是 IκB 的激酶，活化后使 IκB 磷酸化。在 SCFbTrCP-type E3 连接酶的作用下，磷酸化的 IκB 被泛素化，通过蛋白酶体（proteasome）降解，p50/RelA 得以释放，进入细胞核，结合特定基因的启动子（promoter），启动相关基因的转录和表达（图 3-11）。

2. NF-κB 信号转导替代途径 在 NF-κB 信号转导替代途径中，将 NF-κBp105 和 p100 降解为 p50 和 p52 是活化该信号传递通路的关键。形成 p52/RelB 异源二聚体是 NF-κB 信号传递替代途径的标志。当细胞受体（BAFF-R、LT β-R、CD40R 等）与相应的配体结合后，招募和活化接头分子 NIK。活化的 NIK 激活 IKKα，使 IKKα 结合 p105 或 p100，在 SCFbTrCP-type E3 连接酶的作用下使 p105 或 p100 泛素化，通过 26s 的蛋白酶体降解，p100 降解后产生 p52，p52 可形成 p52/p52 同源二聚体或 p52/ RelB 异源二聚体（产生的 p50 通常与 p65 形成 p50/RelA 异源二聚体），p52/RelB 异源二聚体可直接进入细胞核，结合特定基因的启动子（promoter），启动相关基因的转录和表达（图 3-13），而 p52/p52 同源二聚体要与 Bcl3 形成复合体，调控相关基因的转录和表达。

六、模式识别受体的表达和调控

（一）模式识别受体的表达

模式识别受体在不同细胞中的表达有所不同，吞噬细胞表达所有的模式识别受体。肥大细胞（mast cell）表达 TLR2、TLR4、TLR6 和 TLR8，但不表达 TLR5。不同亚群的树突状细胞表达不同的 TLR，如人血液中 MDC（mye-loid dendritic cell）表达 TLR1、TLR2、TLR4、TLR5 和 TLR8；PDC（plas-macytoid dendritic cell）只表达 TLR7 和 TLR9。不同发育阶段的细胞表达不同的 TLR，如不成熟的 DC 表达 TLR1、TLR2、TLR4 和 TLR5。TLR3 只在成熟的 DC 中表达。每种组织至少表达一种 TLR。同一种组织不同区域的 TLR 分布也有所不同，如在肠道绒毛末端 TLR4 表达量少，而 TLR5 在隐窝中相对

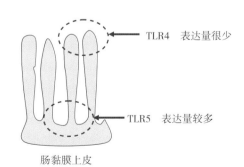

图 3-12 TLR 在肠道中表达分布差异示意图

表达量较多（图 3-12）；肾上皮细胞表达 TLR2 和 TLR4 识别 G⁻菌，防止化脓性肾炎；眼角膜上皮细胞和血管内皮细胞表达 TLR4。

（二）TLRs 的表达调控

1.TLRs 的表达受细胞因子的调控　集落刺激因子（CSF）降低巨噬细胞 TLR9 的表达，抑制 CpG DNA 引起的炎性细胞因子。巨噬细胞移动抑制因子（MIF）降低 TLR4 的表达。IFN-γ增强单核-巨噬细胞 TLR4 的表达。IL-2、IL-15、IL-1β、IFN-γ及 TNF-α等炎性细胞因子都可诱导 TLR2 的表达。神经短肽 VIP（vasoactive intestinal peptide，血管活性肠肽）通过抑制 PU.1 和 NF-κB，降低 TLRs 的表达。

2.TLRs 的表达受病原感染和病原体成分的调控　禽支原体感染增强 TLR2 的表达，抑制 TLR4 的表达。大肠杆菌感染增强δγT 细胞 TLR2 的表达。LPS 增强巨噬细胞和脂肪细胞 TLR2 的表达。LPS 降低 TLR4/MD2 复合体的表达。病毒感染可增强巨噬细胞 TLR1、TLR2、TLR3、和 TLR7 的表达。

3. 模式识别受体之间的相互协作　TLRs 和 NLRs 之间既相互独立，又相互作用，如产生具有活性的 IL-1β 需要 TLRs 和 NLRs 的共同参与。TLRs 与相应配体结合后，激活 NF-κB 信号传递途径，启动表达 IL-1β 前体，而 IL-1β 前体必须在 NLRs 介导活化的 Caspase-1 作用下裂解为 IL-1β 才具有生物活性。因此，模式识别受体之间的相互协作在抗感染中起着重要作用。

第四节　模式识别分子的应用

细菌成分刺激 TLRs 后，可引起 APC 依赖性和非依赖性信号传递方式，产生先天性和获得性免疫力。近来研究表明，TLRs 信号可使 T 细胞向 Th1 或 Th2 免疫应答发展。活化 TLRs 还能直接或间接影响调节性 T 细胞的功能。因此，TLRs 在免疫活化和免疫调节中都是必需的。目前已在下列三个方面应用：①调节免疫应答；②疾病预防和治疗；③药物开发：TLR 配体的模拟或颉颃物用作免疫增强剂，如 CpGDNA。

 思考题

1. 抗原感染引起免疫应答的基本过程是什么？
2. 天然免疫分子有哪些？
3. 什么是防御素？其有何特点？
4. 防御素杀灭病原菌的机制是什么？
5. 什么是模式识别受体？其在免疫应答中有何作用？

6. 什么是病原相关分子模式?

7. NF-κB 信号转导途径是什么?

参考文献

Andrew G. Bowie1，Katherine A. 2007. Fitzgerald. RIG-I：tri-ing to discriminate between self and non-self RNA ［J］. TRENDS in Immunology，28（4）：147-150.

Christine E.，Becker，Luke A. J. O' Neill. 2007. Inflammasomes in inflammatory disorders：the role of TLRs and their interactions with NLRs ［J］. Semin Immunopathol，29：239-248.

E. M. Palsson-McDermott1，L. A. J. O' Neill. 2007. Pattern-Recognition Receptors in Human Disease：Building an immune system from nine domains ［J］. Biochemical Society Transactions，35（6）：1437-1443.

Johannes A. Schmid，Andreas Birbach. 2008. IκB kinase b（IKKb/IKK2/IκBKB）—A key molecule in signaling to the transcription factor NF-κB ［J］. Cytokine & Growth Factor Reviews，19：157-165.

Katharina Eisenä cher1，Christian Steinberg1，Wolfgang Reindl，et al. 2008. The role of viral nucleic acid recognition in dendritic cells for innate and adaptive antiviral immunity ［J］. Immunobiology，212：701-714.

L. Le Bourhis，S. Benko，S. E. Girardin. 2007. Nod1 and Nod2 in innate immunity and humaninflammatory disorders ［J］. Biochemical Society Transactions，35（6）：1479-1484.

Leonie Unterholzner，Andrew G. Bowie. 2008. The interplay between viruses and innate immune signaling：Recent insights and therapeutic opportunities ［J］. biochemical pharmacology，75：589-602.

Margot Thome. 2008. Multifunctional roles for MALT1 in T-cell activation ［J］. Nature review-Immunology，8：495-500.

Michael H. Shaw，Thornik Reimer，Yun-Gi Kim，et al. 2008. NOD-like receptors（NLRs）：bona fide intracellular microbial sensors ［J］. Current Opinion in Immunology，20：1-6.

Senftleben Uwe. 2008. Anti-inflammatory interventions of NF-κB signaling：Potential applications and risks ［J］. Biochemical pharmacology，75：1567-1579.

>>> 阅读心得 <<<

第四章　T 细胞发育、成熟与活化

概述： 在胸腺中，每天产生 10^7 个胸腺细胞，但绝大部分细胞在阳性选择和阴性选择过程中凋亡，仅有 $1\%\sim3\%$ 的胸腺细胞最终发育成熟，成为成熟的 $CD4^+$ 或 $CD8^+$ T 细胞。那些不能与自身 MHC 结合的 T 细胞在发育过程中被诱导凋亡，这个过程称为阳性选择。因此，经过阳性选择存活的胸腺细胞都能与自身的 MHC 结合，这就决定了 T 细胞的 MHC 限制性，即 T 细胞只识别表达自身 MHC 的细胞。然而，那些与自身 MHC 或 MHC＋Ag 结合过强的胸腺细胞同样被诱导凋亡，这个过程称为阴性选择，因为与自身 MHC 或 MHC＋Ag 结合过强的细胞到外周组织后会被活化，攻击自身组织，引起自身免疫病。T 细胞的发育和成熟是免疫学的核心内容，也是本章阐述的重点。

第一节　胸　　腺

一、胸腺基本结构与胸腺细胞

胸腺是中枢免疫器官，所有的 T 细胞都是在胸腺中发育和成熟。哺乳动物的胸腺位于心脏的上方，分成两叶（lobe）。然而，禽类的胸腺位于气管两侧，分成多个小叶（3~6 叶）。根据解剖结构，胸腺器官包括皮质区（cortex）和髓质区（medulla）。胸腺中不成熟的 T 细胞（即在发育成熟离开胸腺之前）称为胸腺细胞（thymocyte），皮质区中除了有胸腺细胞外，还分布有滋养细胞和皮质上皮细胞。髓质区中主要有胸腺细胞、树突状细胞、髓质上皮细胞、巨噬细胞等（图 4-1）。

二、胸腺是 T 细胞发育和成熟的场所

胸腺的重要功能是选育抗感染的 T 细胞群。在胸腺中，每天产生 10^7 个细胞，但绝大部分细胞在阳性选择和阴性选择过程中凋亡，仅有 $1\%\sim3\%$ 的胸腺细胞最终发育成熟，成为成熟的 $CD4^+$ 或 $CD8^+$ T 细胞。淋巴始祖细胞由骨

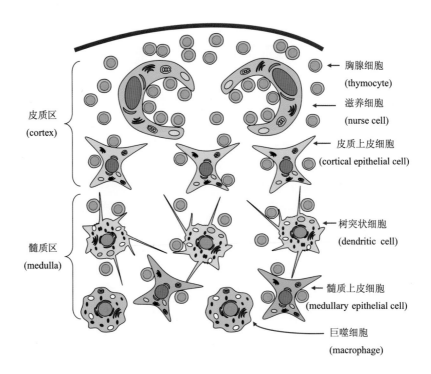

图 4-1　胸腺内的主要细胞类型模式示意图

胸腺中的上皮细胞、树突状细胞、巨噬细胞等形成纵横交错的立体结构网络，胸腺细胞
与这些细胞直接接触完成发育和成熟过程。在皮质区有一种特殊的上皮细胞，称为滋养细胞，
该细胞能与多个胸腺细胞直接接触，辅助胸腺细胞的发育和成熟。

髓造血干细胞分化而来，经血液移行至胸腺（图 4-2）。在胸腺细胞发育过程中，TCR 基因不同的片断（V-D-J）经过随机组合、重排甚至突变，产生了具有不同特异性和不同亲和力 TCR 的胸腺细胞，但对于同一个细胞，其 TCR 是完全一样的。那些不能与自身 MHC 结合的 T 细胞在发育过程中被诱导凋亡，这个过程称为阳性选择（positive selection）。因此，经过阳性选择存活的胸腺细胞都能与自身的 MHC 结合，这就决定了 T 细胞的 MHC 限制性，即 T 细胞只识别表达自身 MHC 的细胞。然而，那些与自身 MHC 或 MHC＋Ag 结合过强的胸腺细胞同样被诱导凋亡，这个过程称为阴性选择（negative selection），因为与自身 MHC 或 MHC＋Ag 结合过强的细胞到外周组织后会被活化，攻击自身组织，引起自身免疫病。因此，阴性选择决定了 T 细胞对自身组织耐受。阳性选择和阴性选择精确而巧妙地配合，宛如一所学校，时刻对学员进行着严格的挑选和残酷的淘汰，培育出的精英既能保家卫国，又要对国家忠诚！其精确的分子机制尚不明确，胸腺细胞发育和成熟的精确过程体现了免疫学的深奥和生命的玄妙！

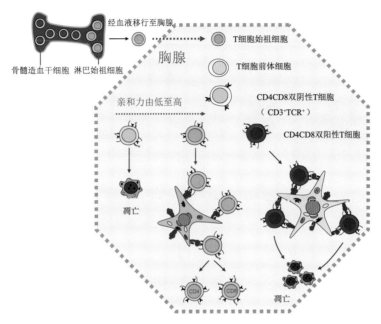

图 4-2 胸腺细胞发育的基本过程示意图

第二节 T 细胞发育和成熟的 开拓性试验发现

如本章第一节所述，胸腺细胞在成熟过程中要经历阳性选择过程，在这一过程中那些能识别自身 MHC 的胸腺细胞才能发育和成熟，而不能识别自身 MHC 的胸腺细胞被诱导凋亡。因此，阳性选择过程确保所有成熟的 T 细胞都能识别由自身 MHC 递呈的抗原，而不识别其他 MHC 递呈的抗原，即 T 细胞的 MHC 限制性。这一规律的发现源自 20 世纪 70 年代中叶（1974 年）澳大利亚科学家 Doherty 与 Zinkernagel 所做的细胞杀伤试验（图 4-3）。

Doherty 与 Zinkernagel 将不同遗传背景的两个品系的小鼠（H-2^{k}或 H-2^b）腹腔单核巨噬细胞取出后，分别进行同位素 ^{51}Cr 标记，作为 CTL 的靶细胞。以 LCMV 接种一个品系（H-2^k）的小鼠，接种 1 周以后，将小鼠的脾脏取出，分离脾细胞，脾细胞中含有大量的特异性杀伤 T 细胞（CTL）。当将 H-2^{k}免疫鼠的脾细胞与正常的同品系（H-2^k）靶细胞混合培养时，不出现 CTL 杀伤靶

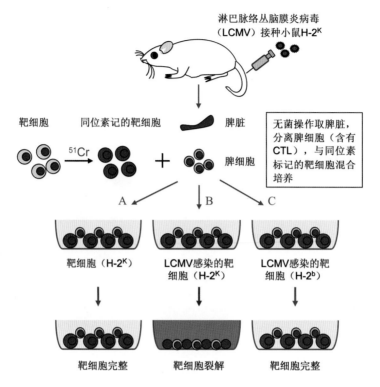

图 4-3 特异性细胞杀伤试验简要过程示意图
以同位素^{51}Cr 标记小鼠腹腔巨噬细胞作为靶细胞，与 LCMV 接种（免疫）
小鼠的脾细胞混合培养进行 CTL 杀伤试验。

细胞的现象（图 4-3A）。然而，当将 H-2^{k}CTL 与同品系（H-2^k）小鼠被 LC-MV 感染的靶细胞混合培养时，CTL 杀伤靶细胞，靶细胞被裂解（图 4-3B）。如果以接种 LCMV 另一品系（H-2^b）小鼠的腹腔单核巨噬细胞作为靶细胞做相同的 CTL 杀伤试验，CTL 不杀伤异源靶细胞，即 H-2^b 靶细胞不被裂解（图 4-3C）。该发现具有里程碑意义，揭示了 CTL 在杀伤靶细胞时不仅具有严格的特异性，还遵循 MHC 限制性（图 4-4），为深入探索细胞免疫的机制打开了一扇窗口。由于该发现具有深远意义，Doherty 与 Zinkernagel 也因此荣获 1996 年诺贝尔医学奖。

　　由上述可知，成熟的 T 细胞通过 TCR 识别自身 MHC 递呈的抗原，杀伤靶细胞。在胸腺细胞发育过程中，TCR 基因不同的片断（V-D-J）经过随机组合、重排甚至突变，产生了具有不同特异性或同一特异性不同亲和力的 TCR。从理论上讲，动物体内应含有识别 MHC 递呈的各种抗原的

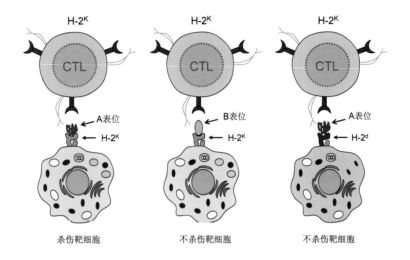

图 4-4　CTL 遵循 MHC 限制性特异杀伤靶细胞示意图

H-2^{k}小鼠特定的 CTL 只识别同一遗传背景抗原递呈细胞（APC）递呈的抗原
（A 表位），而不识别其他抗原（B 表位），体现了 CTL 杀伤靶细胞的特异性。然而，
如果不同遗传背景（H-2^d）APC 递呈针对该 CTL 的特异抗原，CTL 不能识别 H-2^d
递呈的抗原（A 表位）杀伤靶细胞。

Ｔ细胞，那些除了识别自身 MHC 的 Ｔ细胞在体内存在外，体内真的没有
能识别其他（非自身）MHC 的 Ｔ细胞么？为了回答这一问题，Zinkerna-
gel 用嵌合体小鼠进行试验，结果证实只有那些识别自身 MHC 的胸腺细胞
才能发育成熟，而那些识别非自身 MHC 的胸腺细胞不能发育为成熟的 Ｔ
细胞（图 4-5）。

　　上述嵌合体小鼠试验中，F1 代小鼠（H-2$^{a/b}$）骨髓造血干细胞生成淋巴
始祖细胞，淋巴始祖细胞通过血液移行至胸腺，在胸腺中增殖分化，分化的胸
腺细胞 TCR 能识别包括 H-2$^{a/b}$、H-2^a 和 H-2^b 在内的多种不同基因型的靶细
胞，而在 H-2^b 胸腺中只有 TCR 能识别 H-2^b 的胸腺细胞被选择，继续发育为
成熟的 Ｔ细胞，而识别 H-2^a 的胸腺细胞被诱导凋亡，所以在嵌合体小鼠的脾
脏中只有能识别 H-2^b 的 CTL，没有成熟的识别 H-2^a 的 Ｔ细胞，这就是为什么
经 H-2^b 胸腺选择成熟的脾细胞免疫后只杀伤 H-2^b 靶细胞的原因。该试验结果
表明，MHC 在胸腺中发育成熟中起重要作用（图 4-6）。这一过程决定了 Ｔ细
胞的 MHC 限制性。

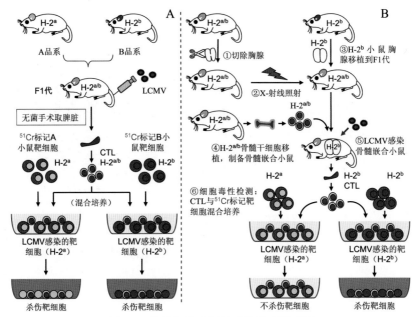

图 4-5　胸腺细胞选择性成熟试验模式图

A：纯系小鼠 H-2^a（或写成 H-2$^{a/a}$）与 H-2^b（或写成 H-2$^{b/b}$）杂交，产生 F1 代（H-2$^{a/b}$），以 LCMV 感染 F1 代小鼠，小鼠产生免疫应答，取脾脏分离脾细胞作为 CTL 与同位素标记的靶细胞（腹腔巨噬细胞用 LCMV 感染后作为靶细胞）进行混合培养。如果靶细胞来自 A 品系（H-2^a）或 B 系（H-2^b），F1 代的 CTL 能够识别 A 或 B 靶细胞，出现杀伤现象。B：将 F1 代（H-2$^{a/b}$）小鼠胸腺取出后，以 X 射线照射（杀死体内所有的骨髓干细胞和免疫细胞），将纯系 H-2^b 小鼠的胸腺移植到 F1 代小鼠，该 F1 代小鼠的特点是没有骨髓干细胞、没有免疫细胞、胸腺内所有的组织细胞只表达 H-2^b 等。将 F1 代（H-2$^{a/b}$）小鼠的骨髓干细胞输入胸腺移植小鼠的体内，进行骨髓重建，制备骨髓嵌合小鼠。以 LCMV 感染骨髓嵌合小鼠，使其产生免疫应答，取脾细胞进行细胞杀伤试验。如果骨髓嵌合小鼠体内移植的胸腺为 B 品系（H-2^b），其免疫脾细胞（CTL）对 B 品系靶细胞具有杀伤作用，而对 A 品系靶细胞没有杀伤作用。反之，如果骨髓嵌合小鼠体内移植的胸腺为 A 品系（H-2^a），其免疫脾细胞（CTL）对 A 品系靶细胞具有杀伤作用，而对 B 品系靶细胞没有杀伤作用。

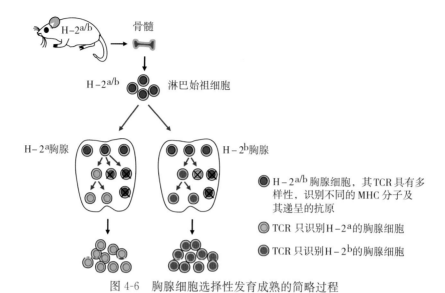

图 4-6　胸腺细胞选择性发育成熟的简略过程

第三节　T 细胞受体

一、T 细胞受体的发现

根据试验观察，T 细胞杀伤靶细胞的关键是 T 细胞受体（T cell receptor，TCR）特异地识别靶细胞 MHC 递呈的抗原。因此推测，既然 TCR 特异地识别 MHC 递呈的抗原，体内会有针对各种抗原的 T 细胞克隆，那么每个 T 细胞克隆在受体（TCR）结构上应有差异，这种差异会使不同的 TCR 具有独特的抗原标志（因为 TCR 本身是一种蛋白复合物，对异种动物具有抗原性），据此可用特定的单抗进行区别。根据这一推测，20 世纪 80 年代初，免疫学家用不同的 T 细胞株生产单克隆抗体，寻找能识别和区分特定细胞株的单抗，即特异性克隆单抗（clonotypic antibodies）。结果发现，有些单抗能识别所有的 TCR，有的只识别某一特定的 TCR。由此推测，TCR 类似于抗体，也存在着可变区和恒定区。如果单抗是针对恒定区的，该单抗可识别所有的 T 细胞株。如果单抗是针对可变区的，该单抗只能识别特定的 T 细胞株。利用单抗技术分离到 TCR，发现 TCR 是含有 α 和 β 链的异二聚体，同时发现有少数 T 细胞表达γδ异二聚体 TCR。

20 世纪 80 年代初期，Hedrick 和 Davis 用 DNA 差减法证实，不同的 T 细胞克隆具有不同特异性的 TCR（图 4-7）。肝细胞和 B 细胞都含有全长的 TCR 序列，其 TCR 序列没有经过基因随机组合、重排和突变，所以肝细胞和 B 细

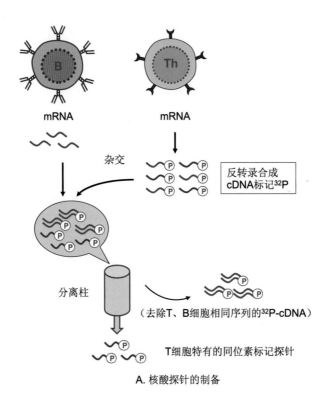

A. 核酸探针的制备

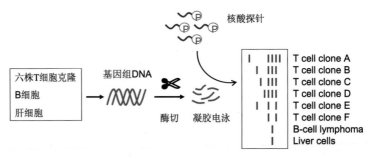

B. Southern-blot检测

图 4-7　DNA 差减杂交法证实不同的 T 细胞克隆具有不同特异性的 TCR 示意图

A：从辅助性 T 细胞（Th）中提取总量的 mRNA，反转录合成同位素^{32}P 标记的 cDNA。将该 cDNA 与 B 细胞总 mRNA 进行杂交，通过分离柱去除与杂交的共同成分，回收 T 细胞特有的^{32}P 标记的 cDNA 作为探针。B：从 B 细胞、肝细胞以及不同的 T 细胞株中分别提取基因组 DNA，酶切后进行凝胶电泳，转膜后用进行^{32}P 标记的核酸探针进行杂交，在感光胶片上曝光后进行分析。（杂交试验依据：Davis 早期研究表明，98％的淋巴细胞表达基因是 B 细胞和 T 细胞共同的基因。TCR 基因最多占总量的 2％。这些基因可以用作探针寻找在成熟 T 细胞中重排的基因。试验推测：既然 αβ TCR 有恒定区和可变区，那么在发育成熟过程中就会出现像 B 细胞免疫球蛋白基因重排的过程。结果发现：六株成熟的 T 细胞系的确出现 DNA 重排）。

胞与其他的体细胞一样，都含有原初的 TCR 基因组 DNA 序列，酶切后 DNA 片段相同。然而，当淋巴始祖细胞通过血液移行至胸腺时，淋巴始祖细胞在胸腺中增殖分化，在这一过程中 TCR 基因不同的片断（V-D-J）经过随机组合、重排甚至突变，从而产生了大小不同的 DNA 片段，形成不同特异性或同一特异性不同亲和力的 TCR（图 4-8）。

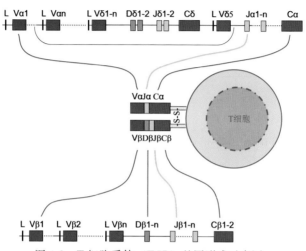

图 4-8　T 细胞受体（TCR）基因形成示意图

　　对于一个成熟的 T 细胞克隆，其 TCR 基因编码序列是完全一样的。以小鼠的 αβTCR 为例，Vα 大约有 100 个基因（$n=100$），Jα 大约有 50 个基因（$n=50$），Vβ 大约有 25 个基因（$n=25$），Dβ 大约有 2 个基因（$n=2$），Jβ 大约有 12 个基因（$n=12$）。根据随机组合，αβTCR 中 α 链的可变区数量大约为 Vα×Jα=100×50=5000 种，而 β 链的可变区数量大约为 Vβ×Dβ×Jβ=25×2×12=600 种。α 链和 β 链随机组合可产生 5000×600=3×10^6 种 αβTCR。除基因片段随机组合外，还有基因重排甚至突变（包括点突变和体突变）。根据各种因素，TCR 种类大约为 10^{13} 个。

　　淋巴始祖细胞迁移至胸腺后，增殖分化为能识别各种抗原的成熟 T 细胞，胸腺细胞在成熟过程中要经历多个阶段，每个阶段都有特征性的基因表达，都有特殊的细胞表面标志，最终成熟为 CD4 或 CD8 单标志 T 淋巴细胞（图 4-9）。那么胸腺细胞是如何成熟的？其精确的分子机制是什么？这些问题始终是免疫学研究的热点，也是生命科学研究领域的金字塔。

二、TCR 复合分子的结构与功能

　　如前所述，TCR 是异二聚体，分为 αβTCR 和 γδTCR，通常情况下描述的 T 细胞指的是含有 αβTCR 的 T 细胞（简称为 αβT 细胞），而 γδT 细胞在胚胎发育早期是主要的免疫细胞，但随着动物日龄的增长，γδT 细胞的数量明显减少，主要分布于肝脏和皮下。γδT 细胞主要识别非蛋白类的脂类抗原，通常被

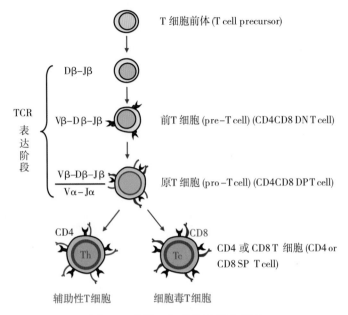

图 4-9　胸腺细胞成熟过程示意图

淋巴始祖细胞迁移至胸腺后，增殖分化，经历 T 细胞前体→原 T 细胞
→前 T 细胞→原 T 细胞等多个阶段，在发育过程中 TCR 基因不同的片断
(V-D-J) 经过随机组合、重排甚至突变，产生不同特异性或同一特异性不
同亲和力的 TCR，最终发育为成熟的 CD4 或 CD8 单标志 T 淋巴细胞。

认为是先天性免疫细胞，构成抗感染的第一道防线。这里提到的 T 细胞指的
是αβT 细胞。一个功能性的 TCR 实际上包括识别抗原和信号转导两个部分，
处于胞外区的α/β链主要执行识别 MHC-Ag 的任务，由于α/β链的胞内区域
很短，本身无法向下传递信号，因此必须有另外一个辅助分子将α/β链产生的
信号向下传递，执行信号传递任务的辅助分子即 CD3，所以 TCR 实际上是
TCR-CD3 复合体（图 4-10）。

CD3 是由 5 种不同的多肽链组成的复合体，这些肽链形成 4 对二聚体，分
别为 γε 异二聚体、δε 异二聚体、ζζ 二聚体和ζη 异二聚体。η 与ζ由相同的基因
编码，但在 mRNA 修饰和拼接过程中，C 端出现差异，因此 η 与ζ实际上是同
源分子。ζζ 二聚体是 CD3 分子的主要成分，大约占 CD3 复合体的 90%；其次
是ζη 异二聚体。γ、δ、ε 链的胞内区含有四五十个氨基酸，而ζ的胞内区含有
113 个氨基酸，形成重要的胞内免疫受体活化区域 ITAM (immunoreceptor
tyrosine-based activation motif)。ITAM 存在于多种免疫球蛋白超级家族分子
的胞内区，如 BCR 的 Ig-α/β、IgE 和 IgG 的 Fc 受体胞内区等。ITAM 活化后
招募和活化接头蛋白分子向下传递信号，引起细胞产生免疫应答。用抗 CD3

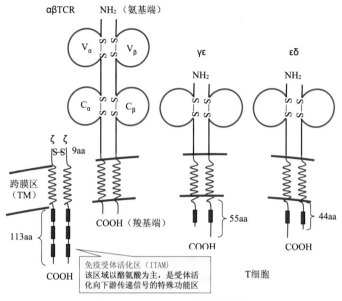

图 4-10 TCR-CD3 复合体结构

分子的抗体直接刺激 T 细胞，可模拟 TCR 识别抗原向下传递信号的过程，这也是广泛应用的活化 T 细胞的研究方法。

第四节 影响 T 细胞发育的重要分子

如前所述，我们目前仅了解胸腺细胞发育和成熟的大致过程，其精确的分子机制始终是免疫学中十分深奥的问题，目前还不十分清楚。其中一个重要问题是不成熟的胸腺细胞（CD4CD8DP）是如何发育成为 CD4sp 或 CD8spT 细胞的，哪些原始因素调控着胸腺细胞发育的走向？尽管这些问题目前还无法圆满地回答，但已经发现某些分子在 CD4 或 CD8T 细胞发育过程中起着关键性作用。

一、主要组织相容性复合体和抗原在胸腺细胞发育与成熟中的作用

试验证明，CD8T 细胞专性识别 MHC-Ⅰ类分子递呈的抗原，而 CD4T 细胞专性识别 MHC-Ⅱ类分子递呈的抗原。然而，如果将 MHC-Ⅰ类分子基因敲除，动物则不产生 CD8T 细胞。同样，如果将 MHC-Ⅱ类分子基因敲除，动物则不产生 CD4T 细胞。由此可见，MHC 在 CD4/CD8 细胞成熟过程中是必需的。同时也说明在胸腺细胞发育过程中，只有那些能识别自身 MHC 的 T 细胞才能得以进一步发育和成熟，进一步证实了阳性选择的必要性。

在 H-Y 转基因小鼠中，由于该小鼠的 TCR 识别 Y 蛋白（只有雄性小鼠表达），因此 H-Y 转基因雄性小鼠缺少成熟的 CD8T 细胞；而雌性小鼠由于不表达 Y 蛋白，所以雌鼠体内的 CD8T 细胞发育正常。该现象说明，在胸腺细胞发育过程中，那些识别自身抗原的 T 细胞经阴性选择过程被清除。

既然胸腺细胞在发育过程中要经历阴阳性选择，似乎没有胸腺细胞能够发育成熟，但事实上还有少量（1%~3%）的胸腺细胞最终发育为成熟的 CD4 或 CD8T 细胞，离开胸腺分布到外周组织。那么，如何理解那些在胸腺中存活并发育为成熟的 T 细胞呢？为解释这一现象，人们提出亲和力学说，该学说认为：那些与自身 MHC＋Ag 结合的胸腺细胞是否存亡取决于亲和力大小，如果 TCR-MHC＋Ag 结合的亲和力过强，则胸腺细胞被诱导凋亡，只有亲和力较低或适中的 T 细胞才得以发育成熟。支持该学说的直接证据是以 TAP（transporter of antigenic peptide）基因敲除小鼠做的亲和力试验。将 TAP-/-小鼠与特定的 TCR 转基因小鼠杂交，获得 TCR 转基因的 TAP-/-小鼠，该小鼠因缺失 TAP 不能进行内源性抗原递呈，又由于 TCR 转基因，其 CD8T 细胞 TCR 特异识别同一种抗原短肽（antigenic peptide）。因此，可以在体外培养胎鼠胸腺的体系中加入不同浓度的抗原量控制 TCR-MHC＋Ag 结合的亲和力。该研究体系获得了良好的试验效果，研究结果表明，如果加入高浓度的抗原短肽，胸腺细胞发育为成熟的 CD8T 细胞数量很少（图 4-11A）；如果不加入抗原短肽，胸腺细胞同样发育很少（图 4-11C）；只有加入适当浓度的抗原短肽，才能获得正常数量的成熟 CD8T 细胞（图 4-11B）。

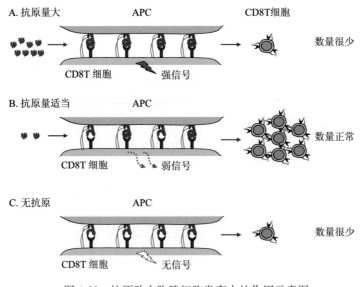

图 4-11　抗原肽在胸腺细胞发育中的作用示意图

二、转录调控因子在胸腺细胞发育与成熟中的作用

在胸腺细胞发育过程中，经历阳性选择的 CD4CD8DP 胸腺细胞向着 CD4sp 或 CD8sp T 细胞亚群分化，CD4 或 CD8 分子表达与调控的分子机制还不十分清楚。但很明确的是，CD4 与 CD8 分子在成熟的 T 细胞上不同时表达。在 CD8T 细胞中，CD4 沉默子（silencer）活化，抑制 CD4 的表达。目前发现有两种重要的转录调控因子调控 CD4CD8DP 胸腺细胞向着 CD4sp 或 CD8sp T 细胞亚群分化。一种调控因子称为 ThPOK，如果该基因发生突变，动物则缺少 CD4T 细胞；即使通过 MHC-Ⅱ分子选择的胸腺细胞也向着 CD8T 细胞分化。如果过表达（over-expression）该基因，MHC-Ⅰ分子选择的胸腺细胞则向着 CD4T 细胞分化。ThPOK 的表达受上游基因 GATA3 转录调控因子的调控。Runx 转录调控因子家族成员对胸腺细胞发育影响很大，其中 Runx3 具有活化 CD4 沉默子的作用，调控 CD4CD8DP 胸腺细胞向 CD8spT 细胞分化。虽然已发现转录调控因子在胸腺细胞发育中起重要作用，然而调控胸腺细胞分化的原始信号及其精确的分子调控机制仍然令人困惑。

由于胸腺细胞成熟过程中要经历阳性和阴性选择过程，选择过程也是大量（97%～99%）细胞凋亡的过程，那么激发细胞凋亡的原始信号是什么？这始终是个悬而未决的问题。试验表明，参与细胞凋亡的某些分子，如肿瘤坏死因子（TNF）和 FASL 与胸腺细胞凋亡无关，而 TRAIL 仅在一定程度上参与胸腺细胞凋亡过程。而细胞内分子 BIM、AIRE 等在胸腺细胞凋亡过程中起重要作用，但其上游分子，即原始激发信号是什么始终是个谜。明确胸腺细胞成熟过程的分子机制是正确理解免疫与免疫耐受的前提和基础。

第五节 Th 细胞活化的分子机制

无论是体液免疫还是细胞免疫都与 Th 细胞的活化有关，因此研究 Th 细胞活化过程与分子机制是免疫学的重要内容之一。Th 细胞活化的原始触发信号是 TCR-CD3 复合分子识别并结合 MHC-Ⅱ类分子递呈的抗原，同时在共刺激信号作用下达到彻底活化并进行克隆增殖。CD8T 细胞的活化过程与 CD4T 细胞类似，除了需要 TCR 结合抗原的原始信号外，也需要共刺激信号的协同作用。

一、TCR-CD3 复合分子识别抗原和信号转导机制

如前所述，TCR 只识别 MHC 递呈的抗原肽（antigenic peptide），不像

BCR 一样能结合游离的抗原分子，这就决定了 T 细胞不能直接中和体内的抗原，只识别细胞表面展示特异性抗原肽的细胞（参见主要组织相容性复合体章节）。TCR 结合抗原后，产生多种细胞内信号向下传递（图 4-12）。TCR 识别 MHC 递呈的抗原肽，其辅助分子 CD4 与抗原递呈细胞（APC）MHC-Ⅱ类分子 β2 区域结合，Lck（一种蛋白质酪氨酸激酶）与 CD4 分子的胞内区紧密结合，接受 CD4 分子的信号后，使 CD3 分子ζ链上的 ITAM 区域磷酸化，ITAM

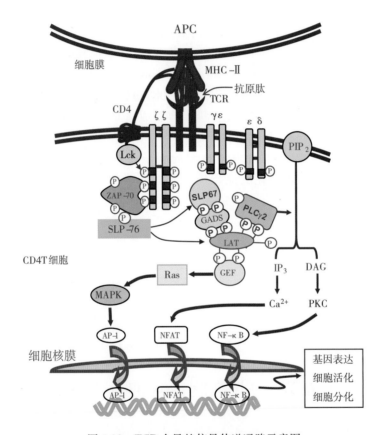

图 4-12　TCR 介导的信号传递通路示意图

Lck：酪氨酸激酶；ITAM（immunoreceptor tyrosine-based activation motif）：免疫受体酪氨酸活化域；ZAP-70（zata associated protein of 70 kD）：ZAP-70 是一种与 CD3 结合的蛋白激酶；SLP-76（SH2-containing leukocyte-specific protein of 76 kD）：是含有 SH2 结构域的白细胞特异蛋白，分子质量为 76kD；LAT（linker of activated T cells）：T 细胞活化的接头分子；PLCγ（phospholipase Cγ）：磷脂酶 C；GEF（guanine nucleotide exchange factor）：鸟嘌呤核苷酸交换因子；GADS（Grb2-like adaptor downstream of Shc）：Shc 分子下游的接头分子类似物；PIP2（phosphoinositol biophsphate）：磷脂酰肌醇二磷酸；IP$_3$（inositol 1，4，5-triphasphate）：1，4，5-三磷酸肌醇；与 DAG（diacylglycerol）：二酯酰甘油，PKC（protein kinase C）：蛋白激酶。

区域磷酸化后招募和活化另一种蛋白质酪氨酸激酶 ZAP-70，ZAP-70 激酶活化后能催化多种细胞膜结合蛋白，如 SLP-76 被 ZAP-70 活化裂解为 SLP-67 及接头分子 LAT，LAT 分子使磷脂酶 C、鸟嘌呤核苷酸交换因子（GEF）、GADS 等分子磷酸化。PLCγ 活化后水解 PIP2 生成 IP_3 与 DAG，GEF 向下游传递信号，活化 MAPK 激酶等接头分子最终通过 AP-1 转录调控因子发挥作用；IP_3 通过 Ca^{2+} 信号传递途径激活 NFAT 转录调控因子发挥作用；DAG 通过 PKC 传递途径激活 NF-κB 转录调控因子发挥作用。

二、调控 T 细胞活化的共刺激分子

T 细胞活化需要 TCR 识别 MHC 递呈的抗原肽，然而 T 细胞的活化程度受共刺激信号的调控，使免疫应答在适当的范围内进行。调控 T 细胞活化的信号有两大类。①正调控信号：具有促进 T 细胞活化的作用，主要通过 CD28 和 ICOS（inducible costimulator）共刺激分子与 APC 的 B7 1、B7-2 或 B7h 等膜分子结合产生活化信号；②负调控信号：对 T 细胞活化具有抑制作用，CT-LA4（cytotoxic T lymphocyte antigen-4）是具有代表性的负调控分子（图 4-13），其配体是 APC 表达的 B7-1 与 B7-2 膜分子。另外，近年来发现 PD（program death）-1 与 BTLA（B and T lymphocyte attenuator）也是 T 细胞活化的负调控分子。PD-1 的配体是 PD-L1（又称为 B7-H1）和 PD-L2（又称为 B7-DC），而 BTLA 的配体是 HVEM（herpes virus entry mediator），HVEM 由多种免疫细胞表达，BTLA-HVEM 相互作用可能与 T 细胞免疫耐受有关。

对 T 细胞共刺激分子的认识经历了多年的研究历史。20 世纪 80 年代末发现，T 细胞活化除了需要 TCR 识别 MHC-抗原肽外，还需要 CD28 共刺激分子产生的第二信号，才能使细胞彻底活化。1988 年，Dariavach 等人发现，活化的 CD8T 细胞表达一种与 CD28 同源性很高的分子，称其为 CTLA4。1991 年，Ledbetter 与 Allison 证实 CTLA4 是 B7 的第二种受体，其与 B7 之间相结合的亲和力是 CD28-B7 的 20 倍以上，CTLA4 结合 B7 产生的刺激信号对 T 细胞活化具有强烈的抑制作用。试验证实，初始 T 细胞（naïve T cell）表达大量的 CD28 分子，而 CTLA4 的表达量却很少，但随着 T 细胞的活化和增殖，CTLA4 的表达量逐渐升高，B7 结合 CTLA4 产生的抑制信号逐渐占主导地位，宛如使奔腾的列车逐渐放缓速度，以防止免疫应答过强而造成的免疫损伤。试验证明，如果动物缺失 CTLA4（如 CTLA4 基因敲除小鼠），就会产生致死性 T 细胞增生性疾病。临床上，可以通过阻断 CTLA4 的作用进行肿瘤疾病治疗，用 CTLA4 单抗治疗人黑色素瘤和肾癌的试验已进行到三期临床试验阶段；另外，利用可溶性 CTLA4 分子封闭 B7 可以抑制 T 细胞活化，目前

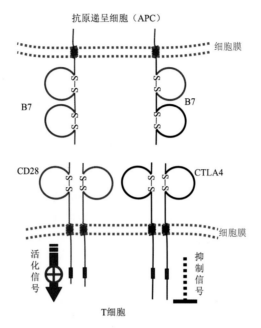

图 4-13　调控 T 细胞活化的共刺激分子作用示意图

正在利用该方法探索治疗牛皮癣和风湿性关节炎等自身免疫性疾病。

由上述可知，B7 家族分子与 T 细胞活化的关系密切，B7-1 和 B7-2 主要由专职 APC 表达，近年来又发现两种新的 B7 家族分子，分别称为 B7-3 和 B7-4（又称为 B7x 或 B7S1）。B7-3 和 B7-4 在多种组织和细胞中表达，具有抑制 T 细胞活化的作用，可能与局部免疫耐受有关，但目前尚不明确两种分子作用于 T 细胞的哪种受体。T 细胞活化过程中的正、负调控信号的协调与配和使免疫应答在正常的生理条件下进行，其精确的调控机制需要进行量化研究才能得以解析。

三、超抗原对 T 细胞的活化作用

超抗原（superantigen）是细菌或病毒产生的毒素物质。这类物质对 MHC-Ⅱ类分子的α链和 CD4T 细胞 TCR 的 Vβ 链具有高亲和力，因此可以通过 MHC-Ⅱ类分子和 TCR 外侧将其紧密结合在一起（图 4-14），引起 5%～20% 的 CD4T 细胞同时活化，产生大量的细胞因子，造成免疫损伤，临床上出现全身性中毒现象，如葡萄球菌产生的肠毒素（SEA、SEB、SEC、SED、SEE）污染食物引起中毒和昆虫叮咬引起的中毒性休克等。

 思考题

1. 胸腺细胞阳性选择和阴性选择过程是什么？有何生物学意义？

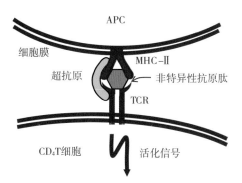

图 4-14 超抗原对 T 细胞活化机制示意图

超抗原直接结合 TCR Vβ 链外侧和 MHC-Ⅱ α 链外侧，不受特异性的限制，能使大量 T 细胞同时活化。

2. 如何理解 CTL 杀伤靶细胞的特异性和限制性？

3. 超抗原引起免疫损伤的原理是什么？

4. CD28 与 CTLA4 的作用是什么？

参考文献

Bashyam H. 2007. CTLA-4：From conflict to clinic ［J］. JEM，204（6）：1243.

Bouillet P.，Purton J. F.，Godfrey D. I.，et al. 2002. BH3-only Bcl-2 family member Bim is required for apoptosis of autoreactive thymocytes ［J］. Nature，415：922-926.

Dariavach P.，Mattéi M. G.，Golstein P.，et al. 1988. Human Ig superfamily CTLA-4 gene：chromosomal localization and identity of protein sequence between murine and human CTLA-4 cytoplasmic domains ［J］. Eur J Immunol，18（12）：1901-1905.

Doherty P. C.，Zinkernagel R. M. 1975. Enhanced immunological surveillance in mice heterozygous at the H-2 gene complex ［J］. Nature，256（5512）：50-52.

Doherty P. C.，Zinkernagel R. M. 1975. H-2 compatibility is required for T-cell-mediated lysis of target cells infected with lymphocytic choriomeningitis virus ［J］. J Exp Med，141（2）：502-507.

Egawa T.，Littman D. R. 2008. ThPOK acts late in specification of the helper T cell lineage and uppresses Runx-mediated commitment to the cytotoxic T cell lineage ［J］. Nat. Immunol，9（10）：1131-1139.

Elhasid R.，Etzioni A. 1996. Major histocompatibility complex class Ⅱ deficiency：a clinical review ［J］. Blood Rev，10（4）：242-248.

Goldsby R. A.，Kindt T. J.，Osborne B. A. 2003. Kuby Immunology ［M］. 5th ed. New York：WH Freeman and Company.

Grusby M. J. , Glimcher L. H. 1995. Immune responses in MHC class Ⅱ-deficient mice [J]. Annu Rev Immunol，13：417-435.

L-Cherridi S. , Zheng S. J. , Maguaschak, K. A. et al. 2003. Defective thymocyte apoptosis and accelerated autoimmunune diseases in TRAIL-Null mice [J] . Nat. Immunol. , 4（3）：255-260.

Raulet D. H. 1994. MHC class Ⅰ-deficient mice [J] . Adv Immunol，55：381-421.

Sawako M. , Yoshinori N. , Chizuko M. , et al. 2008. Cascading suppression of transcriptional silencers by ThPOK seals helper T cell fate [J] . Nat. Immunol，9（10）：1113-1121.

Subudhi S. K. Alegre M. L. Fu Y. X. 2005. The balance of immune responses：costimulation verse coinhibition [J] . J Mol Med，83：193-202.

Wang L，Wildt K. F. , Zhu J，Zhang X，et al. 2008. Distinct functions for the transcription factors GATA-3 and ThPOK during intrathymic differentiation of CD4$^+$ T cells [J]. Nat. Immunol，9（10）：1122-1130.

Zinkernagel R. M. , Doherty P. C. 1975. Peritoneal macrophages as target cells for measuring virus-specific T cell mediated cytotoxicity in vitro [J] . J Immunol Methods，8（3）：263-266.

Zinkernagel R. M. , Doherty P. C. 1975. H-2 compatability requirement for T-cell-mediated lysis of target cells infected with lymphocytic choriomeningitis virus. Different cytotoxic T-cell specificities are associated with structures coded for in H-2K or H-2D [J] . J Exp Med，141（6）：1427-1436.

Zinkernagel R. M. , Doherty P. C. 1974. Restriction of in vitro T cell-mediated cytotoxicity in lymphocytic choriomeningitis within a syngeneic or semiallogeneic system [J] . Nature，248（450）：701-702.

>>> 阅读心得 <<<

第五章　B 细胞发育、成熟与活化

概述：B 细胞起源于骨髓中的造血干细胞，骨髓（禽类为法氏囊）是 B 细胞发育和成熟的场所。在骨髓中，每天产生大量的 B 细胞，但仅有少量的 B 细胞最终发育成熟。这些成熟的 B 细胞离开骨髓（或禽类法氏囊），进入循环系统，主要定居于脾脏、淋巴结。在 B 细胞发育过程中，那些与自身抗原结合的 B 细胞被诱导凋亡，因而在正常情况下，成熟的 B 细胞能够识别外来抗原，不与自身抗原发生反应，即自身耐受（self-tolerance）。然而，如果体内出现自身反应 B 细胞，被活化后就会产生自身抗体，攻击自身组织，引起自身免疫病。本章重点讲述 B 细胞发育、成熟与活化的基本过程。

第一节　B 细胞发育与成熟

在胚胎发育早期，卵黄囊、肝脏和骨髓是产生血液细胞的重要场所，但随着胚胎发育进程，骨髓逐渐成为主要的免疫中枢器官。动物出生后，骨髓中的造血干细胞是所有血液细胞的始祖细胞，干细胞具有自我更新（self-renewal）能力，并能产生分化为各类细胞的干细胞。所有的淋巴细胞都来源于淋巴干细胞，B 细胞在骨髓中需要经历原 B 细胞、前 B 细胞、幼稚 B 细胞、初始 B 细胞等不同的发育阶段。在发育过程中，原 B 细胞需要与基质细胞（stromal cell）相互接触，原 B 细胞表达 VLA-4（一种黏附分子），VLA-4 能够与基质细胞表达的 VCAM-1 相互结合，VLA-4 与 VCAM-1 相互作用促进原 B 细胞表面的受体分子 c-Kit 与基质细胞表达的配体 SCF 因子结合，SCF 与 c-Kit 结合后，c-Kit 向下传递信号，促使原 B 细胞表达 IL-7R。基质细胞分泌 IL-7，通过 IL-7 与 IL-7R 结合，促使原 B 细胞向着前 B 细胞发育，进一步发育为幼稚 B 细胞，最终成为成熟的初始 B 细胞（图 5-1）。

B 细胞发育的基本过程中，基质细胞起着十分重要的作用，一方面基质细胞与原 B 细胞和前 B 细胞直接接触，另一方面基质细胞分泌多种细胞因子（如 IL-7），这些细胞因子能促进 B 细胞的发育和成熟。

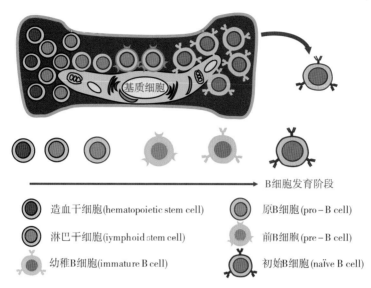

造血干细胞(hematopoietic stem cell)　　原B细胞(pro－B cell)

淋巴干细胞(iymphoid stem cell)　　前B细胞(pre－B cell)

幼稚B细胞(immature B cell)　　初始B细胞(naïve B cell)

图 5-1　B 细胞发育过程示意图

第二节　B 细胞克隆与 B 细胞受体的基本结构

骨髓的重要功能是选择 B 细胞克隆（clone）。细胞克隆指的是来源于同一个细胞的完全相同的一群细胞。在骨髓中，每天产生 10^7 个细胞，但绝大部分细胞还没有完成发育过程就开始凋亡，仅有少量（5%～10%）的 B 细胞最终发育成熟，成为成熟的初始 B 细胞，离开骨髓，迁移至局部淋巴组织。哺乳动物大约有 10 亿个 B 细胞克隆，不同的 B 细胞克隆含有不同的膜表面受体（B cell receptor，BCR），因此能识别不同的抗原，但对于同一个 B 细胞克隆而言，其膜表面的抗原受体 BCR 是完全一样的，即一个 B 细胞克隆只能识别一种抗原。因此，10 亿个 B 细胞克隆就意味着有识别 10 亿种不同抗原的 BCR，那么 BCR 的多样性在 B 细胞发育过程中是如何形成的？这是免疫学核心的基本问题。一个完整的 BCR 包括两部分：一部分是镶嵌在 B 细胞膜上的免疫球蛋白（membrane immunoglobulin，mIg）分子，由两条重链（H 链，heave chain）和两条轻链（L 链，light chain）组成，负责识别抗原；另一部分是 Ig-α/Ig-β异二聚体，负责向下传递信号（图 5-2）。

BCR 的重链和轻链分为可变区（V 区，variable region）和恒定区（C 区，constant region）。重链和轻链的 V 区组成抗原结合槽，这个区域的氨基酸能与抗原的氨基酸序列结构互补，又称为互补决定区（complimentary-determi-

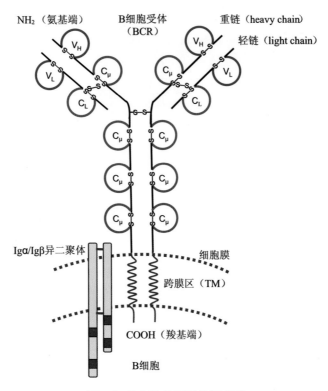

图 5-2　B 细胞抗原受体模式图

ning region，CDR）。每个 V 区有三个互补决定区，在互补决定区内，氨基酸序列变异较大，因而又称为高变区。该区的结构与抗体-抗原结合的特异性和亲和力有关。与 T 细胞发育相似，B 细胞成熟过程也必须经历阴性选择，但这一过程是在骨髓或法氏囊（禽类）中完成的。经过阴性选择后的 B 细胞发育成熟，离开骨髓或法氏囊（禽类），移行到外周淋巴组织，如果没有遇到抗原，几周后死亡；如果遇到抗原，在 Th 细胞辅助下 B 细胞被活化，继而增殖分化为浆细胞产生抗体和记忆性 B 细胞（图 5-3）。

　　由于 BCR 与特定抗原结合具有特异性和亲和力，因此 BCR 的形成过程对 B 细胞的成熟十分重要。B 细胞成熟有赖于淋巴干细胞在分化过程中产生的免疫球蛋白 DNA 的重排。如图 5-2 所示，每个 BCR 分子是由两条相同的轻链（L 链，light chain）和两条相同的重链（H 链，heavy chain）组成。L 链中有 κ 和 λ 链两种亚类，无论是 κ 还是 λ 链都包含 V、J 和 C 三种基因片段，VJ 片段组合成轻链的可变区，C 片段编码恒定区；H 链含有 V、D、J 和 C 基因片段，VDJ 重排组合到一起编码重链的可变区，而 C 基因片段编

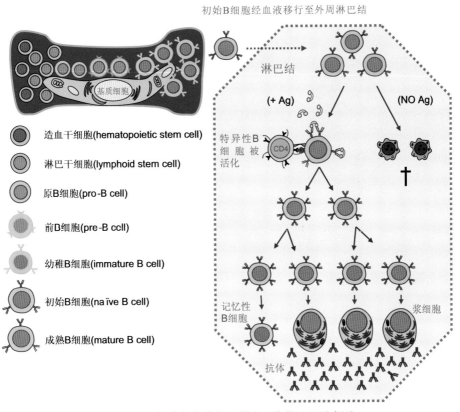

图 5-3　B 细胞发育成熟、增殖、分化过程示意图

码恒定区。

第三节　B 细胞受体与 Ig 形成的分子机制

B 细胞受体（BCR）是镶嵌在 B 细胞膜上的免疫球蛋白（mIg），免疫球蛋白基因是在 B 细胞发育成熟过程中由多基因（multigene）组合而成的。在造血干细胞 DNA 中，这些多基因片段之间被大小不同的基因隔离开，每个基因片段都编码一段蛋白，如小鼠的 κ-L 链有 85 个 V 基因、5 个 J 基因［其中的 1 个为假基因（pseudogene），即该基因不编码蛋白］和 1 个 C 基因（图 5-4）；λ-L 链有 3 个 V 基因、4 个 J 基因（其中的 1 个为假基因）和 4 个 C 基因；H 链有 51 个 V 基因、27 个 D 基因、6 个 J 基因和数个不同亚类的 C 基因（Cμ、Cδ、Cγ、Cε、Cα）。

编码 L 链和 H 链的基因不仅是由多个基因片段重组而成，而且其连锁的

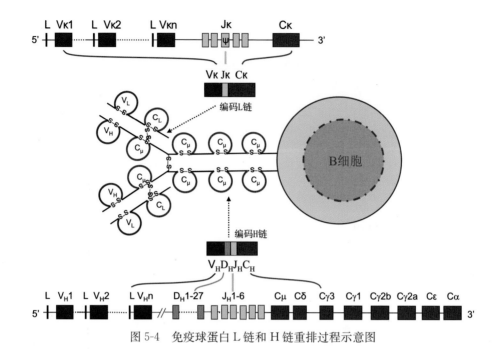

图 5-4　免疫球蛋白 L 链和 H 链重排过程示意图

基因分别位于不同的染色体上，该现象的发现改变了人们曾经信奉的"一种蛋白由一条基因编码"的准则，深化了对生命科学的认识，从此揭开了抗体多样性的神秘面纱，也使免疫学迈入分子免疫学时代。Susumu Tonegawa 也因此获得 1987 年诺贝尔医学奖（详见绪论部分）。应该强调的是，在 B 细胞发育过程中，基因片段是随机重组的，最后成熟的每个 B 细胞克隆只含有 1 种确定的 L-VJC/ H-VDJC 组合，也仅编码一种 BCR。由于每个 B 细胞所含的 L-VJC/ H-VDJC 组合不同，因此 1 个 B 细胞克隆含有的 BCR 与另一个 B 细胞克隆的 BCR 是不同的。但对同一个 B 细胞而言，其细胞膜上的 BCR 分子都是相同的，均由 1 个 L-VJC/H-VDJC 组合基因编码。

一、Ig 可变区 DNA 重排

Ig 的可变区（variable region）是由两个基因片段编码的，一个是 L 链的 V 基因，另一个是 H 链的 V 基因。基因测序发现，在生源细胞（germline）中，每个 V、J、D 基因片段的两侧都存在着独特的重组信号序列（RSS），每个 RSS 都包含由 7 个碱基构成的回文结构、一个由 12 或 23 个碱基构成的插入片段，以及一个富含 AT 的保守序列。这些 RSS 含有重组酶切位点，可被重组酶切割，从而出现 V-J 或 V-D-J 基因重排。实施 RSS 序列切割的酶统称为 V（D）J 重组酶。最早发现的 V（D）J 重组酶基因是 recombination-activating genes（*RAG*）-1 和 *RAG*-2。*RAG*-1 和 *RAG*-2 编码的 RAG-1 和 RAG-2基因重组蛋白酶，以及 TdT 酶（terminal deoxynucleotidyl transferase）是淋巴细胞进行 V（D）J 基因重组特有的酶。RAG-1 和 RAG-2 分别识别 RSS 序列进行切割，剪除 V-J 之间或 V-D-J 之间的 RSS 序列，在切割位点添加上核苷酸，称为 P-addition（P-region nucleotide addition），然后由单股内源核酶（single-stranded endonucrease）对编码蛋白的基因片段进行修饰。在 H 链基因重组过程中，除了有 P-addition 过程外，在 V、D、J 基因片段酶切末端还要通过 TdT 酶加上 15 个氨基酸，这个过程称为 N-addition（N-region nucleotide addition）。最后经过双股缺口修复酶 DSBR（double-stranded break repair enzyme）进行基因片段的修复和连接。

　　虽然动物体细胞的染色体是二倍体，但每个 B 细胞表达的 BCR 只有一种特定的可变区，只有一种特异性，并没有出现类似于抗原递呈细胞表达 MHC 分子那样表达双亲的 MHC 分子（参见第七章），即 Ig 的 H 链只来源于一条染色体，L 链也同样只来源于一条染色体，这一现象称为等位基因排斥（allelic exclusion）。等位基因排斥确保一个成熟的 B 细胞只含有一种 V-J 和一种 V-D-J 组合，即只表达一种特异性 Ig，因而也只识别一种抗原表位，该现象背后的分子机制目前还不清楚。G. D. Yancopoulos 与 F. W. Alt 提出一种解释等位基因排斥的理论模型，他们认为一旦完成一种基因重排，其编码的蛋白会作为负调控信号抑制同类基因发生进一步重排。该模型基本上解释了一个成熟的 B 细胞只表达一种特异性 Ig 的现象。试验证实，如果转基因小鼠高表达一种重链中的 μ 链或轻链中的 κ 链，那么相对应的内源性重链或轻链都不表达。该试验结果在一定程度上支持等位基因排斥的理论，其精确的分子机制还需要深入研究。

二、轻链和重链组合

　　根据 H 链和 L 链基因片段重排，从理论上讲人类具有 8 262 种 H 链和 320 种 L 链，如果随机组合，大约产生 2 643 840 种 Ig。然而，实际上 1 种 H 链和 1 种 L 链并非都以相同的概率表达，相互配对也不会是完全随机的，总会出现优势表达的 H 链和 L 链，因此 L 链和 H 链组合对 Ig 多样性有多大的影响目前还不十分清楚。

三、体细胞超突变

　　在 B 细胞成熟过程中，V-J 和 V-D-J 基因片段组合需要 P-addition 和 N-addition，这就存在碱基随机组合形成不同基因片段的机会，添加不同的基因片段会直接产生不同特异性的 L 链和 H 链可变区。虽然成熟的 B 细胞已经有确定的 V-J 和 V-D-J 基因片段组合，但遇到抗原被活化后，开始分裂增殖，每增殖一代，都会出现基因突变，突变率为千分之一，即每 1 000 个碱基经过一个细胞分裂周期出现 1 个碱基变化。动物免疫后，通过分析不同 B 细胞克隆 Ig 可变区 mRNA 的变化可发现该现象。正常情况下其他体细胞基因的突变率为亿分之一，即细胞每增殖一代，10^8 个碱基中出现 1 个更换。比较而言，B 细胞 Ig 基因突变率是其他正常体细胞的 10 万倍，因而被称为体细胞超突变。体细胞超突变发生在 B 细胞识别抗原后的分裂增殖过程中，而且突变主要集中在 H 和 L 链可变区内的互补决定区（complementarity-determining region，CDR），而 CDR 决定抗体与抗原的亲和力，因此体细胞超突变能产生不同亲和力的抗体，而具有高亲和力抗体的 B 细胞在低浓度抗原刺激下会优先活化增殖，逐渐形成高亲和力 B 细胞优势细胞群，通过抗原选择产生高效亲和力抗体的整个过程称为亲和力成熟（affinity maturation）。由于 Ig 的重链和轻链可变区基因加到一起大约有 600bp（base pair），因此 B 细胞每增殖 2 代就会出现至少 1 次的基因突变，这就极大地增加了 Ig 的多样性。

四、恒定区基因变化与抗体型别转换

每个 B 细胞 H 链都有确定编码的可变区 V-D-J 基因片段组合，V-D-J 形成后进一步与 C（恒定区）片段基因（主要是 C μ）结合，形成一条完整的 H 链。然而，当 B 细胞识别抗原被活化后，其确定的 V-D-J 片段可能会和不同的恒定区基因组合，形成型别不同的抗体，这一现象称为型别转换（class switching 或 isotype switching）。虽然型别转换后的抗体恒定区不同，但可变区却保持不变。引起 Ig 型别转换的分子机制目前还不十分清楚，但白细胞介素（IL）-4 在一定条件下能引起 Ig 发生型别转换，如 IL-4 能诱导 B 细胞 Ig 重链恒定区从 μ 转化为 γ1 或 ε 链，即产生的 Ig 发生从 IgM 向 IgG1 或 IgE 的转换。

五、免疫球蛋白的合成、组装和分泌

在细胞核内，免疫球蛋白的 H 链和 L 链的 DNA 片段重排组合后，以之为模板分别转录为 mRNA，mRNA 在粗面内质网（RER）的多聚核糖体上翻译为蛋白质，新合成的肽链含有氨基酸末端先导序列（leader sequence），引导新合成的肽链进入粗面内质网，随后氨基酸末端先导序列被切除。H 链和 L 链在 RER 内进行糖基化修饰并通过二硫键连接，形成一个完整的 Ig 分子，然后转运到高尔基体，进入分泌泡，分泌泡与细胞膜融合释放 Ig。如果 Ig 分子含有跨膜区，分泌泡与细胞膜融合时，Ig 分子随即镶嵌到细胞膜上，成为膜结合免疫球蛋白（mIg，BCR）（图 5-5）。成熟的 B 细胞表达 mIg，然而受抗原刺激后 B 细胞增殖分化为浆细胞并产生分泌型 Ig。什么机制决定 Ig 是分泌型还是膜结合型还不十分清楚，目前发现可能与 mRNA 加工过程中的剪切与拼接有关。如果初级 mRNA 的跨膜区在 mRNA 加工过程中保留下来，则产生mIg，反之则产生分泌型 Ig，然而 mRNA 的跨膜区被剪除掉过程是如何被调控的目前还是个未解之谜。

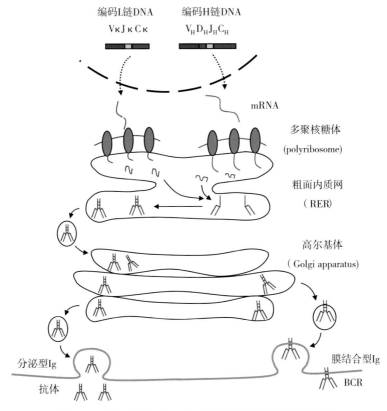

图 5-5　免疫球蛋白的合成、组装和分泌的过程示意图

第四节　B 细胞活化、增殖与分化过程

　　成熟的 B 细胞离开骨髓后，随体液循环进入外周组织，如果没有遇到相应的抗原，几周后 B 细胞就会死亡。如果遇到相应的抗原刺激，B 细胞活化、增殖进而分化为浆细胞产生抗体，少数 B 细胞则成为记忆细胞。B 细胞活化过程依抗原的类型不同而有差异，主要分为胸腺依赖性抗原和胸腺非依赖性抗原两类细胞活化过程。

一、B 细胞活化与抗原类型

抗原刺激 B 细胞后，需要辅助性 T 细胞（Th）直接接触 B 细胞才能使其活化，这类抗原称为胸腺依赖性抗原（thymus-dependent antigen，TD）。那些不需要 Th 细胞接触就能直接活化 B 细胞的抗原称为胸腺非依赖性抗原（thymus-independent antigen，TI）。TI 抗原分为 TI-1 和 TI-2 两种类型。TI-1 抗原主要是细菌的一些细胞壁成分，如脂多糖（lipopolysaccharide，LPS）。大多数 TI-1 抗原是 B 细胞有丝分裂原，在高浓度的条件下能同时活化多个 B 细胞克隆，大约 1/3 的 B 细胞同时被活化分泌抗体，没有严格的抗原特异性，而低浓度时能够刺激活化特异的 B 细胞产生针对特异抗原表位的抗体。用该类抗原免疫没有胸腺的裸鼠（nude mice）可活化 B 细胞产生抗体，过继输入 Th 细胞没有明显的促进作用。

TI-2 抗原通过交联多个 BCR 分子活化 B 细胞，这类抗原与 TI-1 抗原相比有三个特点：①不是 B 细胞分裂原，只活化特定的 B 细胞克隆；②需要 Th 细胞产生的细胞因子参与才能使 B 细胞完全活化，产生抗体并在某些特定条件下进行不同型别的抗体转换；③只活化成熟的 B 细胞，对不成熟的 B 细胞有抑制作用，而 TI-1 抗原对成熟和不成熟的 B 细胞都有活化作用。该类抗原免疫 TCR 基因敲除小鼠不产生抗体，免疫裸鼠可以刺激 B 细胞产生抗体，因为裸鼠黏膜组织中含有少量的 T 细胞。

TI 抗原引起免疫应答最显著的特点是不产生记忆细胞，产生抗体的类型主要是 IgM，免疫应答程度较弱。这些特点说明 Th 细胞在形成免疫记忆、亲和力成熟和抗体型别转换过程中起着重要作用。

二、B 细胞活化的分子机制

B 细胞通过细胞膜上的受体（B cell receptor，BCR）识别抗原表位，BCR 的化学成分是膜免疫球蛋白（mIg），具有特定的抗原识别区。由于每个 B 细胞表面的 BCR 分子完全相同，BCR 与抗原结合具有严格的特异性，所以一个 B 细胞克隆只识别一种抗原表位。外源 TD 抗原与 BCR 结合被吞到细胞内，形成内噬体（endosome），在内噬体低 pH 条件下（pH 6～6.5），抗原与 BCR 解离，BCR 回到细胞膜表面，而抗原经过内噬体、内噬溶酶体（pH 5～6）、溶酶体（pH 4.5～5）等酸性环境，在多种酶（包括水解酶、蛋白酶、核酶、酯酶、磷脂酶、磷酸酶等 40 多种分解酶）的作用下，抗原被降解成 13～18 个氨基酸残基，该短肽经 MHC-Ⅱ类分子展示于细胞表面，向特定的 Th 细胞递呈（图 5-6）。

如前所述，TD 抗原活化 B 细胞时需要 Th 细胞直接接触才能使 B 细胞活化。B 细胞活化过程需要两种最基本的信号刺激，一种是抗原结合 BCR 产生

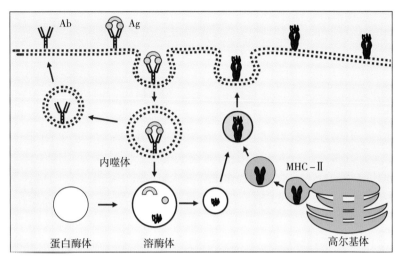

图 5-6　B 细胞识别抗原经内噬体途径展示抗原短肽

的第一刺激信号，另一种是 Th 细胞膜上的 CD40L 与 B 细胞膜上的 CD40 相结合产生的第二刺激信号。当第一信号产生后，B 细胞上调表达 MHC-Ⅱ类分子和 B7 共刺激分子，成为抗原递呈细胞（antigen presenting cell，APC），通过 MHC-Ⅱ类分子递呈抗原（图 5-6）。Th 细胞通过膜受体（T cell receptor，TCR）识别 MHC-Ⅱ类分子递呈的抗原，同时其细胞膜上的共刺激分子 CD28 与 B 细胞的 B7 分子结合，Th 细胞被活化。活化的 Th 细胞上调表达 CD40L，该分子与 B 细胞膜受体 CD40 结合产生进一步刺激 B 细胞的第二信号，使 B 细胞活化（图 5-7），因此 B 细胞先活化 Th 细胞，活化的 Th 细胞反过来帮助 B 细胞活化。对于 TI 抗原而言，由于存在多个抗原表位重复序列，所以能同时结合多个 mIg 分子形成交联（cross-linking），不仅产生第一信号，通过交联作用还能产生第二信号。

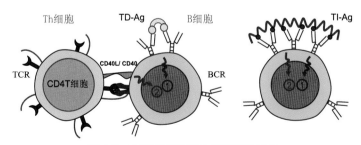

图 5-7　B 细胞需要两种信号刺激活化

由于 mIg 胞内区的氨基酸序列很短，只有几个到二十几个氨基酸，不足以形成功能性信号传递区域，所以 B 细胞识别抗原后如何传递信号曾经是困惑免疫学的难题之一，后来发现 mIg 与 Ig-α/Ig-β 异二聚体结合在一起，利用 Ig-α/Ig-β 所含有的较长胞内区向下传递信号，由此明确 BCR 包括两个部分：一部分识别 Ag，由 mIg 承担；另一部分进行信号传递，由 Ig-α/Ig-β 异二聚体来完成（图 5-2）。Ig-α/Ig-β 异二聚体含有免疫受体酪氨酸活化功能区（immunoreceptor tyrosine-based activation motif，ITAM）。BCR 结合抗原后，结合并活化 Src 家族的酪氨酸激酶（如 Fyn、Blk、Lyn 等），这些蛋白激酶活化后使 ITAM 区域内的酪氨酸磷酸化，形成附着点（docking site），招募并活化蛋白激酶 Syk，Syk 激活一系列的激酶和接头蛋白，形成信号传递小体（signalosome），包括 Vav、Btk（Bruton's tyrosine kinase）、PI3K（phosphoinositide 3-kinase）、PLCγ$_2$（phospholipase C-γ$_2$）、BLNK（B cell linker）等。BLNK 是一种接头蛋白，与 Btk 一起使 PLCγ2 磷酸化，活化的 PLCγ$_2$ 水解 PIP$_2$。PIP$_2$ 是一种细胞膜磷脂，水解后产生 DAG（diacylglycerol）和 IP$_3$（inositol 1，4，5-triphosphate）第二信使，激活 PKC（protein kinase C）和 Ca^{2+} 介导的信号传递通路（图 5-8）。这些分子的共同作用使 B 细胞发生进入活化初始阶段，包括启动和调控基因表达、细胞骨架重排运动，以及内吞 BCR 结合的抗原等。因此，B 细胞活化过程依赖于细胞内多种分子的协调作用。

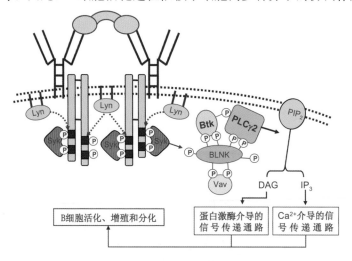

图 5-8　BCR 介导的细胞信号传递

Lyn：属于 Src 家族（酪氨酸激酶家族）成员，还包括 Fyn，Blk 等；Syk：酪氨酸激酶；Vav：鸟嘌呤核苷酸交换因子；Btk（Bruton's tyrosine kinase）：Bruton 酪氨酸激酶；PI3K（phosphoinositide 3-kinase）：磷脂酸肌醇 3 激酶；PLC γ$_2$（phospholipase C-γ$_2$）：磷脂酶 C-γ$_2$；Blnk（B cell linker）：B 细胞连接蛋白；PIP$_2$：磷脂肌醇二磷酸；DAG（diacylglycerol）：二乙酰甘油；IP$_3$（inositol 1，4，5-triphosphate）：1，4，5-三磷酸肌醇；PKC（protein kinase C）：蛋白激酶。

三、共刺激分子在 B 细胞增殖过程中的作用

BCR 识别抗原产生第一刺激信号，Th 细胞通过 CD40L 与 B 细胞的 CD40 结合形成第二刺激信号，两种信号共同作用活化 B 细胞，使 B 细胞进入分裂增殖状态（图 5-9）。在 B 细胞活化过程中 CD40L-CD40 之间的结合至关重要，如果用 anti-CD40L 抗体阻断 CD40L-CD40 之间的结合，则 B 细胞不能活化。若用 anti-CD40 抗体刺激 B 细胞，同样起到 CD40L-CD40 相互作用活化 B 细胞的效果，使 B 细胞发生活化。此外，B 细胞活化分子 BAFF（B-cell activating factor of the TNF Family）与 BAFFR 结合通过接头分子 TRAF（tumor necrosis factor receptor-associated factor）向下游传递信号，激活 NF-κB 信号转导途径（该信号转导通路的详细信号转导过程参见第三章）引起免疫应答。BAFF 除了与 BAFFR 结合外，还与 BCMA（B cell maturation antigen）及 TACI（transmembrane activator and calcium-modulator and cyclophilin ligand interactor）结合。BCMA 与 TACI 都是 B 细胞的膜分子，这些分子除了与 BAFF 结合外，还与 APRIL（a proliferation inducing ligand）结合，APRIL 与 BAFF 有较高的同源性，也属于 TNF 家族成员。试验证明，如果转基因小鼠过表达（overexpression）BAFF，则会产生自身免疫病，而 BAFFR-/-小鼠与 BAFF-/-小鼠具有相似的表型，都表现为缺少成熟的 B 细胞及不能有效产生体液免疫应答。

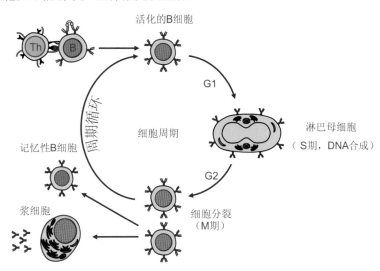

图 5-9　B 细胞活化后进入细胞分裂周期

BCMA 是 B 细胞的一种膜分子，与 B 细胞存活有关，BCMA-/-小鼠表现为浆细胞存活能力下降；TACI 也是 B 细胞的一种膜分子，TACI-/-小鼠表现为外周淋巴细胞增多、患自身免疫病（如红斑狼疮），以及淋巴癌，而人如果

出现 TACI 基因突变，则会表现为程度不一的免疫缺陷，因此推测 TACI 对 B 细胞活化具有负调控作用。

B 细胞活化过程要受 Act1 分子负调控的抑制，以确保免疫应答在适当的范围内进行，如果失去负调控机制，B 细胞免疫应答就会失控，导致一系列的因免疫应答过强造成的免疫损伤。如 Act1 基因敲除小鼠表现为脾脏和淋巴结肿大、B 细胞增多、免疫球蛋白增多症、产生自身抗体、免疫应答超强、多组织炎症反应等（图 5-10）。虽然 Act1 在细胞内起负调控作用，然而上游信号是什么目前还不十分清楚。在 B 细胞膜表面含有一种负调控分子 CD22，该分子在结合 CD22L（多种细胞表达该分子，如树突状细胞和 B 细胞）后向下传递抑制活化信号，因此目前认为 CD22 决定 B 细胞活化的域值（threshold）。无论如何，对 B 细胞活化进行适当的负调控，在维持机体生理平衡方面都十分重要。

B 细胞活化后启动多种基因表达，其中包括细胞膜表面的细胞因子受体，识别 Th 细胞分泌的细胞因子，如 IL-2、IL-4、IL-5 等。这些细胞因子具有促进 B 细胞增殖和分化为浆细胞及记忆细胞的作用，此外还具有调节抗体的型别转换和亲和力成熟的功能。

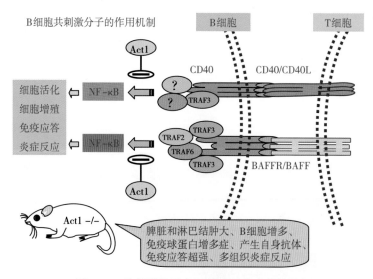

图 5-10 共刺激分子在 B 细胞活化中的作用

BAFF（B-cell activating factor of the TNF family）：TNF 家族 B 细胞活化因子；TRAF（tumor necrosis factor receptor-associated factor）：TNF 受体结合蛋白；BCMA（B cell maturation antigen）：B 细胞成熟抗原；BAFFR（BAFF receptor）：BAFF 受体；APRIL（a proliferation inducing ligand）：细胞增殖配体。

四、细胞因子对 B 细胞免疫应答的影响

成熟的 B 细胞通过 BCR 识别特定的 TD 抗原，并在 Th 细胞的辅助下被活化，分化为浆细胞产生抗体，这一过程主要发生于淋巴结或脾脏的生发中心。Th 细胞除了通过 CD40L 结合 CD40 提供共刺激信号外，还根据抗原的性质分泌相应的细胞因子以调控免疫应答走向。IL-4 与 IL-12 是调控免疫应答的重要细胞因子，IL-4 促进 Th2 免疫应答，使免疫应答朝着体液免疫方向发展，而 IL-12 恰好相反，使免疫应答向细胞免疫方向发展。如在 CD4T 细胞分化试验中，如果 CD4T 培养液中加入 IL-4 和抗 IL-12 抗体，CD4T 细胞则将分化为 Th2 细胞，即主要分泌 IL-4 和 IL-10；如果培养液中加入 IL-12 和抗 IL-4 抗体，CD4T 细胞则将分化为 Th1 细胞，即主要分泌 IL-2 和和 IFN-γ。如果 Th1 细胞因子较多，免疫应答类型则主要是细胞免疫；如果 Th2 细胞因子较多，体液免疫则成为免疫应答的优势类型。细胞因子调控抗体型别转换（图 5-11），精确的调控机制目前还不十分清楚。

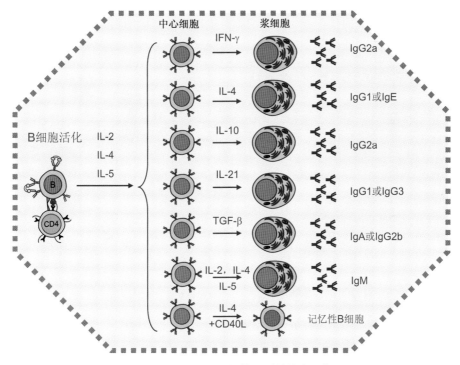

图 5-11　细胞因子在抗体型别转换中的作用

五、B 细胞的分化与抗体的亲和力成熟

在淋巴组织中，抗原被 B 细胞或其他的抗原递呈细胞捕获后，通过 MHC-Ⅱ类分子递呈抗原活化 Th 细胞，在 Th 细胞辅助下 B 细胞活化、增殖，进一步分化为浆细胞产生具有一定亲和力（Ka）的抗体，B 细胞免疫应答早期产生的抗体一般亲和力较低，但随着亲和力的成熟过程，逐渐产生高亲和力抗体。B 细胞抗体亲和力的成熟源自编码抗体可变区基因点突变，也是在树突状细胞参与下完成的。抗体结合抗原后形成抗原抗体复合物，该复合物通过抗体的 Fc 片段结合到树突状细胞膜表面（树突状细胞膜含有 Fc 受体），活化的 B 细胞分裂增殖形成生发中心（germinal center）。处于增殖期的 B 细胞称为中心母细胞（centroblast），其特征是细胞体积大、细胞质增生，以及缺少细胞 mIg，这些细胞聚集的地方称为生发中心的暗区（dark zone）。中心母细胞分裂生成为中心细胞（centrocytes），中心细胞的体积小，细胞膜表面含有 mIg，中心细胞从暗区移行到明区（light zone），在该区域与树突状细胞表面展示的 Ag-Ab 复合物接触，竞争性地结合抗原，高亲和力的中心细胞能够结合抗原，被进一步活化，分化为浆细胞产生抗体及记忆细胞。低亲和力的细胞不能竞争到抗原，随后凋亡被巨噬细胞清除（图 5-12）。

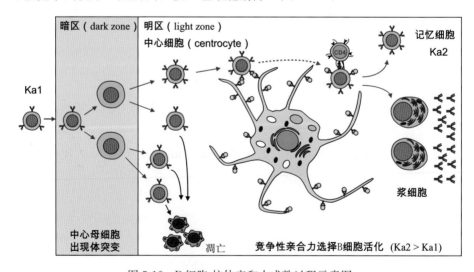

图 5-12　B 细胞-抗体亲和力成熟过程示意图

B 细胞抗体的亲和力通过成熟过程会逐渐提高，亲和力以亲和力常数（Ka）表示。在淋巴结或脾脏的生发中心，低亲和力（Ka1）的 B 细胞在增殖过程中因点突变会产生亲和力不同的中心细胞，由于抗原-抗体结合是动态的结合和解离过程（Ag ＋ Ab ⇆ Ag-Ab），具有高亲和力 BCR 能竞争性地从树突状细胞的 Ag-Ab 复合物中获得 Ag，在 Th 细胞作用下被活化，分化为浆细胞产生高亲和力（Ka2）抗体。经过生发中心亲和力成熟过程后的记忆 B 细胞和浆细胞比亲本细胞的亲和力高（Ka2＞Ka1）。

六、半抗原与载体效应

动物初次接触抗原后产生免疫应答，随着抗原的清除，动物逐渐恢复正常的生理平衡状态，这种免疫应答称为初次免疫应答；但当动物再次接触同一抗原时，会产生迅速的异常强烈的免疫应答过程，这种免疫应答称为再次免疫应答或回忆应答，经过再次免疫应答的动物具有坚强而且持续时间长的免疫力。这是疫苗免疫的目的，也是免疫防控的理论基础。半抗原指那些本身没有免疫原性，但与载体结合后获得免疫原性的物质。通常情况下，半抗原必须以化学键与载体结合才能构成完全抗原。在免疫学研究中，一个令人迷惑的问题是BCR与TCR是否识别相同的抗原表位。用半抗原结合载体免疫动物引起的免疫应答试验揭开了这个谜底。当动物以半抗原-载体进行免疫时，动物不仅产生抗半抗原的抗体也产生抗载体的抗体，但如果将半抗原与载体分别免疫动物，动物则不产生抗半抗原的特异性抗体。用半抗原-载体免疫动物产生初次免疫应答后，如果用半抗原与另外的载体结合物作为抗原免疫动物，动物则不产生针对半抗原的再次免疫应答，也就是说，半抗原结合的载体必须与初次免疫相同才能引起对半抗原的再次免疫应答，该现象称为载体效应。试验证明，载体效应与CD4T细胞有关，在回忆应答中，CD4T细胞只有识别初次免疫时携带半抗原的载体才能辅助B细胞进行回忆性免疫应答，其精细的分子机制目前还不清楚。

第五节　B细胞发育和成熟的开拓性试验发现

B细胞发育成熟过程中要经历阴性选择，如小鼠骨髓中每天产生大约5×10^7个细胞，但90%以上的细胞凋亡被除去，只有不到5×10^6个细胞发育成熟。处于不成熟阶段的B细胞，如果其BCR（mIgM）与抗原结合或其μ链（BCR H链的恒定区）与抗μ链特异性抗体结合，就会出现凋亡现象。Nemazee与Burki（1982）制备了一种转基因小鼠，该小鼠编码针对自身MHC（H-2^k）分子K^{k}的抗体（IgM），其H和L链均识别K^k，由于小鼠有核细胞都表达K^{k}分子，所以B细胞在早期发育过程中BCR就会识别并结合K^{k}分子，在骨髓中这些B细胞会被清除，因此该小鼠外周淋巴组织中没有成熟的B细胞。该试验证实了在中枢免疫器官中具有阴性选择过程。然而，如果转基因小鼠的BCR是针对K^{b}分子，而小鼠的MHC分子表达的类型是K^k，那么小鼠的B细胞发育正常，在外周淋巴组织中有大量成熟的B细胞；但如果将该小鼠与特异性肝细胞K^{b}转基因小鼠（该小鼠基因型是K^k，但将肝脏特异性启动子连接K^b，因此只有肝细胞表达的MHC为K^b）杂交，杂交后代双转基因小鼠（double-transgenic mice）淋巴结中则没有能结合 K^b 分子的成熟 B 细胞。该试验说明 B 细胞在外周组织中同样经历阴性选择过程，这一点有别于 T 细胞。那些能与自身抗原发生反应的 B 细胞进入体外循环后要么被清除，要么处于不反应状态（anergy），但随着时间的延长也终将被清除。

思考题

1. 免疫球蛋白的多样性是如何形成的？
2. B 细胞活化的分子机制是什么？
3. 细胞因子对 B 细胞免疫应答有何影响？
4. 什么是亲和力成熟？B 细胞-抗体亲和力成熟的过程是什么？
5. 什么是载体效应？

参考文献

Acosta-Rodr1′guez EV，Merino MC，Montes CL，Motra′n CC，Gruppi A. 2007. Cytokines and chemokines shaping the B-cell compartment［J］. Cytokine & Growth Factor Reviews 18：73-83.

Boehm T.，Bleul CC. 2007. The evolutionary history of lymphoid organs［J］. Nat Immunol，8（2）：131-135.

Cariappa A.，Pillai S. 2002. Antigen-dependent B-cell development［J］. Current Opinion in Immunology，14：241-249

Casola S. 2007. Control of peripheral B-cell development［J］. Current Opinion in Immunology，19：143-149.

Fuxa M.，Skok J. A. 2007. Transcriptional regulation in early B cell development［J］. Current Opinion in Immunology，19：129-136.

Geahlen R. L. 2009. Syk and pTyr′d：Signaling through the B cell antigen receptor［J］. Biochimica et Biophysica Acta，1793：1115-1127.

Goldsby R. A.，Kindt T. J.，Osborne B. A. 2003. Kuby Immunology［J］. 5th ed. New York：WH Freeman and Company.

Harwood N. E.，Facundo D. Batista F. D. New insights into the early molecular events underlying B cell activation［J］. Immunity，28：609-619.

Richards S.，Watanabe C.，Santos L.，et al. 2008. Regulation of B-cell entry into the cell cycle［J］. Immunol Rev，224：183-200.

Rothenberg E. V. 2007. Cell lineage regulators in B and T cell development［J］. Nat Immunol，8（5）：441-444.

Roulland S.，Suarez F.，Hermine O.，et al. 2008. Pathophysiological aspects of memory B-cell development［J］. TRENDS in Immunology，29（1）：25-33.

van Zelm M. C., van der Burg M., van Dongen JJM. 2007. Homeostatic and Maturation-Associated Proliferation in the Peripheral B-Cell Compartment [J]. Cell Cycle, 6 (23): 2890-2895.

Walker J. A., Smith KGC. 2007. CD22: an inhibitory enigma [J]. Immunology, 123: 314-325.

Xie P., Kraus Z. J., Stunz L. L., et al. 2008. Roles of TRAF molecules in B lymphocyte Function [J]. Cytokine Growth Factor Rev, 19 (3-4): 199-207.

Ye M., Graf T. 2007. Early decisions in lymphoid development [J]. Current Opinion in Immunology, 19: 123-128.

>>> 阅读心得 <<<

第六章　抗原与抗体

> **概述：** 能被 B 细胞免疫球蛋白受体（BCR）识别或与 MHC 结合后被 T 细胞受体（TCR）识别的物质称为抗原。抗体是 B 细胞在识别抗原活化后分泌的能与抗原结合的免疫球蛋白。B 细胞通过 BCR 识别抗原被活化，产生抗体，而抗体与抗原特异性结合，达到中和与清除抗原的目的。

第一节　抗　　原

一、抗原的基本特性

自然界中有各种各样的物质，但并非每种物质都是抗原。抗原物质具有两个基本特性：①免疫原性，即该物质在免疫动物后能刺激机体产生免疫应答（动物产生抗体或效应性 T 淋巴细胞）的特性；②抗原性（又称为反应原性），指该物质能够与抗体结合的特性。根据这两种特性，抗原物质分为完全抗原和半抗原，完全抗原既具有免疫原性又具有抗原性，而半抗原只具有抗原性。

二、抗原表位

抗原表位（epitope）又称为抗原决定簇（determinant），是抗原分子存在的能与 TCR/BCR 或抗体 Fab 部分特异性结合的特殊化学基团，是引起免疫应答的物质基础。

由于抗原分子的结构复杂性不同，形成抗原表位的类型也不相同，如前所述，抗原表位又称为抗原决定簇，根据结构分为顺序决定簇和构象决定簇。顺序决定簇（sequence determinant）指序列相连续的氨基酸短肽片段构成的决定簇；构象决定簇（conformational determinant）是由分子空间构象形成的决定簇，其序列呈不连续性。根据功能，抗原决定簇又分为隐蔽性决定簇和功能性决定簇。隐蔽性决定簇指存在于抗原内部的决定簇；功能性决定簇指能被 B 细胞识别或与抗体结合的决定簇。隐蔽性决定簇通过处理（如酶消化降解）可以暴露出来成为功能性决定簇。

对于一个大分子抗原，分子表面所含有的抗原表位免疫原性可能会有强弱差异，免疫原性较强的抗原表位起主导作用（immunodominant），其诱导产生的抗体占主要部分。在实践中经常发现在针对某些复合抗原的血清抗体中，存在着不同浓度、不同亲和力的多种抗体。

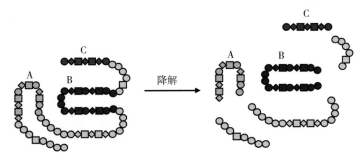

图 6-1　抗原表位模式图

ABC 代表抗原表位，大分子抗原降解后形成多个抗原表位。

TCR 或 BCR 识别的抗原表位不完全一致，表 6-1 列举了两者间的差异。

表 6-1　T/B 细胞抗原表位的差异

内容	T 细胞识别的抗原表位	B 细胞识别的抗原表位
表位识别受体	TCR	BCR
MHC 分子递呈	必需	不需要
表位化学成分	主要是线性短肽	多肽、多糖、脂多糖、有机化合物
表位大小	CD8$^+$ T 细胞识别 8~11 个氨基酸 CD4$^+$ T 细胞识别 13~18 个氨基酸	B 细胞识别 5~15 个氨基酸 或 5~7 个单糖、核苷酸
表位类型	线性表位	构象表位、线性表位
表位位置	抗原分子任意部位	抗原分子表面（功能性决定簇）

三、半抗原与完全抗原

一些小分子化合物，如某些化合物、重金属离子、激素等，本身不具有免疫原性，但如果与大分子物质结合后就可能具有免疫原性，该大分子物质称为载体，而小分子物质通常称为半抗原。半抗原分子一般很小，仅有一个抗原表位，但如果与大分子结合后就会成为完全抗原，刺激机体产生抗体，而该半抗原却能够与抗体发生特异性结合。因此，完全抗原也可以理解为载体与半抗原的复合物。能与抗体分子结合的功能性抗原表位数目称为抗原的结合价（antigenic valence），因此半抗原是单价抗原，单价抗原不能直接活化 B 细胞（图 6-2）。有些药物及其代谢产物，由于与血浆蛋白结合成为完全抗原（过敏原），如青霉素、某些磺胺类药物，具备了诱导免疫应答的能力，所以会引起过敏反应。

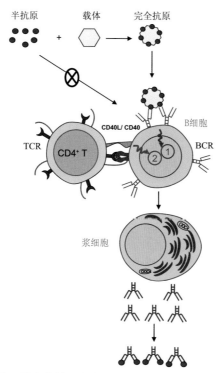

图 6-2　半抗原结合载体成为完全抗原活化 B 细胞产生抗体示意图

半抗原结合载体大分子后成为完全抗原，与特定的 B 细胞受体结合产生交
联，形成第一信号，在辅助性 T 细胞参与下 B 细胞被彻底活化，分化为浆细胞
产生抗体，该抗体能特异性地结合半抗原。

具有免疫原性的物质为完全抗原，完全抗原既具有免疫原性又具有反应原
性。影响抗原免疫原性的因素包括抗原的异源性、分子大小、化学组成、空间
结构等。

如上所述，半抗原需要与载体结合才具有免疫原性，免疫系统在对半抗原
产生免疫应答的同时也对载体部分产生免疫应答。（关于载体效应，参见第
五章。）

四、影响免疫原性的因素

（一）异源性（foreignness）

免疫系统通过识别异源物质产生免疫应答，区分自我和非我是免疫系统发
挥功能的前提。由于在发育过程中，能够识别自身抗原的 B 细胞克隆被清除，

所以成熟的 B 细胞只识别外来抗原。一般来说，抗原物质和动物亲缘关系相差越远，免疫原性越好。如用牛血清白蛋白（BSA）免疫牛，不会诱导免疫应答，即 BSA 对牛没有免疫原性，但如果免疫羊就有一定的免疫原性，而免疫小鼠或禽类则免疫原性更好，因为小鼠和禽类与牛亲缘关系更远。

（二）分子大小（molecular size）

免疫原性与分子大小有相关性，通常情况下大于 100kD 的分子具有较好的免疫原性，5~10kD 的分子免疫原性较弱，但个别小于 1kD 的分子仍然有免疫原性。

（三）化学组成和结构（chemical composition and structure）

免疫原性不仅与异源性和分子大小有关，还与分子的化学组成和结构有关，如简单重复的氨基酸序列及单糖类物质的免疫原性较差，而含有多个氨基酸复杂的蛋白分子免疫原性好，蛋白分子的一级、二级、三级、四级等结构都与免疫原性有关（图 6-3）。

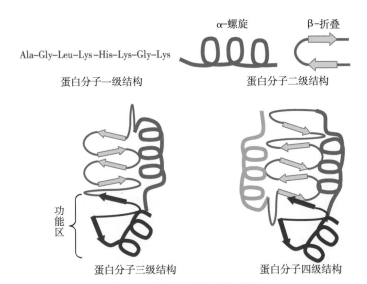

图 6-3　蛋白分子结构模式图

多肽氨基酸以单链形式存在为一级结构；如果多肽进行一定规律的折叠和螺旋，即形成了二级结构；三级结构指在二级结构的基础上进一步折叠形成某些功能区；四级结构指两个或多个多肽分子结合形成一个多聚体蛋白分子。

又如，某些化合物虽然结构成分相同但分子结构不同，也会形成不同的抗原性，在 20 世纪初对小分子抗原性进行广泛研究时就发现了这种特性。苯胺和苯胺酸细微的结构差异都会导致抗原性的不同（图 6-4）。

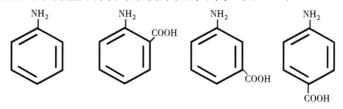

图 6-4　苯胺和苯胺酸结构细微差异示意图

这些半抗原分子的免疫血清没有交叉反应。

（四）非蛋白类抗原（none protein antigen）

某些复杂的碳水化合物、糖脂、脂类等物质具有一定的免疫原性，但由于这些非蛋白类抗原的分子结构通常存在着重复序列，因此不需要辅助性 T 细胞的参与就能活化 B 细胞产生 IgM，如细菌毒素脂多糖（LPS）。另外，细胞膜上的糖类、含糖类分子，以及甾体、固醇类激素、脂肪酸等在某些条件下都能成为抗原。在临床实践中常常利用免疫检测方法检测这些物质，红细胞膜上的血型抗原是含有糖类物质的分子，通过检测血型抗原为临床输血提供指导。脂类抗原通常由 CD1 分子递呈，而不是常规的 MHC，其递呈抗原的效应细胞是 γδT 细胞和 NKT 细胞，这些细胞都属于先天性免疫细胞。

（五）抗原分类

1. 根据抗原性质分类　抗原分为完全抗原和半抗原。

（1）完全抗原　具有免疫原性的物质为完全抗原，如蛋白质、糖蛋白、某些脂类等。完全抗原既具有免疫原性又具有反应原性。

（2）半抗原　一些小分子化合物，如某些化合物、重金属离子、激素等本身不具有免疫原性，但如果与大分子物质结合后就可能具有免疫原性。该小分子物质通常称为半抗原。半抗原一般分子很小，仅有一个抗原表位，但如果与大分子物质结合后就会成为完全抗原。

2. 根据抗原的合成方式分类　抗原分为天然抗原和人工抗原。

（1）天然抗原　包括非已抗原和自己抗原。

● 非己抗原：又称异源抗原，是非自身成分的抗原。

● 自己抗原：自身的某些组织在发育过程中不接触免疫系统，这些物质通过各种屏障与免疫系统隔离。如果这种隔离被破坏，这些组织就会成为抗原引起免疫应答，这些物质又称为自身抗原，如眼球蛋白、精子蛋白等。

（2）人工抗原　包括人工结合抗原和人工合成抗原。

- 人工结合抗原：以化学的方法将某些抗原结合到一起成为完全抗原，如将某些小分子药物通过化学键结合到大分子载体上制备完全抗原等。

- 人工合成抗原：根据氨基酸序列合成一段氨基酸短肽，可用作疫苗防控疫病。多数情况下，人工合成抗原用于生产制备抗体。

- 基因工程抗原：将编码抗原的基因通过基因重组、表达，制备成抗原物质，在分子生物学研究中经常使用。

3. 根据与机体的亲缘关系分类　抗原可分为异种抗原、同种异型抗原和自身抗原。

（1）异种抗原（xenogenic，Ag）　来自不同种属的抗原，如家禽的抗体对于家兔来讲是一种抗原，试验中通常用一种动物的抗体免疫另外一种动物获得抗抗体（又称为二抗）。

（2）同种异型抗原（allogenic，Ag）　来自同一种属不同个体的抗原，如同种器官移植排斥就是同种异型抗原起的作用。

（3）自身抗原（autoantigen）　来自自身的抗原称为自身抗原。

4. 根据抗原引起免疫应答对 T 细胞的依赖性分类

（1）胸腺依赖性抗原（thymus-dependent antigen，TD-Ag）　该类抗原被特定的 B 细胞识别后必须有 CD4T 细胞的帮助才能彻底活化 B 细胞引起免疫应答，这类抗原称为胸腺依赖性抗原，如多数的蛋白质抗原。

（2）胸腺非依赖性抗原（thymus-independent antigen，TI- Ag）　这类抗原不需要 T 细胞的参与可以直接活化 B 细胞，这类抗原的共同特点是单个分子含有多个抗原表位重复序列，能使多个 BCR 交联形成强大的刺激信号直接活化 B 细胞，如细菌脂多糖（LPS）、聚合鞭毛素等（参见第五章）。

5. 血型抗原　1901—1903 年 Kar Landsteiner 发现不同人输血会出现输血性黄疸、休克或死亡，1909 年将人类的血液分为 A、B、AB 和 O 四个血型（表 6-2），并明确了输血原则。Kar Landsteiner 也因此荣获 1930 年诺贝尔医学奖。

表 6-2　人类 ABO（H）血型系统的分类

血型	基因型	抗原（RBC）	抗体（血清）
A	AA 或 AO	A 抗原	抗 B 抗体
B	BB 或 BO	B 抗原	抗 A 抗体
AB	AB	AB 抗原	无抗 A、抗 B 抗体
O	OO	无 A、B 抗原	抗 A、抗 B 抗体

第二节 抗 体

抗体是存在于 B 细胞表面或由浆细胞分泌的能与抗原结合的免疫球蛋白。某种特定抗原进入体内后会被相应的特异性 B 细胞识别，这种识别就是通过 B 细胞受体（BCR）完成的。识别抗原的特异性 B 细胞被活化后，通过增殖、分化为浆细胞分泌抗体，该抗体能特异性结合被 B 细胞识别的抗原，达到中和和清除抗原的目的。这是抗体免疫应答的基本过程，然而应明确三个问题：①每个 B 细胞表面含有多个 BCR，但对于同一个 B 细胞而言，其 BCR 是完全一样的，只识别一种抗原表位；②BCR 只识别抗原表位，由于常见的抗原通常存在多个抗原表位，即复合抗原，因此一种抗原往往同时活化多个 B 细胞克隆（起源于同一个 B 细胞的一群完全相同的 B 细胞称为 B 细胞克隆），因此产生的抗体是多克隆抗体，具有不均一性；③浆细胞是短命的、不能长久存活，因此在清除抗原后抗体水平会下降，最终消失。

一、抗体的基本结构

抗体存在于体液中（血液、淋巴液、黏膜表面分泌液等），通过血液循环到达全身各处。哺乳动物抗体的基本结构包括两条重链和两条轻链，肽链之间由二硫键结合。两条 H 链和两条 L 链组合在一起形成可变区（V-region）和恒定区（C-region）（图 6-5）。

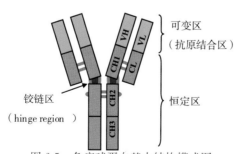

图 6-5　免疫球蛋白基本结构模式图

单体 Ig 由两条 H 链和两条 L 链组成，VH（H 链 N 端 1/4）和 VL（L 链 N 端 1/2）组成可变区（variable region），可变区是抗体识别和结合抗原的部分。H 链和 L 链的其余部分（CH1 至 CH3 及 CL）为恒定区，CH1 和 CH2 相连部分为铰链区。

二、免疫球蛋白的种类

目前了解比较深入的是人和小鼠的 Ig，大致分五个同种型（isotype）。

同种型指每个个体都具有的免疫球蛋白抗原特异性，其抗原决定簇主要存在于 Ig 的 C 区。常见的五个同种型为 IgG、IgD、IgE、IgA 和 IgM（图 6-6）。

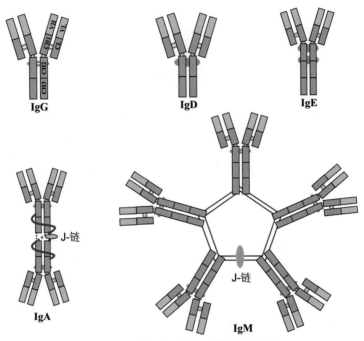

图 6-6　免疫球蛋白基本结构模式图

根据 H 链的恒定区抗原性不同，将人和小鼠的 Ig 分为类和亚类：

Ig 类别：

IgG——γ（gamma）；

IgA——α（alpha）；

IgM——μ（mu）；

IgD——δ（delta）；

IgE——ε（epsilon）。

亚类：

IgG：IgG1、IgG2、IgG3、IgG4；

IgA：IgA1、IgA2；

IgM：IgM1、IgM2。

免疫球蛋白以膜型（mIg）和分泌型（sIg）两种形式存在，mIg 存在于 B 细胞膜表面，是 IgM 的单体结构，是 B 细胞识别抗原的受体（BCR）。另外有少量的 IgD 也存在于成熟的 B 细胞。分泌型 Ig 是浆细胞分泌到体液

（血液、淋巴液以及分泌液）中的抗体，介导体液免疫应答，这些抗体主要有 IgG、IgM（五聚体）、IgA（循环体液中是单体，在分泌液中是双体）、IgE 和 IgD。

三、抗体的可变区和多样性

在 Ig 的结构中 H 链较大，分子质量大约为 50kD，而 L 链较小，分子质量大约为 25kD。一条 H 链和一条 L 链以二硫键结合形成异二聚体（heterodimer），两个完全相同的异二聚体-2X（H-L）以二硫键结合到一起形成一个 Ig 分子。因此，Ig 又称为二聚体的二聚体（a dimer of dimmers）。可变区（VH-VL）决定了抗体的特异性。该区分为超变区（hyper-variable region，HVR）和骨架区（framework region，FR）两部分。超变区又称为互补决定区（complementary determining region，CDR），该区域有三个氨基酸序列高变区域，分别称为CDR1、CDR2 和 CDR3，这些部分氨基酸序列和空间的改变决定了抗体识别抗原的特异性和多样性（图 6-7）。

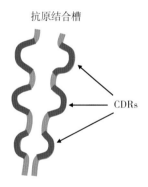

抗原结合槽

CDRs

图 6-7 抗体结合抗原区域模式图

抗体识别和结合抗原的主要区域是可变区的三个互补决定区（CDR$_{1-3}$），CDR 的氨基酸序列和空间结构与抗原表位形成互补结合，因此 CDR 决定了抗体识别和结合抗原的特异性。其他部分为骨架区，以维持多肽分子的结构。

如上所述，VH 与 VL 共同组成抗原结合区域，然而在某些动物，如骆驼、鲨鱼等，体液中含有大量的仅有 H 链的抗体（图 6-8），同样具有较强的抗原中和作用，而且人们已经利用骆驼 H 链抗体这一特点生产出特异性抗体。那么 L 链究竟起何作用？在抗原识别上是否是必需的？为何多数哺乳动物和禽类都有 L 链？这些问题目前还不能得到圆满解释。

不同种类家畜的免疫球蛋白有一定差异（表 6-3），还有一些动物在进化

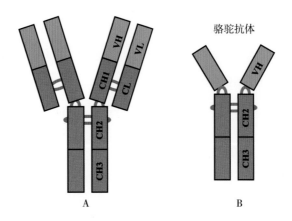

图 6-8　骆驼抗体模式图

A：一般的单体抗体；B：骆驼体液中含量较多的 H 链
抗体，称为 VHH（variable domain of heavy chain of heavy-
chain antibody），该抗体没有 L 链。

中表达一些特殊的免疫球蛋白（参见本章动物抗体演化部分）。

表 6-3　常见动物免疫球蛋白种类

动物种类	免疫球蛋白种类和亚类				
	IgG	IgA	IgM	IgE	IgD
猪	IgG1、IgG2a、IgG2b、IgG3、IgG4、IgG5、IgG6	IgA1、IgA2	IgM	IgE	IgD
牛	IgG1 、IgG2a、IgG2b、IgG3	IgA	IgM	IgE	IgD
羊	IgG1、IgG2、IgG3	IgA1、IgA2	IgM	IgE	？
马	IgGa、IgGb、IgGc、IgG（B）、IgG（T）（有时写成 IgT）	IgA	IgM	IgE	？
鸡	IgG（又称 IgY）	IgA	IgM	无	无
鸭	IgG（又称 IgY）血液中有一种 IgG 缺少 CH2 和 CH3 功能区，称为 IgY（ΔFc）	IgA	IgM	无	无
犬	IgG1、IgG2a、IgG2b、IgG2c	IgA	IgM	IgE	？
猫	IgG1、IgG2	IgA	IgM	IgE	？
小鼠	IgG1、IgG2a、IgG2b、IgG3	IgA1、IgA2	IgM1、IgM2	IgE	IgD
人	IgG1、IgG2、IgG3、IgG4	IgA1、IgA2	IgM1、IgM2	IgE	IgD
大猩猩	IgG1、IgG2、IgG3	IgA	IgM	IgE	IgD
大熊猫	IgG1、IgG2	IgA	IgM	IgE	IgD

四、抗体分子不同区域的作用

抗体的 VH 和 VL 共同组成抗原结合部位，而恒定区各部分主要作用如下：

（1）CH1 至 CH3 和 CL 与 Ig 遗传标志有关。

（2）CH2（IgG）、CH3（IgM）是补体 C1q 结合部位。

（3）CH2 至 CH3（IgG）具有结合并通过胎盘的作用。

（4）CH3（IgG）是细胞（如吞噬细胞、NK 细胞）FcγR 结合部位。

（5）CH4（IgE）是粒细胞（肥大细胞、嗜酸性粒细胞、嗜碱性粒细胞）FcεR 结合部位。

五、抗体的水解片段

免疫球蛋白在木瓜蛋白酶（papain）的作用下降解为三部分：两个 Fab 片段和一个 Fc 片段；而在胰蛋白酶（pepsin）作用下降解为两部分：F（ab）$_2$ 和 Fc。抗原结合部位位于 Fab 片段（图 6-9）。

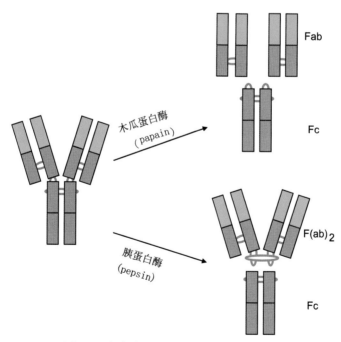

图 6-9 免疫球蛋白不同的水解片段模式图

Fab：fragment，antigen-bingding；Fc：fragment，crystalizable。

六、抗体的功能

抗体可变区的功能包括：①特异性识别并结合抗原，抗体的抗原结合部位数量称为抗体的价，如单体（IgG、IgE）抗体为 2 价、分泌型的 IgA 为 4 价、五聚体的 IgM 为 10 价；②中和效应，中和细菌毒素、蛇毒和病毒等物质；③促进吞噬细胞吞噬，抗体结合抗原后通过 Fc 片段结合吞噬细胞的 Fc 受体，促进吞噬细胞吞噬病原，这个过程又称为抗体介导的细胞吞噬调理作用（图 6-10）。

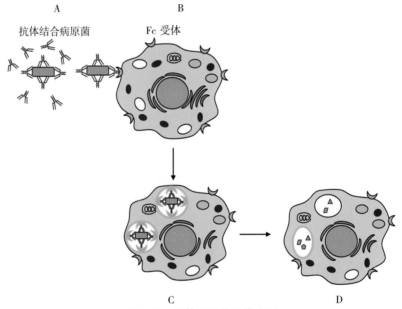

图 6-10　抗体调理作用模式图

A. 抗体特异性结合病原菌抗原；B、C. 巨噬细胞 Fc 受体通过结合抗体的 Fc 片段增强吞噬被调理的细菌；D. 被吞噬的病原菌在吞噬体内被溶酶体等多种酶降解杀灭。

抗体 C 区的功能包括：①激活补体系统，Ab（IgM、IgG）结合抗原后，通过活化 C1q，激活补体经典途径，而 IgG4、IgA 和 IgE 的凝聚物活化补体旁路途径；②介导免疫细胞活性，如促进细胞吞噬（调理作用）、抗体依赖性细胞介导的细胞毒作用（ADCC）（图 6-11）（ADCC，指 NK 细胞通过 Fc 受体结合抗体后释放穿孔素与颗粒酶等物质杀伤靶细胞），以及介导超敏反应（Ⅰ型、Ⅱ型和Ⅲ型超敏反应）；③穿越胎盘和黏膜。

七、动物抗体演化

目前的研究表明，在生物进化过程中 Ig 出现于 550 万～460 万年前（图

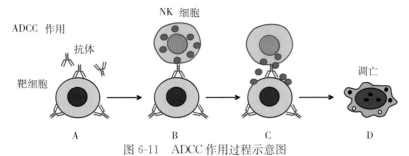

图 6-11 ADCC 作用过程示意图

A. 抗体结合细胞膜表面抗原；B. NK 细胞膜上的 Fc 受体（CD16）结合抗体的 Fc；
C. NK 细胞活化后释放穿孔素、颗粒酶等物质杀伤靶细胞；D. 靶细胞凋亡。

6-12）。在进化过程中，多数脊椎动物（哺乳动物、鸟类、两栖类、某些鱼类）免疫球蛋白 H 链相对趋于保守，但不同生物体 Ig 还是有一定差异，对于某些生物 Ig 的 H 链 Fc 片段差异较大，差异较大的 Ig 相应起不同的名字来表示，如两栖类含有 IgF（两栖类）、IgT（马、鳟）、IgX（两栖类）、IgY（鸟类、两栖类、爬行类）、IgZ（鳟鱼）等。

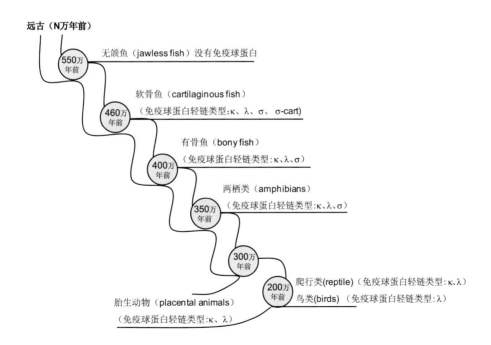

图 6-12 抗体进化年代模式图

Ig 的出现在 550 万年前后，到目前为止，多数胎生动物的 L 链有 κ 和 λ 两种亚型，而鸟类的 L 链只有 λ 亚型。

八、单克隆抗体

通常情况下，一个完全抗原往往具有多个不同的抗原表位，而每个抗原表位被特定的 B 细胞受体识别和结合（注意：虽然一个 B 细胞上含有多个相同的 BCR，但只能识别一种特定的抗原表位），因此一个大分子抗原可被数个 B 细胞识别。在 Th 细胞帮助下，识别不同抗原表位的 B 细胞被活化、增殖并分化为浆细胞，产生抗体。由一个 B 细胞活化后增殖成的细胞群为一个克隆，由多个 B 细胞活化增殖成的细胞群为多克隆。单克隆抗体是由一个 B 细胞克隆分泌的抗体，具有完全一致的均质性；由多个 B 细胞克隆分泌的抗体为多克隆抗体，具有异质性。所以动物体内的抗血清都是多克隆抗体，这些抗体除

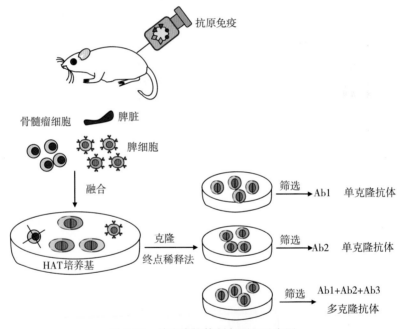

图 6-13 单克隆抗体制备原理示意图

基本原理：该技术利用 B 细胞产生抗体但无法长期存活，而骨髓瘤细胞不产生抗体但能无限增殖的特点，通过融合剂将两种细胞融合成杂交瘤细胞，该细胞既能分泌抗体又获得无限增殖的能力。大致过程是：以抗原免疫小鼠，取脾细胞在融合剂（如 PEG）作用下与骨髓瘤细胞（如 SP2/0）融合，由于骨髓瘤细胞存在次黄嘌呤鸟嘌呤磷酸核糖转移酶缺陷（HGPRT-/-），对氨基蝶呤（aminopterin）敏感，不能合成嘌呤，在有选择性培养基 HAT［含有次黄嘌呤（H）、氨基蝶呤（A）和胸腺嘧啶（T）存在下不能存活，因此在 HAT 培养基中必须有 HGPRT 才能存活，通过与 B 细胞融合可获得 HGPRT，所以通过使用 HAT 选择性培养基可筛选杂交瘤。通过终点稀释法可获得单个细胞生长的克隆，根据培养液中抗体检测进行筛选阳性克隆。为保证分泌的抗体为单克隆抗体，往往要进行 3~4 次克隆和筛选。

了抗原结合部位不同外，其他都相同或相似，无法直接用生物化学的方法将多克隆抗体分为单克隆抗体，因此获得单克隆抗体成为人们的梦想。随着细胞生物学技术的发展，细胞融合技术使单克隆抗体的制备成为现实。1975 年英国科学家 George Kohler 和 Cesar Milstein 在 *Nature* 杂志发表一篇题为 "Continuous cultures of fused cells secreting antibody of predefined specificity" 的研究论文，该论文报道了建立 B 细胞与骨髓瘤细胞融合获得杂交瘤生产单克隆抗体技术（图 6-13）。通过该技术可获得高纯度单克隆抗体。该技术成为免疫学技术发展的里程碑，对整个生命科学研究起到重大推动作用，为此 Koler 和 Milstein 荣获 1984 年诺贝尔医学奖。

九、免疫球蛋白的抗原性

免疫球蛋白本身是蛋白质，所以具有抗原性，根据抗原性的不同进行分类。

1. 同种型 同种型（isotype）指同一种属每个个体都具有的相同的免疫球蛋白抗原特异性，其抗原决定簇主要存在于 Ig 的 C 区，如 IgG 与 IgM 之间的差异等（图 6-14）。

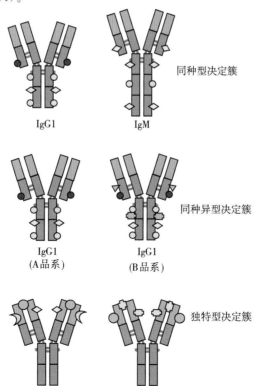

图 6-14 同种型（isotype）、同种异型（allotype）和独特型（idiotype）模式图

2. 同种异型　即使是同种型抗体（如 IgG），氨基酸编码的肽链也可能有细微差异，由这种差异形成的抗原决定簇称为同种异型（allotype），如不同品系小鼠的 IgG1 之间编码恒定区的氨基酸序列有细微差异。γ 链（即 IgG 的 H 链 C 区）的 allotype 被称为 Gm 标志（genetic marker），目前至少发现有 25 个 Gm，通常以 Gm 加序号命名，如 Gm（1），…，Gm（25）等。allotype 不仅体现同种型 H 链上抗原的差异，还体现在 L 链上的抗原性差异，如 L 链的 κ 链有 3 个 allotype，分别命名为 κm（1）、κm（2）、κm（3）。

3. 独特型　抗体的可变区 VH 与 VL 组成特异的抗原识别位点，其氨基酸序列和空间结构是独一无二的，该结构不仅结合抗原表位，同时也具有抗原性。抗体可变区形成的抗原决定簇称为独特型（idiotype），由于抗体有三个超变区，超变区外还有骨架区，可能出现多个抗原决定簇，即多个独特型，将同一个抗体多个独特型合称为抗体独特型（idiotype of the antibody）。由于免疫球蛋白超变区特有的氨基酸序列和构型所形成的抗原性（独特性），机体免疫系统同样会对其产生免疫应答，相应的 B 细胞会被活化产生针对独特型的抗体，称为抗独特型抗体（anti-idiotype antibody），以此类推，形成有趣的网络调节。

十、抗体的临床应用

抗体在临床上可用于诊断和治疗。早在 1898 年，Behring 和 F. Wernicke 发现用白喉毒素-抗毒素（toxin-antitoxin）复合物免疫动物可抗白喉病原感染，具有预防和治疗作用，后来大量生产应用于临床。此后，各种抗血清在临床上得以广泛应用。

（一）在抗原检测方面

肿瘤诊断：通过单克隆抗体检测肿瘤细胞相关抗原，可做出特异性肿瘤诊断。

微量小分子物质检测：某些药物残留、化学污染物监测等。

病原监测：通过检测病原监测疫病流行的可能性或进行疫病诊断。

（二）在治疗方面

抗蛇毒抗体特效药：最常见的治疗毒蛇咬伤的特效药，即抗蛇毒抗体。

肿瘤靶向治疗：用针对肿瘤相关抗原的单克隆抗体连接药物对肿瘤进行靶向治疗，临床上已取得一定的效果，前景较好。另外，用高免血清或卵黄抗体防治动物疫病在实践中已被广泛应用，效果良好。

第三节　抗原-抗体相互作用

抗原物质通过抗原表位与抗体结合，这种结合是动态结合。抗体的抗原结合部位与抗原表位之间的结合力是由非共价键的四种力构成，这四种力分别为氢键、离子键、疏水键结合力和范德华力，抗体的抗原结合部位和抗原表位之间结合时各种力的总和称为抗体针对该抗原的亲和力（affinity），亲和力强度通常以亲和力的解离常数（Kd）表示：

$$Ag+Ab \xrightleftharpoons[Kd]{Ka} Ag\text{-}Ab$$

$$Kd=\frac{1}{Ka}=\frac{[Ag][Ab]}{[Ag\text{-}Ab]}$$

式中：［Ag］、［Ab］及［Ag-Ab］均指反应平衡时的浓度。

抗原-抗体结合具有特异性，如果抗原-抗体比例适当，会形成抗原抗体复合物（图 6-15），因此人们利用这一基本原理建立了各种抗原抗体检测方法，并将其广泛用于疾病诊断和疫情监测。

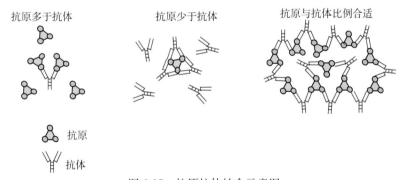

图 6-15　抗原抗体结合示意图

当抗原多于抗体或少于抗体时，抗原抗体结合不能形成可见的复合物。当抗原抗体比例适当时，抗原抗体结合形成肉眼可见的复合物。

一、琼脂凝胶扩散试验

将琼脂配制成不同的浓度可得到不同软硬度和不同孔径的支撑基质，利用这一特点可开展琼脂凝胶扩散试验，用于检测或分析抗原或抗体（图 6-16 至图 6-18）。

（一）单相单扩散

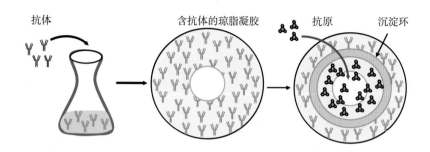

图 6-16　单相单扩散原理示意图

　　将抗体稀释到一定浓度与溶化好的琼脂在 50～55℃混合，将含有抗体的琼脂液体倒入平板，冷却后打孔，在琼脂孔中加入待检抗原，抗原分子在琼脂中向外辐射扩散，抗原扩散到与抗体分子比例最适合处形成大的复合物，阻滞了抗原进一步扩散，形成肉眼可见的沉淀环。沉淀环直径与抗原浓度成正比关系。

（二）双向双扩散

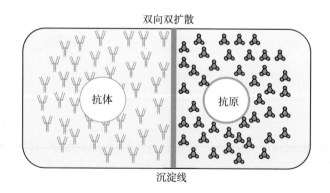

图 6-17　双向双扩散原理示意图

　　在制备好的琼脂板上打孔，两孔中分别加入抗原或抗体，置于湿盒中扩散，抗原与抗体相遇后结合，在最佳比例处形成肉眼可见的沉淀线。该方法可用于抗原或抗体检测。

（三）免疫电泳

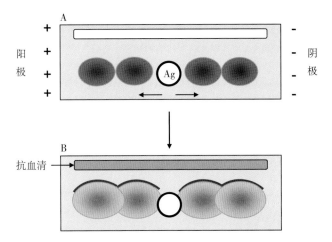

图 6-18　免疫电泳原理示意图

　　免疫电泳分两个步骤，首先将抗原加入琼脂凝胶孔中，通电进行电泳（A），由于抗原分子大小和带电荷不同，各个组分在电场的作用下分离，然后在去除电场条件下，将血清加入与电场方向平行的胶槽内进行扩散。抗原与抗体扩散相遇并在比例适当处出现沉淀线（B）。该方法可用于复合抗原的分析。

二、红细胞凝集试验和红细胞凝集抑制试验

　　某些病原（如鸡新城疫病毒、禽流感病毒、细小病毒等）具有促使血液红细胞凝集的特性，这种病原含有红细胞凝集抗原，根据这一特点，可以通过监测针对红细胞凝集抗原的抗体来衡量宿主的免疫力。以新城疫病毒（NDV）为例，首先进行红细胞凝集（HA）试验对病毒液进行凝集效价的检测（图 6-19）。再根据 HA 试验获得的血凝效价参数进行红细胞凝集抑制（HI）试验。配制抗原液用于监测鸡血液中抗血凝素的抗体效价，获得抗体滴度（又称血凝抑制效价）（图 6-20）。

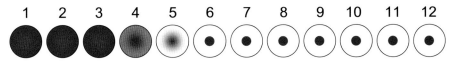

图 6-19　鸡新城疫病毒血凝效价检测模式图

　　将 NDV 病毒抗原液进行 2 倍系列稀释，1~12 孔病毒液稀释度为：1∶2、1∶4、1∶8、1∶16、1∶32、1∶64、1∶128、1∶256、1∶512、1∶1 024、1∶2 048、1∶4 096，加入等体积的 0.5% 鸡新鲜红细胞悬液，混匀后作用半小时判断结果。评判标准：以红细胞完全凝集的病毒抗原液最高稀释度作为血凝效价。该示意图中的血凝效价为 1∶16（第 4 孔）。

VETERINARY MOLECULAR IMMUNOLOGY

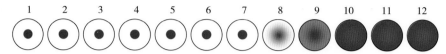

图 6-20　鸡新城疫病毒血凝抑制效价监测模式图

　　将鸡血清在微量血凝板 1～12 孔中进行 2 倍系列稀释：1∶2、1∶4、1∶8、1∶16、1∶32、1∶64、1∶128、1∶256、1∶512、1∶1 024、1∶2 048、1∶4 096，每孔体积为 50μL，将稀释血清孔中加入 25μL 4 个凝集单位的 NDV 抗原液（如果抗原血凝效价为 1∶16，这则意味着将抗原稀释16 倍后仍然可以凝集同等体积的 0.5％的鸡红细胞，超过这个稀释倍数则不能形成完全凝集，因此按抗原凝集效价进行稀释的抗原液为 1 个凝集单位。按此计算，如果将抗原液按 1∶4 进行稀释，则得到的抗原液为 4 个凝集单位）；混匀后加入反应孔作用 10min，加入 25μL 的 0.5％鸡新鲜红细胞悬液，混匀后半小时判定结果。这时反应体系中的混合物的总体积为 100μL（病毒抗原恰好稀释到 1 个凝集单位）。评判标准：以红细胞凝集完全被抑制的血清最高稀释度为血凝抑制效价，根据此标准，图中 HI 效价为 1∶128（第 7 孔）。

三、间接血凝试验

　　可溶性抗原与抗体结合形成抗原-抗体复合物，由于这种复合物的分子团很小，尤其是当抗原和抗体的量很少时很难出现肉眼可见的反应。如果将抗原或抗体通过结合剂结合到红细胞表面，再与相应的抗体或抗原结合就会出现肉眼可见的红细胞凝集现象（图 6-21），这种以红细胞为载体的血凝试验称为间

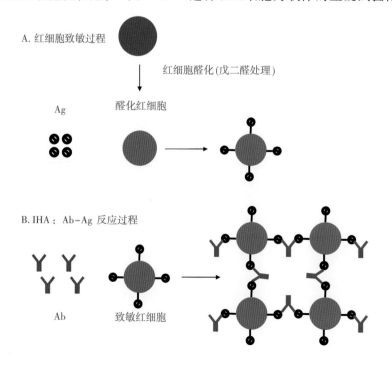

C. 间接血凝图像

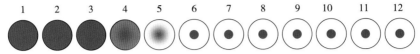

图 6-21　间接血凝试验（IHA）原理模式图

A. 将新鲜的10%红细胞缓慢加入等体积1%戊二醛,4℃下作用30～60min,期间需要不断摇匀,这个过程为红细胞醛化过程,醛化红细胞与抗原结合的过程称为醛化红细胞致敏;B. 将待检血清进行系列稀释(1∶10、1∶20、1∶40、1∶80、1∶160、1∶320……),若样本中含有待检抗体,致敏红细胞的抗原与其特异性结合形成复合物,则会出现肉眼可见的红细胞凝集;C. 以红细胞出现完全凝集的血清最高稀释度作为待检样本的间接血凝效价,本图中的效价为1∶80(第4孔)。该方法可用于疫病诊断和流行病学监测。

接血凝试验（IHA）或被动血凝试验,以抗体致敏红细胞检测相应抗原的间接血凝试验称为反向间接血凝试验。

四、凝集抑制试验

用化学方法将小分子抗原连接到颗粒性载体,与特异性抗体混合,形成肉眼可见的抗原-抗体复合物,将此作为指示系统。如果待检样本中含有抗原,抗原将与抗体结合,再加入抗原结合的颗粒载体就不会出现肉眼可见的凝集现象,这种方法称为凝集抑制试验（图 6-22）。

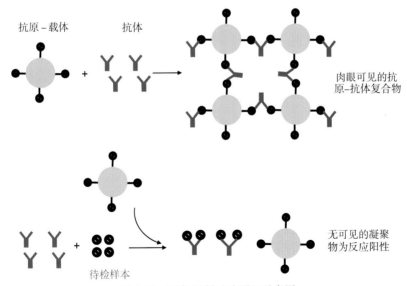

图 6-22　凝集抑制试验原理示意图

已知抗原与颗粒性载体结合形成 Ag-载体颗粒,当与抗体结合时会形成肉眼可见的抗原-抗体复合物。如果将该凝集试验作为指示系统,将待检样本与抗体混合,再加入 Ag-载体颗粒,则不会出现肉眼可见的凝集现象,即阳性反应。如 HCG 检测试剂盒用于检测早期妊娠等。

五、酶联免疫吸附试验

酶联免疫吸附试验（ELISA）是将可溶性抗原或抗体吸附于固相载体上，利用酶标抗体或抗原结合形成酶标记的免疫复合物，加入相应酶底物显色，根据反应液颜色判定抗原-抗体反应情况（图 6-23）。该方法是将抗原-抗体反应的特异性与酶促反应的高效性结合起来的技术，除了可在细胞和亚细胞水平进行抗原抗体定位外，还可定性或定量地检测体液中的半抗原、抗原和抗体，在科研和生产中应用广泛。

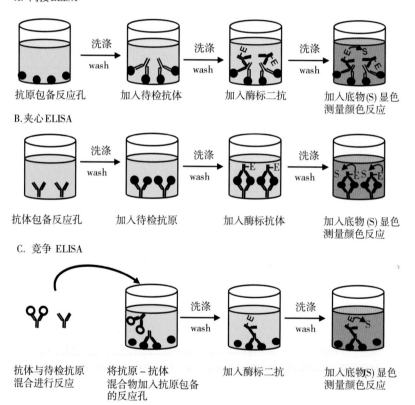

图 6-23　几种常见的 ELISA 示意图

A. 间接 ELISA：将抗原包被酶联反应板，洗涤后加入抗体反应，再经洗涤后加入酶标二抗（HRP-Ab2），洗涤后加入底物（H_2O_2＋OPD）进行显色，加入终止液后用分光光度计读取 OD450 或 OD490 数值，OD 值与待检样本的量成正比，该方法既可用于检测抗原，也可用于检测抗体；B. 夹心 ELISA：将纯化的抗体包被酶联反应板，洗涤后加入待检抗原进行反应，洗涤后加入酶标抗体进行反应，洗涤后加底物显色，该方法用于抗原检测；C. 竞争 ELISA：将抗体与待检抗原混合进行反应，将抗原-抗体混合物加入抗原包被的反应孔，洗涤后加入酶标二抗进行反应，洗涤后加底物显色，待检抗原的浓度与 OD 值成反比，该方法主要用于抗原检测。ELISA 结果判定：待检样本 OD 吸收值≥阴性样本平均吸收值＋2SD（标准差）为阳性。

六、荧光抗体检测

荧光素是一类能产生明显荧光的有机染料化合物，在紫外线和蓝紫外线照射下能吸收光量子造成外层电子跃迁并处于不稳定高能态，处于不稳定高能态电子经 10^{-8} s 后又可跳回电子层原来的位置，与此同时以光量子形式释放能量，这种被激发出的可见光即荧光。在激发出荧光的过程中有部分能量散失，故而荧光的波长大于激发光的波长。荧光抗体检测（fluorescent antibody assay）技术是以荧光素标记抗体检测样本中相应的抗原，并借助于荧光显微镜观察荧光的一种特殊免疫检测技术（图 6-24），在疫病诊断中应用十分广泛。

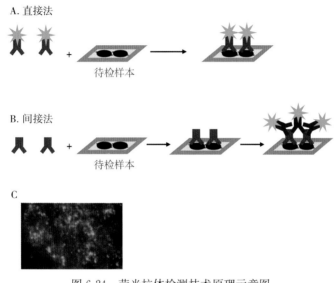

图 6-24　荧光抗体检测技术原理示意图

荧光抗体检测抗原常见的有直接法和间接法两种。A. 直接法：将待检样本（如血液涂片、组织切片等）固定后，进行非特异性封闭，然后滴加荧光抗体作用半小时，冲洗后盖片镜检；B. 间接法：待检样本经非特异性封闭后，用特异性抗体检测，充分洗涤后加入荧光标记的二抗，洗涤后盖片镜检；C. 间接法荧光抗体检测脾脏切片中的李氏杆菌，以抗李氏杆菌抗体作为一抗检测，再与 Alexa-488 标记的二抗结合，在荧光显微镜下观察发绿色荧光的李氏杆菌，红色颗粒为凋亡的细胞（TUNEL-staining）。

七、放射性免疫检测技术

放射性免疫检测技术（radioimmunoassay）是最早用来检测小分子抗原的免疫标记技术，基本原理是将同位素标记抗原与未标记的抗原竞争结合高亲和力抗体。通常是将同位素标记的抗原与抗体结合达到饱和，加入未标记的样本抗原与之竞争，随着加入抗原量的增加，与抗体结合的同位素标记抗原的比例在逐渐减少，即形成的同位素抗原-抗体复合物逐渐减少，用已知浓度可做出标准曲线。通过检测抗原-抗体复合物中的同位素含量确定待检样本中的抗原量（图 6-25）。该方法最早是由 S. A. Berson 和 Rosalyn Yalow 于 1960 年为检测胰岛素建立的，后来得以推广应用，实践证明该方法在检测小分子痕量物质非常有用，因此，Yalow 荣获 1977 年诺贝尔医学奖。

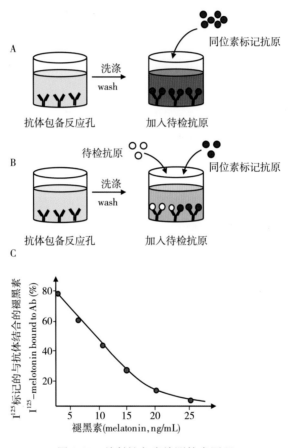

图 6-25　放射性免疫检测技术原理

　　A. 将抗体包被反应板，加入同位素抗原，洗涤后加入闪烁液检测放射性强度；B. 将待检抗原加入同位素标记抗原-抗体反应体系中参与竞争结合，待检样本抗原浓度与放射性强度成反比；C. 利用不同浓度的标准抗原制备标准曲线，该曲线可用于换算待检样本的含量。

八、免疫聚合酶链式反应

免疫聚合酶链式反应（immuno-PCR）是 20 世纪 90 年代发展起来的新技

术，该技术是将抗原抗体反应的特异性与聚合酶链式反应（PCR）的高度灵敏性结合而形成的一种高度敏感与特异的检测技术。免疫 PCR 是用 DNA 标记的抗体检测抗原，与 ELISA 相比，免疫 PCR 通过 PCR 扩增固定于抗原抗体复合物上的标记 DNA，以达到检测抗原的目的（图 6-26）；而 ELISA 则是利用标记的酶使底物显色以反映抗原或抗体的存在。免疫 PCR 通常用琼脂糖电泳检测标记 DNA 的扩增产物来显示检测结果。

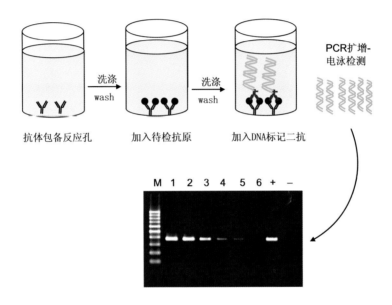

图 6-26　免疫聚合酶链式反应原理示意图

用捕获抗体包被反应板，加入待检抗原，洗涤后加入标记 DNA 的检测抗体，充分洗涤后加入 PCR 反应各种成分（碱基、聚合酶等）进行 PCR 扩增，将反应产物用琼脂糖电泳检测，图中结果是用免疫 PCR 检测肉毒梭菌的神经毒素 A 含量。

九、酶联免疫斑点试验

酶联免疫斑点试验（ELISPOT）从本质上讲是利用 ELISA 基本原理结合细胞培养技术发展起来的新技术，该技术用于检测分泌细胞因子的免疫细胞（图 6-27）。因此，从细胞层面上衡量免疫应答的方向、类型和强度，是免疫检测技术的重要改进。目前已经有商品化 ELISPOT 检测试剂盒销售。

十、流式细胞术

流式细胞术（flow-cytometry）是免疫荧光技术借助于电子计算机技术发展起来的新型免疫检测技术，是免疫检测技术发展的重要里程碑。该技术通过

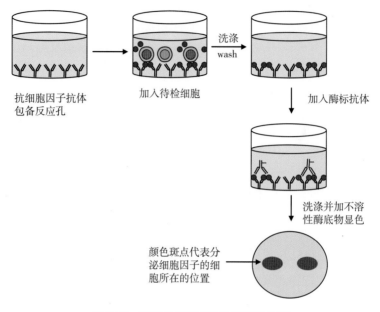

抗细胞因子抗体　　　　加入待检细胞　　　　　加入酶标抗体
包备反应孔

洗涤
wash

洗涤并加不溶
性酶底物显色

颜色斑点代表分
泌细胞因子的细
胞所在的位置

图 6-27　酶联免疫斑点试验原理示意图

将反应孔包被抗待检细胞因子的抗体，将待检细胞悬液加入反应孔进行孵育，如果待检细胞分泌细胞因子，则细胞因子会立即被包被抗体捕获，洗涤反应孔去除细胞，加入酶标记的抗细胞因子抗体，检测抗体-细胞因子-捕获抗体形成夹心抗原抗体复合物，洗涤后加入含有不溶性供氢体的酶底物进行显色，带有颜色点的数量代表分泌细胞因子免疫细胞的数量，因此 ELISPOT 能反应分泌特定细胞因子的细胞数量。

荧光抗体检测细胞表面、内部的抗原，当结合了荧光抗体的细胞通过单细胞通道时，激光束激发细胞上的荧光，接收器将激发的荧光信号收集，借助于计算机的强大分析功能，定性或定量分析同一个细胞表达的多种抗原（图 6-28）。因此，如果用不同颜色的荧光标记抗体，就会同时检测到不同的抗原，细胞荧光发光强度与细胞表面抗原分子表达量成正比。目前，已有同时检测 16 种颜色荧光抗体的流式细胞仪，大大加快了研究和诊断进程。

十一、基因芯片技术检测基因表达

基因芯片技术是用于检测目的基因差异性表达的一种新兴技术，虽然不是以抗原-抗体相互作用原理为基础的检测技术，但在分子免疫学研究中发挥着重要作用，因此在这里阐述该技术的基本原理。该技术对已知表型相关基因在 mRNA 水平上进行大规模筛选和分析，得出某些基因上调表达或抑制表达的信息，为进一步深入研究相关基因所起的作用奠定基础（图 6-29）。

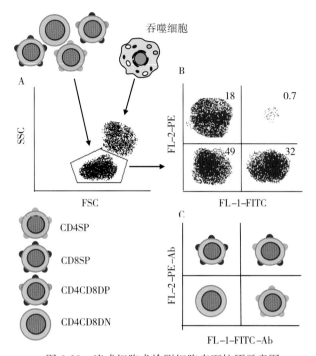

图 6-28　流式细胞术检测细胞表面抗原示意图

细胞悬液（如脾细胞悬液）中含有吞噬细胞、淋巴细胞等，如果检测 $CD4^+$，$CD8^+$ 细胞的比例，可使用 FITC-CD4 和 PE-CD8 荧光抗体直接对细胞悬液进行染色，通过离心分离细胞与上清液，将细胞配成一定的悬液用流式细胞仪分析

A. FSC 代表细胞的大小，SSC 表示细胞表面的光滑程度。当细胞悬液经检测时，电脑屏幕会出现比较明显的两群细胞，根据细胞大小和光滑程度可将细胞分为淋巴类细胞和吞噬细胞两大群：淋巴细胞中有 B 细胞、T 细胞、NK 细胞和 NKT 细胞等；而另一群细胞主要是吞噬细胞，包括巨噬细胞、中性粒细胞及很少量的树突状细胞等。B. 如果分析 T 细胞，则将淋巴细胞群圈出（又称设门，gating），在另一个视窗可以分析前面设定的这群细胞。在图 B 中，所有的细胞都是图 A 中圈定的细胞，X 轴和 Y 轴分别代表荧光抗体的发光强度，图 B 中的数字代表 4 个亚群细胞的百分比，总和为 100%，如果知道每个样本的细胞总数，通过细胞百分比可以计算出不同亚群细胞的数量，为客观衡量免疫应答提供重要参考。C. 代表图 B 中放大的细胞亚群，CD4SP 占 32%，CD8SP 占 18%，CD4CD8DN 占 49%（主要是 B 细胞，有少量的 NK 细胞和 NKT 细胞），CD4CD8DP 占 0.7%。

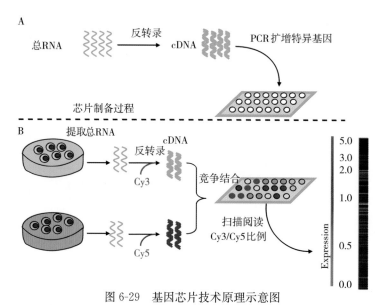

图 6-29　基因芯片技术原理示意图

A. 基因芯片的制备：用组织或细胞样本提取总 RNA，经反转录获得 cDNA，用特异性引物扩增目的基因制备芯片，该过程都已实现商品化；B. 举例说明 T 细胞活化过程中相关基因表达情况：处理组为脾细胞，加入 ConA（刀豆素）刺激原培养，对照组为正常培养的脾细胞，分别提取总 RNA，反转录时加入荧光素标记的核苷酸，获得 Cy5-标记的 cDNA（红色荧光，ConA 处理组）和 Cy3-标记的 cDNA（绿色荧光，对照组），将两种 cDNA 按 1：1 比例混合与芯片上的基因进行杂交，用扫描仪进行扫描阅读。如果荧光为黄色或橙黄色，说明目的基因表达没有变化，红色表明目的基因在处理组中表达上调，绿色表明目的基因表达下调。利用软件可分析目的基因上调或下调的倍数，为进一步研究该基因的功能奠定基础。

 思考题

1. 抗原的概念是什么？

2. 抗原表位、半抗原与完全抗原的概念是什么？

3. 抗体的基本结构有哪些？

4. Fab/Fc 片段各起什么作用？

5. 什么是 ADCC 作用？

6. 单抗制备的基本原理是什么？

7. isotype、allotype 及 idiotype 的概念是什么？

8. 各种血清学试验的基本原理是什么？

9. ELISA 试验的临界值是如何确定的？

 **参考文献**

Belov K. ，Hellman L. 2003. lmmunoglobulin genetics of Ornithorhynchus anatinus（platypus）and Tachyglossus aculeatus（short-beaked echidna）［J］. Comparative Biochemistry and Physiology Part A ，136：811-819.

Butler J. E. ，Sun J. ，Wertz N. ，et al. 2006. Antibody repertoire development in swine［J］. Dev Comp Immunol，30（1-2）：199-221.

Dias da Silva W，Tambourgi DV. 2010. IgY：A promising antibody for use in immunodiagnostic and in immunotherapy［J］. Vet Immunol Immunopathol，135（3-4）：173-180.

Gambón-Dezaa F. ，Sánchez-Espinela C. ，Magadán-Mompbó S. 2009. Theimmunoglobulin heavy chain locus in the platypus（Ornithorhynchus anatinus）［J］. Molecular Immunology，46：2515-2523.

Genst E. D. ，Saerens D. ，Muyldermans S. ，et al. 2006. Antibody repertoire development in camelids［J］. Developmental and Comparative Immunology，30：187-198.

Goldsby R. A. ，Kindt T. J .，Osborne B. A. 2003. Kuby Immunology［J］. 5th ed. New York：WH Freeman and Company.

Litman G. W. 1999. Evolution of antigen binding receptors［J］. Annu. Rev. Immunol，17：109-147.

Lundqvist M. L. ，Middleton D. L. ，Radford C. ，et al. 2006. Immunoglobulins of the non-galliform birds：antibody expression and repertoire in the duck［J］. Dev Comp Immunol，30（1-2）：93-100.

Qin T，Ren L，Hu X，et al. 2008. Genomic organization of the immunoglobulin light chain gene loci in Xenopus tropicalis：Evolutionary implications［J］. Developmental and Comparative Immunology，32：156-165.

Ratcliffe M. J. 2006. Antibodies，immunoglobulin genes and the bursa of Fabricius in chicken B cell development［J］. Dev Comp Immunol，30（1-2）：101-118.

Zhao Y，Hammarstrom QP，Yu S，et al. 2006. Identification of IgF，a hinge-region-containing Ig class，and IgD in Xenopus tropicalis［J］. PNAS ，103（32）：12087-12092.

Zhao Y，Jackson SM，Aitken R. 2006. The bovine antibody repertoire［J］. Dev Com Immunol，30（1-2）：175-186.

Zhao Z，Zhao Y，Hammarstrom QP，et al. 2007. Physical mapping of the giant panda immunoglobulin heavy chain constant region genes［J］. Developmental and Comparative Immunology，31：1034-1049.

Zheng SJ，Jiang J. ，Shen H. ，et al. 2004. Reduced apoptosis and listeriosis in TRAIL-nullmice［J］. Journal of Immunology，173：5652-5658.

>>> 阅读心得 <<<

第七章　主要组织相容性复合体与抗原递呈

> **概述：**细胞表面存在着的与免疫排斥有关的组织抗原，称为组织相容性抗原（histocompatibility antigen）。编码主要组织相容性抗原的具有高度多态性的基因群，称为主要组织相容性复合体（major histocompatibility complex，MHC）。MHC编码的蛋白与免疫识别、排斥、免疫应答有关，因此MHC在某种程度上决定动物个体对疫病的易感性或自身免疫病发生的倾向性，尤其在适应性免疫应答中起关键作用。

第一节　MHC的组成和遗传特点

一、MHC的发现

20世纪30年代中期，Peter Gorer用纯系小鼠研究血型抗原，他发现血细胞中有4组基因，分别为Ⅰ~Ⅳ，这些基因编码血细胞上的血型抗原。1940—1950年，Peter Gorer与George Snell对这4组抗原基因进行了研究，证实第Ⅱ群抗原参与组织和肿瘤移植排斥，Snell将这些基因称为"组织相容性基因"，因此将小鼠的MHC称为"H-2"。由于他对组织相容性抗原及其遗传规律做出了突出贡献，Snell于1980年荣获诺贝尔医学奖。

二、MHC的组成

MHC是基因组上连锁的基因群，位于人的第6号染色体，在小鼠则位于第17号染色体。不同动物的MHC名称不同，如人MHC称为HLA，猪MHC称为SLA等（表7-1）。

表7-1　人和其他动物MHC的命名

种类	MHC名称	MHC所处的染色体号码
人	HLA	6
小鼠	H-2	17
大鼠	RT1	20

（续）

种类	MHC 名称	MHC 所处的染色体号码
猪	SLA	7
牛	BoLA	23
恒河猴	RhLA	19、20
犬	DLA	12、2、4、14
豚鼠	GPLA	UN
兔	RLA	12
马	ELA	20、16、14、23、5
禽	B	16、1
羊	OLA，GLA	23
猫	FLA	B2

目前对人和小鼠 MHC 了解得比较清楚，其基因分类和编码蛋白见图 7-1。

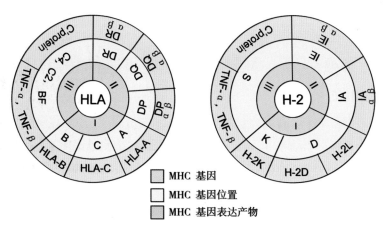

图 7-1　人和小鼠 MHC 的组成示意图

　　HLA-Ⅰ类基因位点有 B、C 和 A，分别编码 HLA-B、HLA-C 和 HLA-A 分子；HLA-Ⅱ类基因位点有 DP、DQ 和 DR，分别编码 DP-αβ、DQ-αβ 和 DR-αβ 分子；HLA-Ⅲ类基因位点有 C4、C2 和 BF，编码 C′-protein、TNF-α、TNF-β 等。H-2Ⅰ类基因位点有 K 和 D，分别编码 H-2K、H-2D 和 H-2L；H-2 Ⅱ类基因位点有 IA 和 IE，分别编码 IA-αβ 和 IE-αβ；H-2 Ⅲ类基因位于 S，编码 C′-protein、TNF-α、TNF-β 等。

三、MHC 基因在基因组中的位置

　　MHC 是紧密连锁位于同一条染色体上的基因群，如 HLA 位于第 6 号染色体，H-2 位于第 17 号染色体。这一概念源于对人和小鼠 MHC 的研究成果，然而并非所有动物的 MHC 都符合这一规律，如禽类在同一条染色体上有 2 个 MHC 区域，而有些鱼类的 MHC 位于 3 条不同的染色体上，还有某些 MHC

分子（如 CD1）并不在传统的 MHC 区域。并且越来越多的证据表明，不同动物的 MHC 可能分布于不同的染色体（表 7-1）。

MHC-Ⅲ类基因在所有动物中相对保守，主要编码补体成分（C2、C4、B 因子）、羟化酶（21-OHA、21-OHB）、肿瘤坏死因子（TNF-α、TNF-β）、热休克蛋白 HSP（heat-shock protein）等。

四、HLA 遗传特点

HLA 遗传具有单元性遗传、高度多态性、共显性表达和连锁不平衡等特点。单元性遗传又称单倍型（haplotype）遗传，MHC 基因位于一条染色体上紧密连锁的一组特定组合的等位基因位点称为一个单倍型，其表达产物体现出的性状称为表型（phenotype），对性状进行分析称为表型分析。HLA 遗传符合孟德尔遗传规律，如每对染色体各有两种单倍型，一种来自父亲，另一种来自母亲（图 7-2），因此每一

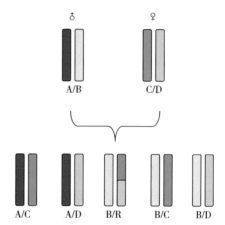

图 7-2　人 HLA 遗传符合孟德尔遗传规律
R 是等位基因交换时形成的新单倍型。

后代与其生身父亲或母亲总有一半 HLA 相同，同胞兄弟姐妹间两条 HLA 都相同的概率为 1/4。倘若有 4 个以上同父同母的兄弟姐妹，找到与自己 HLA 完全相配者的概率会增加。组织器官移植需要 HLA 相匹配，HLA 两条单倍型相同的个体称为纯合子；两条单倍型不同的个体称为杂合子。

人类 HLA 遗传具有多态性（polymorphism），HLA 多态性是指群体之间 HLA 分子组成具有高度的不均一性，同一个基因位点可存在两种以上的基因型。如果每个人单倍型各有 7 个位点的等位基因，那么纯合子编码 7 种 HLA 分子，杂合子则编码 14 种。

目前已知：A 基因位点有 27 个；B 基因位点有 59 个；C 基因位点有 10 个；D 基因位点有 26 个；DR 基因位点有 24 个；DQ 基因位点有 9 个；DP 基因位点有 6 个；共计有 161 个，组合成 5.4×10^8 种单倍型。另外，还存在亚型和变异体（variant），HLA 的基因型和表现型繁多，超过人口总数。HLA 基因为共显性表达（co-dominant expression），即每个细胞表面表达父系和母系两种 HLA 分子（图 7-3）。

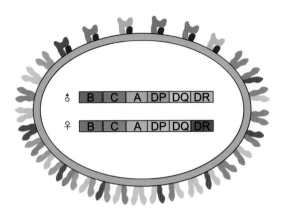

图 7-3　人 HLA-Ⅰ、HLA-Ⅱ类分子单倍型共显性遗传示意图

　　HLA 表达存在着连锁不平衡（linkage disequilibrium），虽然 HLA 基因位点紧密连锁，但某些基因出现在某个单倍型的频率高，而另一些出现的频率低，这种在单倍型上基因不随机分布的现象称为连锁不平衡。如北美白人 HLA-B8 和 HLA-DR3 等位基因频率分别为 0.09 和 0.12，出现在同一单倍型上的概率应当为 $0.09 \times 0.12 = 0.0108$，但实际却是 0.07，这是连锁不平衡的结果，连锁不平衡有助于优良基因的积累，以适应不同的地域和生存环境。

　　小鼠 H-2 基因共显性表达在分子免疫和遗传学研究中十分重要（图 7-4），F1 代携带并表达双亲的 MHC。

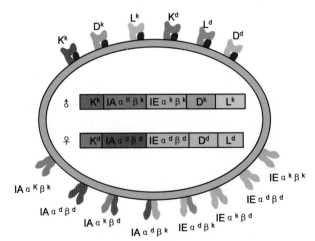

图 7-4　小鼠 H-2 基因共显性表达示意图
小鼠 H-2 基因来源于双亲，细胞表面既表达父本 H-2 基因又同时表达母本 H-2 基因。

第二节　MHC 分布与表达调控

所有有核细胞的表面都分布有 MHC-Ⅰ类分子，而 MHC-Ⅱ类分子主要分布于专职抗原递呈细胞表面，如 B 细胞、树突状细胞、巨噬细胞等。MHC 的表达受多种因素调控，如某些刺激原（细菌、病毒）、细胞因子等，可以使 MHC 表达上调或抑制。

一、MHC-Ⅰ类分子的结构与分布

MHC-Ⅰ类分子由 α 链跨膜蛋白和 β_2-微球蛋白组成（图 7-5）。

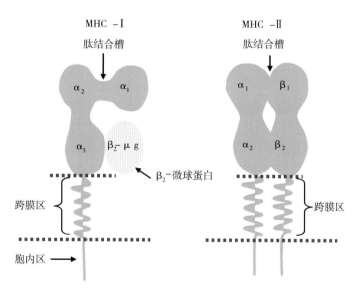

图 7-5　MHC-Ⅰ、MHC-Ⅱ类分子组成示意图

　　MHC-Ⅰ类分子属于膜结合蛋白，主要由大小为 45kD 的 α 链和 12kD 的 β_2-微球蛋白组成，其中 α 链包含 α_1、α_2 和 α_3 三个区域，每个区域含有 90 个氨基酸左右，α_3 连接跨膜区跨膜区含有 25 个氨基酸，胞内区有 30 个氨基酸。α_3 区域是高度保守的，含有被 T 细胞 CD8 分子识别的序列。MHC-Ⅱ类分子属于膜结合糖蛋白，由 α 链和 β 链组成，α 链分子大小为 33kD，包含 α_1 和 α_2 两个区域；β 链大小为 28kD，包含 β_1 和 β_2 两个区域，α_2 与 β_2 都与跨膜区相连，进一步延伸为胞内区。α_2 与 β_2 含有被 T 细胞 CD4 分子识别的序列。

　　MHC-Ⅰ类分子 α_1 与 α_2 区域形成肽结合槽（peptide-binding cleft），可容纳递呈 8～11 个氨基酸的短肽。β_2-微球蛋白由不同染色体上的基因编码，与 α 链非共价结合，对 MHC-Ⅰ类分子的表达是必需的，如果没有 β_2-微球蛋白，MHC-Ⅰ类分子则不表达在细胞膜上。阐明 β_2-微球蛋白对 MHC-Ⅰ类分子表达起关键作用的试验证据是：Daudi 肿瘤细胞不能合成β₂-微球蛋白，尽管肿瘤细胞含有 MHC-Ⅰ类基因，并可以转录成 mRNA，也可以翻译成蛋白质，但在细胞膜上没有 MHC-Ⅰ类分子α链。如果用编码β₂-微球蛋白功能基因转染 Daudi 肿瘤细胞，在其细胞膜上即可出现 MHC-Ⅰ类分子。该证据充分说明β₂-微球蛋白对 MHC-Ⅰ类分子的表达十分重要。

MHC-Ⅰ类分子表达于所有的有核细胞，淋巴细胞表面的 MHC-Ⅰ类分子最丰富（每个细胞中有 1 000～1 0000 个分子），肝、肺、肾相对较少，脑、肌肉细胞更少。

MHC-Ⅰ类分子的功能主要有：①参与胸腺 CD8T 细胞的发育和成熟；②参与内源性抗原递呈；③在移植排斥反应中，MHC-Ⅰ类分子是诱导免疫应答的主要抗原；④MHC-Ⅰ类分子是 CTL 识别的靶分子（CTL 杀伤靶细胞具有 MHC 限制性，即通过 TCR 识别自身 MHC-Ⅰ类分子递呈的特定抗原才能杀伤靶细胞）；⑤参与同种移植排斥反应。

二、MHC-Ⅱ类分子的结构与分布

MHC-Ⅱ类分子的α₁和β₁区域形成肽结合槽（区）（图 7-5），可结合和递呈 13～18 个氨基酸短肽。蛋白结晶结构分析表明：MHC-Ⅱ类分子是α/β链异二聚体构成的二聚体（dimer of heterodimers）。两个肽结合裂隙以相反的方向面对面，可促进两个 T-细胞受体（TCR）和两个 CD4 分子的结合，这是信号传导所必需的。

MHC-Ⅱ类分子仅表达于抗原递呈细胞（B 细胞、树突状细胞、巨噬细胞等）、胸腺上皮细胞、血管内皮细胞等。表达 MHC-Ⅱ类分子的所有细胞同时表达Ⅰ类分子。

MHC-Ⅱ类分子的功能包括：①参与胸腺内 CD4T 细胞的发育和成熟；②参与外源性抗原递呈；③作为 CD4T 细胞的识别分子，是 CD4 分子识别的靶分子；④参与免疫应答与免疫调节；⑤参与同种移植排斥反应。

MHC-Ⅱ类分子也是引起移植排斥反应的重要靶抗原，并在移植物抗宿主反应（graft versus host reaction，GVHR）和混合淋巴细胞培养（mixed leukocyte reaction MLR）中作为刺激抗原，使免疫活性细胞增殖与分化。

三、MHC-Ⅰ、MHC-Ⅱ类分子的基因排列

无论编码 MHC-Ⅰ还是 MHC-Ⅱ类分子的基因组 DNA 有多少内含子，转录后的 mRNA 形成两条完整的链（图 7-6），而构成 MHC-Ⅰ类分子的β₂-微球蛋白与α链不在同一条染色体上。

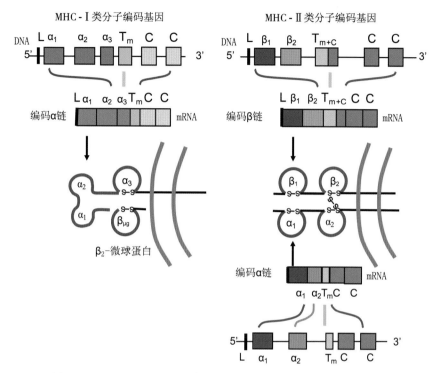

图 7-6　MHC-Ⅰ、MHC-Ⅱ类分子基因组 DNA 转录、翻译示意图

四、MHC 分子表达调控

MHC 分子的表达受多种因素影响，如细胞因子、病原感染、某些化合物等。IFN-γ 和 TNF 具有提高 MHC-Ⅰ类分子表达的作用。IL-4提高 MHC-Ⅱ类分子表达，而糖皮质激素和前列腺素降低 MHC-Ⅱ类分子的表达。病毒感染对 MHC 表达有一定影响（表 7-2），但这些现象是否与致病机制有关尚待研究。

表 7-2　病毒感染对 MHC 表达的影响

病　　毒	MHC-Ⅰ	MHC-Ⅱ
腺病毒（adenovirus）（Ad12）	↓	
巨细胞病毒（cytomegalovirus，CMV）	↓	↓
小鼠传染性脱脚病毒（ectromedia virus，EV）	↓	
乙型肝炎病毒（hepatitis B virus，HBV）	↓	
单纯疱疹病毒（herpes simplex virus，HSV）	↓	
人体免疫缺陷病毒（human immunodeficiency virus，HIV）	↓	↑
人乳头瘤病毒 16（human papilloma virus 16，HPV16）		↑
麻疹病毒（measles virus，MeV）	↑	

（续）

病　毒	MHC-Ⅰ	MHC-Ⅱ
莫洛尼白血病病毒（moloney leukemia virus，MoMLV）	↑	
劳氏肉瘤病毒（Rous sarcoma virus，RSV）	↓	↓
猴免疫缺陷病毒（simian immunodeficiency virus，SIV）	↓	↑
牛痘病毒（vaccinia virus，VACV）	↓	
水疱性口炎病毒（vesicular stomatitis virus，VSV）	↓	
西罗尼病毒（west Nile virus，WNV）	↑	↑

第三节　MHC在医学上的意义

人的器官移植需要进行组织相容性检查，对供、受体HLA进行鉴定。移植成败的关键是供-受体之间的主要组织相容性抗原的相容程度。由于HLA起抗原递呈作用，因此其决定适应性免疫应答能力。肿瘤细胞通过降低HLA的表达逃逸免疫监视，IFN-γ通过促进肿瘤细胞HLA-Ⅰ类分子的表达增强CD8$^+$CTL细胞的特异性杀伤作用。

由于HLA在遗传上符合孟德尔遗传规律，而且为单元型遗传，所以在法医学上通过检测HLA可以断定亲缘关系。另外，HLA分型在人类学研究方面也有广泛应用。

一、MHC与疾病之间的关系

有些疾病与HLA等位基因所处的位置有高度相关性，如某些自身免疫病、过敏、病毒感染，以及神经性疾患等可能与HLA遗传相关。通过分析某种疾病在HLA某等位基因发生的频率和该病在一般人群中的发生率的关联，计算该等位基因发生疾病的相对危险系数（Relative Risk，RR值），可将其作为一项疾病遗传指标（表7-3）。如果RR值等于1，说明该病与HLA等位基因遗传性无关，RR值越大，疾病与遗传关系越大。

表7-3　HLA等位基因与遗传疾病间的关系

疾病名称	HLA等位基因	RR	疾病特征与临床表现
强直性脊椎炎（ankylosing spondylitis）	B27	90	该病为脊柱各关节及关节周围组织的损伤性炎症。一般先侵犯骶髂关节，其后由于病变发展逐渐累及腰椎、胸椎和颈椎，出现小关节间隙模糊、融合消失及椎体骨质疏松破坏、韧带骨化，终致脊柱强直或驼背固定。主要症状为发病部位疼痛，活动受限，是一种病因不明的常见病

（续）

疾病名称	HLA 等位基因	RR	疾病特征与临床表现
肺出血-肾炎综合征 （goodpasture's syndrome）	DR2	16	Ernest Goodpasture（1918 年）首次对本病进行描述，特征性表现有肺肾同时受累、咯血、肺部浸润、肾小球肾炎、血液和累及的组织中有抗肾小球基底膜抗体等；本病诊断标准：①反复发生突发性咯血、呼吸困难，有自限性过程，肺部 X 线检查可见迁移性浸润灶，痰中有含铁血黄素巨噬细胞；②长期肺出血
谷蛋白敏感性肠病、乳糜泻 （gluten-sensitive enteropathy）	DR3	12	乳糜泻（又称非热带口炎性腹泻、麦胶蛋白性肠病）是一种遗传性疾病，对麦胶蛋白过敏而不能耐受，引起小肠的改变，导致消化吸收不良综合征。此遗传性疾病是由于病人对谷蛋白的敏感性异常所致。谷蛋白存在于小麦、黑麦、大麦和燕麦之中。谷蛋白分子与小肠中的抗体相结合，使正常小肠的刷状表面层变得平坦，大大减弱对食物的消化吸收。在避免进食含谷蛋白的食物以后，会逐渐恢复肠道功能
遗传性血色沉着症 （hereditary hemochromatosis）	A3 B14 A3/B14	9.3 2.3 90	该病是铁过量吸收造成的一种铁调节紊乱病。随时间的延续，组织中铁过载和沉积，导致各种慢性疾病和早逝。它是美国高加索人（白种人）中最常见的基因紊乱。该病早期征兆和症状：肝脏酶（AST、ALT）升高，体力降低，应激症，疲劳、关节痛，阳痿，无月经。晚期：皮肤呈灰色或铜色、肝硬化、肝癌，心脏疾病/心衰，糖尿病，垂体机能减退，性功能减退，慢性腹痛，严重疲劳，细菌感染率增加，脾肿大
发作性睡病 （narcolepsy）	DR2	130	该病是以不可抗拒的短期睡眠发作为特点的一种疾病。多于儿童或青年期起病，男女发病率相似。部分病人可有脑炎或颅脑外伤史。其发病机制尚未清楚，可能与脑干网状结构上行激活系统功能降低或脑桥尾侧网状核功能亢进有关。多数病人伴有猝倒症、睡眠麻痹、睡眠幻觉等其他症状，合称为发作性睡病四联症
赖特综合征 （Reiter's syndrome）	B27	37	该病是累及多系统的疾病，首次报道的患者是一男性，在痢疾后发生尿道炎、结膜炎、皮炎和关节炎。此后陆续有痢疾等肠道感染病流行后发病的报告，而在英美等国家则认为本病多与淋病、非淋菌性尿道炎有关，最主要的表现为尿道炎、结膜炎、关节炎和皮肤病变，四者既可同时存在，亦可先后出现

（续）

疾病名称	HLA 等位基因	RR	疾病特征与临床表现
干燥综合征 （Sjogren's syndrome）	DW3	6	该病亦称口眼干燥关节炎综合征或关节-眼-唾液腺综合征，是一种与外分泌腺有关的全身性自身免疫病，主要侵犯泪腺和唾液腺，表现为干燥性角膜结膜炎、口腔干燥征及伴发类风湿关节炎等其他风湿疾病，并引起呼吸道、消化道、泌尿道、血液、神经、肌肉、关节等受损
I-型糖尿病 （insulin-dependent diabetes mellitus）	DR4/DR3	20	该病是自身反应 T 细胞攻击产生胰岛素的 β 细胞造成的自身免疫病
多发性硬化 （multiple sclerosis）	DR2	5	该病是一种脑和脊髓的疾病，发病机制为自身免疫系统攻击神经纤维髓鞘，导致神经传导中断或紊乱。临床上出现多发性硬化症、肌肉萎缩症或小儿麻痹症等，会导致病人残疾
重症肌无力 （myasthenia gravis）	DR3	10	该病是一种神经-肌肉接头部位因乙酰胆碱受体减少而出现传递障碍的自身免疫性疾病。乙酰胆碱受体（AChR）抗体是导致其发病的主要自身抗体，主要是产生 Ach 受体抗体与 Ach 受体结合，使神经肌肉接头传递阻滞，导致眼肌、吞咽肌、呼吸肌及四肢骨骼肌无力，也就是说支配肌肉收缩的神经在多种病因的影响下，不能将"信号指令"正常传递到肌肉，使肌肉丧失了收缩功能。本病的病因是全身性的，但影响的肌肉因有所侧重而出现不同的临床表现
风湿性关节炎 （rheumatoid arthritis）	DR4	10	该病是一种常见的自身免疫性疾病，以急性或慢性结缔组织炎症为特征，可反复发作并累及心脏。临床上表现为关节和肌肉游走性酸痛，属变态反应性疾病
全身性红斑狼疮 （systemic lupus erythematosus）	DR3	5	该病是一种自身免疫性疾病，患者免疫系统攻击自身染色体 DNA，累及身体多系统、多器官，在患者的血液和器官中能找到多种自身抗体。一些具有遗传因素的红斑狼疮患者，在某些外界或人体内部因素作用下，如病毒感染、日光暴晒、精神创伤、药物、妊娠等，就会促发免疫应答，从而产生多种抵抗自身组织的抗体和免疫复合物，引起人体自身组织，如皮肤、血管、心、肝、肾、脑等器官和组织损伤

二、MHC与肿瘤的关系

由于CTL识别和杀伤自身MHC递呈抗原的靶细胞，因此MHC的表达变化直接影响免疫识别和免疫清除。由于肿瘤细胞MHC表达下降或完全丧失，从而逃逸免疫监视和清除，因此在临床上如果肿瘤细胞缺少MHC的表达，则预示着病情可能预后不良。如果能提高肿瘤细胞MHC的表达，则可提高机体免疫系统抗肿瘤的作用，如IFN-γ能提高人肿瘤细胞HLA-I类分子的表达，因此可增强CD8$^+$CTL细胞的特异性杀伤作用。肿瘤细胞是如何躲避免疫监视并得以发展的始终是医学研究的重点问题。

三、MHC与器官移植

1954年，美国哈佛大学的Merril与Murray两位医生首次成功地进行了一对双胞胎兄弟之间的肾移植手术，在受体没有使用任何免疫抑制药物的情况下，移植肾获得了长期存活。这是器官移植的历史性突破，开启了临床器官移植的先河。Merril与Murray医生因此获得1990年诺贝尔医学奖。我国从20世纪60年代开始尝试肾移植手术，但由于当时对免疫抑制认识不足而且缺少免疫抑制药物，效果不甚理想。80年代末，随着手术技术的提高、移植免疫学的发展，以及免疫抑制药物的应用，临床器官移植成活率不断提高，目前肾移植已经成为我国各大医院移植中心的常规手术，肾移植患者的生存率达到国际先进水平。

无论何种器官（肾、肝、心、肺、骨髓）移植，手术前都需要进行组织配型。最主要的检测项目是HLA配型，使供体与受体之间的HLA尽可能相符。临床上主要检测器官移植受体的HLA-I、HLA-II两类分子与供体是否匹配。HLA-I类基因有A、B、C三个位点，分别编码HLA-A、HLA-B、HLA-C等抗原分子（图7-1）。这三个位点是否匹配与移植器官长期存活有关。HLA-II类基因包括DR、DP、DQ等位点，其中HLA-DR与移植器官存活时间有密切关系。在肾移植中，组织相容性配型的重要性次序为：HLA-DR＞HLA-B＞HLA-A与HLA-C点，位点相同的数量越多越好。在器官移植中，除了HLA配型外，还需要检测ABO血型配型、补体依赖性淋巴细胞毒性试验（complement dependent cytotoxicity，CDC）、群体反应性抗体（panel reactive antibody，PRA）等指标。

器官移植ABO血型配型要遵循输血原则，最好同血型的器官进行移植，如果ABO血型不符，容易出现程度不同的排斥反应，应避免进行移植手术。

补体依赖性淋巴细胞毒性试验，又称为交叉配型或交叉细胞毒试验，是检测受体血液中是否存在抗供体淋巴细胞HLA的特异性抗体，即将受体血清与供体的淋巴细胞混合，在补体的作用下，观察是否出现细胞裂解死亡现象。如果供体的淋巴细胞被杀死，则判断反应为阳性，说明受体血清中有针对供体淋巴细胞 HLA 的抗体，淋巴细胞的死亡率代表抗体强度。如果交叉细胞毒反应呈阳性，移植后会出现急性排斥反应，导致移植失败。

群体反应性抗体检测用来判断受体是否处于高敏感免疫状态，以此预测对移植器官的 HLA 抗原的接受程度。PRA≤10％为不敏感；PRA 为 11％～50％为中度敏感；PRA＞50％为高度敏感；PRA＞80％为超级敏感。如果群体反应性抗体检测结果为中度敏感以上，在临床上易出现急性排斥反应，尤其是超级敏感在移植上属于禁忌。

器官移植一般程序是等待移植的受体首先进行 HLA 分型，数据输入数据库。有供体时，再对供体的 HLA 进行分型，然后将数据与供体数据库资料进行人工或计算机软件配型，筛选出匹配的供、受体进行移植手术。

第四节　抗原加工与递呈

T 细胞通过 TCR 识别 MHC 和抗原肽复合物，将抗原蛋白降解为能与 MHC 结合并形成复合物的肽段过程，称为抗原加工（antigen processing）。将抗原肽-MHC 复合物运输到细胞膜表面展示的过程，称为抗原递呈（antigen presentation）。

一、内源性抗原递呈

内源性抗原（endogenous antigens）指在细胞内产生和加工（在蛋白酶体，proteasome）的抗原，包括正常细胞产生的蛋白、肿瘤蛋白、病毒或细菌在感染细胞内产生的蛋白等。内源性抗原递呈途径又称为细胞浆途径（cytosolic pathway），其递呈的抗原一定是在细胞浆内，胞内抗原经泛素化后，通过蛋白酶体加工处理，降解为 8～11 个氨基酸的抗原肽，通过转运蛋白（transporter associated with antigen processing，TAP）进入内质网与 MHC-Ⅰ类分子结合组成 MHC-Ⅰ-抗原肽复合物，展示于细胞膜表面（图 7-7），提供给 CD8$^+$ T 细胞识别。

二、外源性抗原递呈

外源性抗原（exogenous antigen）是由吞噬（phagocytosis）或内吞（endocytosis）途径摄入并经内吞途径加工的抗原。经细胞吞噬的抗原在内噬体中降解成 13～18 个氨基酸短肽，与分泌泡中的 MHC-Ⅱ类分子结合成复合物，展示于细胞表面，供 CD4T 细胞识别（图 7-7）。外源性抗原始终有质膜包裹

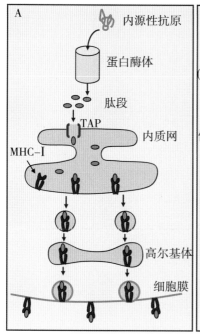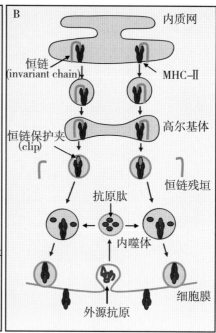

图 7-7　内源性抗原和外源性抗原递呈示意图

A. 内源性抗原递呈途径；B. 外源性抗原递呈途经。MHC-Ⅱ类分子在内质网中与恒链（invariant chain）结合，抗原结合槽部分得以保护，当分泌泡与内噬体融合后，抗原短肽取代恒链的保护夹进入抗原结合槽，分泌泡与细胞膜融合使 MHC-Ⅱ-抗原肽复合物展示于细胞膜表面，完成递呈过程。

着，因此不能进入胞浆内，但如果由于某种因素使抗原物质进入胞浆内，则会通过内源性抗原递呈途径展示抗原。

三、交叉抗原递呈

某些抗原或抗原在某些佐剂的作用下能从内噬体进入细胞浆，通过内源性抗原递呈途径展示抗原。这种外源性抗原通过胞浆内加工并与 MHC-Ⅰ类分子结合进行抗原展示的过程，称为交叉抗原递呈（图 7-8）。

四、CD1 分子与脂类抗原递呈

CD1 分子与 MHC-Ⅰ类分子具有相似的结构，专职递呈脂类或糖脂类抗原，这类抗原由 NKT 或 γδT 细胞受体（TCR）识别，CD1 分子有不同的亚类，CD1a、CD1b、CD1c、CD1d 分子等，分别负责递呈的结核分支杆菌细胞壁抗原、神经节苷脂，以及某些磷脂、人工合成的糖脂（α-galactosylceramide，α-GalCer）等。

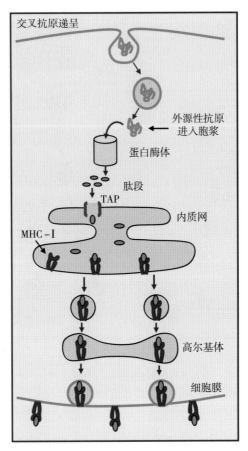

图 7-8　交叉抗原递呈示意图

五、抗原递呈细胞分类

　　由于有核细胞都表达 MHC-Ⅰ类分子，所以都可以递呈内源性抗原。那么有些细胞不仅表达 MHC-Ⅰ类分子和 MHC-Ⅱ类分子，还表达共刺激分子 B7，这些细胞称为专职抗原递呈细胞（professional APC），包括 B 细胞、树突状细胞和巨噬细胞等。还有些细胞除了表达 MHC-Ⅰ类分子外，还在某些时候短暂表达 MHC-Ⅱ类分子和共刺激分子 B7，这类细胞称为非专职抗原递呈细胞，包括皮肤的成纤维细胞、脑组织的小胶质细胞、胰腺的 β 细胞、胸腺上皮细胞、甲状腺上皮细胞、血管内皮细胞等。

　　虽然树突状细胞、巨噬细胞和 B 细胞都属于专职抗原递呈细胞，但其各有特点。如树突状细胞是最有效的抗原递呈细胞，这类细胞在正常状态下表达高水平的 MHC-Ⅱ类分子和共刺激分子 B7，所以能活化初始 CD4 T 细胞 (naïve Th cell)；巨噬细胞在吞噬了抗原后才表达 MHC-Ⅱ类分子和共刺激分子 B7；B 细胞虽然在正常状态下表达 MHC-Ⅱ类分子，但必须在活化的情况下才表达共刺激分子 B7。

第五节　MHC 与进化

根据 MHC 分子单元遗传和多态性，可以进行生物进化分析。MHC 基因序列分析表明，目前发现较早出现 MHC 分子的生物是海胆，距今大约有 700 万年的历史。灵长类 MHC 出现的时间大约为 5 万年前（图 7-9）。

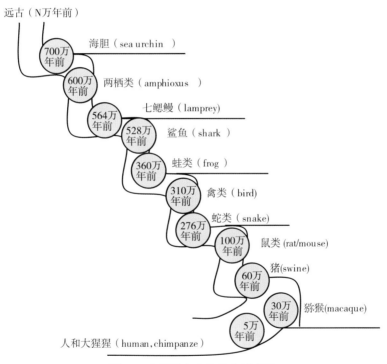

图 7-9　MHC 与生物进化示意图

第六节　MHC 与抗原递呈重要试验发现

一、组织器官移植排斥试验

纯系小鼠皮肤移植试验见图 7-10。

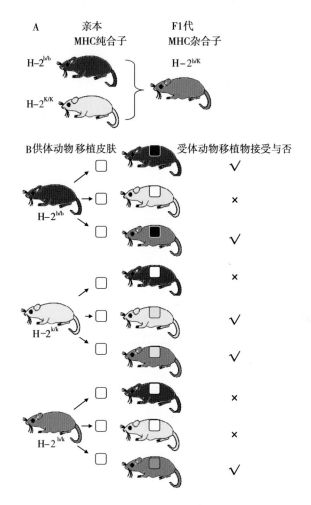

图 7-10　纯系小鼠皮肤移植试验示意图

A. 小鼠亲本 H-2^{b/b} 和 H-2^{k/k} 纯合子杂交后产生 F1 代杂合子 H-2^{b/k}；B. 由于 MHC 为共显性遗传，所以 F1 代既表达 H-2^b，又表达 H-2^k，因此可以接受来自双亲的移植器官，但双亲不能接受 F1 提供的任何器官，因为供体器官中有一半的非己基因表达。

二、小鼠 B 品系通过遗传选育获得 A 品系遗传背景但保留H-2^{k/k}纯系特点试验

该试验利用不同品系小鼠皮肤移植排斥的原理进行遗传选育（图 7-11）。

三、试验发现 T 细胞活化需要抗原加工和递呈

早在 1959 年，免疫学家就意识到 T、B 细胞识别抗原的机制可能不同，但那时人们一直坚信免疫系统只识别完整的天然结构抗原分子，所以当

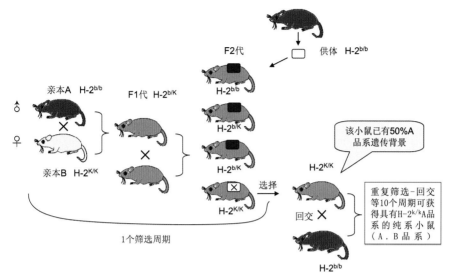

图 7-11　B 品系小鼠保留 H-2$^{k/k}$纯合子并获得 A 品系遗传背景示意图

　　在 F2 代中淘汰能接受 A 纯系小鼠皮肤移植的小鼠,挑选 F2 代中对 A 纯系小鼠皮肤移植排斥的小鼠与 A 纯系小鼠回交,回交 F2 代选择排斥 A 纯系小鼠皮肤移植的小鼠,即 A.B 品系 (StrainA.B),具有 A 纯系小鼠的遗传背景同时也是 H-2$^{k/k}$纯合子。

　　P. G. H. Genll 和 B. Benacerraf 在试验中发现:抗原无论是否变性都能引起再次细胞免疫应答,而变性的抗原不能引起再次抗体免疫应答,抗原分子只有保持天然结构才能引起动物产生再次抗体免疫应答。人们对这一发现仅仅当成了一个有趣的现象,没有给予高度重视,完全被学术界忽视了,而直到 1980 年后人们才认识到它的重要性。

　　当时人们认为 T、B 细胞识别抗原的机制是相似的,都识别天然抗原结构,但 K. Ziegler 和 E. R. Unanue 在试验中发现,如果将 APC 事先用多聚甲醛灭活,抗原就不能活化 CD4T 细胞,但如果将抗原与 APC 混合 1h 后再将 APC 灭活,CD4T 细胞就能被活化(图 7-12A、B)。该结果证实 APC 在加工抗原活化 CD4T 细胞时是必需的。随后 R. P. Shimonkevitz 在试验中证实,用抗原短肽可以直接装载到 APC 上而不需要吞噬加工过程(图 7-12C)。

四、试验发现抗原加工与递呈有两个途径

　　L. A. Morrison 和 T. J. Braciale 在研究中发现,识别 MHC-Ⅰ-HA 的特异性 CTL 只杀伤流感病毒感染的靶细胞;而识别 MHC-Ⅱ-HA 特异性 CTL 既可以识别和杀伤流感病毒感染的靶细胞,也可以杀伤用灭活流感病毒处理的靶细胞。如果在流感病毒感染的靶细胞培养物中加入吐根碱(emetine),抑制病毒蛋白合成,靶细胞可被 MHC-Ⅱ-HA 特异性 CTL 识别和杀伤,而不被

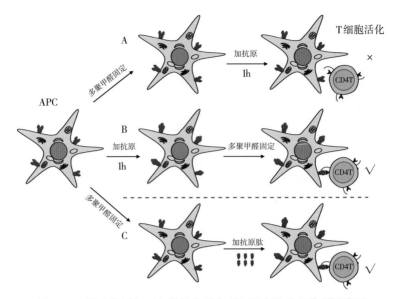

图 7-12　APC 抗原加工和递呈在活化 CD4T 细胞中的作用示意图

A. 多聚甲醛固定的 APC 失去了抗原加工和递呈功能，CD4T 细胞不能被活化；B. 抗原加入 APC 培养液后，1h 内经 APC 吞噬降解成短肽展示于细胞表面，多聚甲醛固定后 MHC 展示的抗原仍然可以活化 CD4T；C. 抗原肽可以直接装载于 APC MHC-Ⅱ类分子上，形成复合物活化 CD4T 细胞。

MHC-Ⅰ-HA 的特异性 CTL 杀伤；如果在流感病毒感染的靶细胞培养物中加入氯奎（chloroquine），阻断内噬体途径抗原递呈，靶细胞可被 MHC-Ⅰ-HA 特异性 CTL 识别和杀伤，而不被 MHC-Ⅱ-HA 的特异性 CTL 杀伤。该试验结果证实，内源性抗原和外源性抗原的加工递呈途径是完全不同的。

思考题

1. 绘制 MHC-Ⅰ/Ⅱ类分子的模式图。

2. 什么是抗原加工与递呈？

3. 什么是交叉抗原递呈？

4. 内源性抗原与外源性抗原的概念是什么？其抗原递呈的特点是什么？

5. 李斯特杆菌、布鲁氏菌及沙门氏菌主要通过哪种途径进行抗原递呈？而大肠杆菌、葡萄球菌及链球菌的抗原递呈途径是什么？

6. 如何理解新城疫病毒及禽流感病毒感染后产生免疫应答的过程？

参考文献

钱叶勇，袁铭．2012. 肾移植实用全书［M］．北京：人民军医出版社．

Abi Rached L. ，McDermott M. F. ，Pontarotti P. 1999 . The MHC big bang ［J］ . Immunol Rev，167：33-44.

Alfonso C. ，Karlsson L. 2000. Nonclassical MHC class II molecules ［J］ . Annu Rev Immunol，18：113-142.

Chardon P. ，Renard C. ，Vaiman M. 1999 . The major histocompatibility complex in swine ［J］ . Immunol Rev，167：179-192.

Goldsby R. A. ，Kindt T. J. ，Osborne B. A. 2007. Kuby Immunology ［M］ . 6th ed. New York：WH Freeman and Company.

Kulski J. K. ，Shiina T. ，Anzai T. ，et al. 2002. Comparative genomic analysis of the MHC：the evolution of class I duplication blocks，diversity and complexity from shark to man ［J］. Immunol Rev，190：95-122.

Lunney J. K. ，Ho C. S. ，Wysocki M. ，et al. 2009. Molecular genetics of the swine major histocompatibility complex，the SLA complex ［J］ . Dev Comp Immunol，33（3）：362-374.

Porto I. ，Leone A. M. ，Crea F. ，et al. 2005. Inflammation，genetics，and ischemic heart disease：focus on the major histocompatibility complex（MHC）genes ［J］ . Cytokine，29（5）：187-196.

Rhodes D. A. ，Trowsdale J. 1999. Genetics and molecular genetics of the MHC ［J］ . Rev Immunogenet，1（1）：21-31.

Rich T. ，Stephens R. ，Trowsdale J. 1999. MHC linked genes associated with apoptosis/programmed cell death ［J］ . Biochem Soc Trans，27（6）：781-785.

>>> 阅读心得 <<<

第八章　适应性免疫与免疫防治

概述：适应性免疫（adaptive immunity）是免疫系统在抗原刺激下产生特异性抗体及免疫效应细胞的过程。在这一过程中，机体免疫系统呈现出特异性免疫识别和免疫记忆的特征。参与这一过程的有 T 细胞、B 细胞、抗原递呈细胞，以及各类细胞因子等。免疫防治是利用免疫学方法对某种疫病采取的预防或治疗性措施（如疫苗接种或使用免疫制剂）。

第一节　适应性免疫应答

适应性免疫应答是免疫系统在抗原物质（如疫苗）的刺激下，产生的一系列免疫反应，包括抗原识别、抗原加工与递呈，T、B 淋巴细胞的活化，细胞因子、抗体与效应性 T 细胞的产生，以及抗原清除等过程。机体的适应性免疫应答包括细胞免疫应答和体液免疫应答两个方面。动物机体通过免疫应答建立对某种病原的抵抗力，疫苗接种就是使动物产生免疫应答，建立免疫力，以抵抗病原微生物感染，达到免疫防治的目的。

高等生物既具有先天性免疫又具有适应性免疫，而低等生物仅具有先天性免疫，高等生物所拥有的适应性免疫是"物竞天择、适者生存"的进化结果。因此，适应性免疫更加高效和特异。适应性免疫根据抗原的性质不同表现出免疫应答的侧重点不同，如针对胞内寄生病原（病毒、胞内寄生菌）以细胞免疫应答为主，而针对胞外抗原主要以体液免疫为主，细胞免疫与体液免疫常常处于平衡状态，就像跷跷板，相互调节，一个方面高另一方面必然较低（图 8-1）。

一、体液免疫

体液免疫是 B 细胞通过 BCR 受体识别抗原、活化、增殖并分化为浆细胞产生抗体，以及通过抗体清除抗原的整个生理反应过程。由于清除抗原的主要媒介物质是抗体，所以体液免疫又称为抗体免疫。该过程的首要问题是 B 细胞识别抗原和活化（即克隆选择，详细内容参见第五章）。

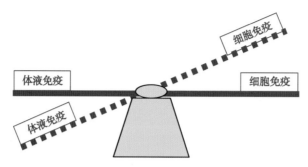

图 8-1　体液免疫与细胞免疫之间的平衡关系

（一）初次免疫应答

初次免疫应答（primary immune response）指抗原首次进入机体刺激免疫系统引起的免疫应答。初次免疫应答包括抗原识别、抗原递呈、特异性淋巴细胞活化（克隆选择和扩增）、抗原清除等阶段，因此需要一定的潜伏期，接触抗原后 3～4 天血液中可检测到 IgM，发生抗体型别转换（class switching），开始产生 IgG，抗体总浓度逐渐升高，抗原逐渐被清除。抗原被清除后，产生抗体的浆细胞进入凋亡阶段，血液中抗体的浓度随时间延长逐渐下降，最终接近于正常水平，形成的记忆细胞在体内持久存在。

（二）再次免疫应答

当经过初次免疫应答的动物再次受到相同抗原刺激时，会产生异常强烈而持久的免疫应答，这一过程称为再次免疫应答（secondary immune response），又称回忆应答（anamnestic response）（图 8-2）。由于初次免疫应答后，动物体内含有一定数量的记忆细胞，因此当同种抗原再次进入机体后会立即被记忆细胞识别、增殖产生抗体，诱导潜伏期短，血液中抗体浓度上升快，抗体高峰持续时间长，主要的抗体类型为 IgG。

二、细胞免疫

细胞免疫（cellular immunity）是 T 淋巴细胞识别 MHC-抗原复合物后活化、增殖、分化为效应性 T 淋巴细胞并执行杀伤靶细胞的生理反应过程，又称为细胞介导的免疫应答（cell-mediated immune response），主要是由 CD4T 和 CD8T 参与和执行。

当内源性抗原（如病毒或胞内寄生菌）通过 MHC-Ⅰ类分子展示于细胞表面后，被 CD8T 细胞受体（TCR）识别，在共刺激因子作用下 CD8T

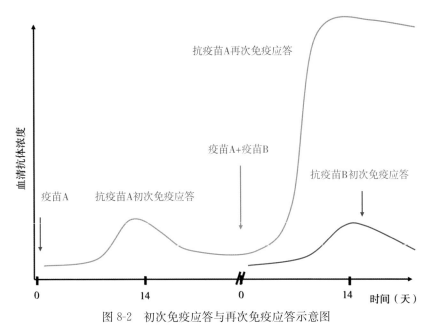

图 8-2 初次免疫应答与再次免疫应答示意图

抗原刺激机体（如疫苗 A 接种）引起初次免疫应答，待机体清除抗原恢复状态后，如果以联苗（疫苗 A＋疫苗 B）接种动物，动物对疫苗 A 产生再次免疫应答（回忆应答），而对疫苗 B 仍然产生初次免疫应答。

细胞活化（图 8-3）、增殖产生细胞毒 T 细胞（CTL），CTL 具有强大杀伤靶细胞的能力。CTL 通过杀伤介质（perforin，granzyme、FasL、TRAIL、TNF、IFN-γ等）杀伤靶细胞。活化 CD8T 细胞的起始信号是 TCR 识别 MHC-Ⅰ类分子递呈的抗原肽，同时其 CD28 分子作为共刺激分子与 APC 的 B7 结合形成共刺激信号，只有在这两种信号共同刺激下 CTL 才被彻底活化。活化的 CTL 进一步增殖并执行杀伤任务，然而 CTL 不能无限增殖下去，活化的 CTL 被诱导表达负调控共刺激因子 CTLA4，该分子被诱导表达后与 B7 结合的亲和力远远大于 CD28-B7 之间的亲和力，因此 CTLA4-B7结合形成的负调控信号起到"闸"的作用，使 CTL 增殖停止，防止发生免疫损伤。

CTL 杀伤靶细胞具有 MHC 限制性，即 CTL 只杀伤自身 MHC 递呈抗原的靶细胞（参见第四章）。由于抗体只能直接结合体液中的抗原（起中和、调理、ADCC 作用等），不能通过细胞膜进入细胞内杀伤病原，因此细胞免疫对清除病毒和胞内寄生菌十分重要。CTL 通过杀伤靶细胞破坏胞内病原赖以生存的环境，在抗体和吞噬细胞的配合下将病原彻底清除。CD4T 细胞的活化与 CD8T 细胞相似（参见第四章）。

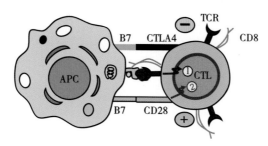

图 8-3　CD8T 细胞活化示意图

CD8T 细胞通过 TCR 识别 MHC-Ⅰ类分子递呈的抗原肽获得活化的第一信号，在共刺激因子 CD28-B7 作用下形成第二信号，两种信号共同作用使 CD8T 细胞彻底活化。活化的 CTL 被诱导表达 CTLA4，B7-CTLA4 相互作用形成负调控信号起到控制 CTL 的作用。

第二节　病原感染与群体免疫力

一、感染的概念

微生物侵入动物机体后，引起动物机体产生一系列病理反应的过程称为感染。若有临床症状，则称为感染性疾病；若有传染性，则称为传染病。如果动物没有出现临床症状，则为隐性感染。

二、感染与后果

目前发现具有传染性的各类生物体的种类超过3 000万种，包括细菌、病毒、圆虫（如球虫）、节肢动物、蠕虫等。然而我们在日常生活中并未感到有如此多的传染病发生，原因之一是很多病原侵入机体后没有对动物群体构成生命威胁，动物处于亚临床感染状态，很快被免疫系统清除，动物获得免疫力。如果免疫系统不能清除病原，该动物很有可能成为带毒动物（图 8-4），然而如果动物在免疫力低下或受抑制的情况下，很可能会出现临床症状，出现新的疫情。病原感染后如果出现临床症状，动物依靠免疫系统清除病原后动物得以康复，并获得对同种病原的抗感染免疫力；如果免疫系统不能清除病原，动物就会死亡，即便活着也成为病原携带者，不断向环境排毒。

三、免疫力与疾病间的关系

免疫力是动物机体对病原微生物的抵抗力，动物种系在长期的进化中形成了天然防御能力，由于个体动物受到外界因素（病原体及其产物）的影响，从而获得了对某些疾病的特异性抵抗力。群体免疫力是指某一畜群对某种疫病的抵抗力，决定了某种疾病在动物中是否暴发和流行（图 8-5）。

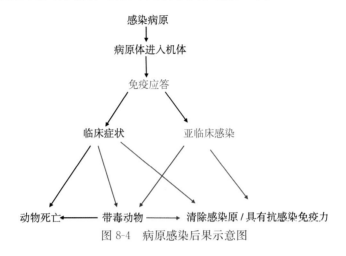

图 8-4　病原感染后果示意图

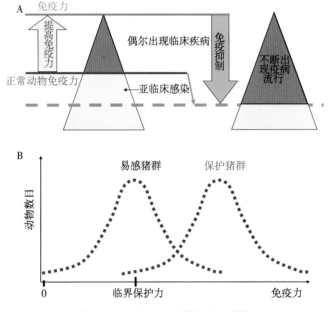

图 8-5　免疫力与疾病关系示意图

A. 正常情况下动物的抗病力呈正态分布，总有少部分动物抗病力较低。如果有病原传入，抗病力弱的动物就很容易发病。可通过免疫接种提高畜群特异性免疫力，如果多数动物具有特异性免疫力，则动物群体保持稳定。但如果畜群出现免疫抑制，就会导致免疫系统功能下降，使动物对更多的病原易感，畜群不断有疫病流行。B. 针对某种强毒病原，易感动物群体保护力较低，易发生疾病流行，当通过疫苗接种提高免疫力后，大多数动物都获得特异性免疫力，仅有极少数个别动物的抗病力低于临界保护力，即使个别动物发病也不会出现大规模疫病流行。

虽然提高动物免疫力对防控动物疫病有利，但试验证明动物处于高免疫状态时生产性能不会得到充分发挥（图8-6），因此适当控制环境病原是疫病防控的根本（图8-7）。

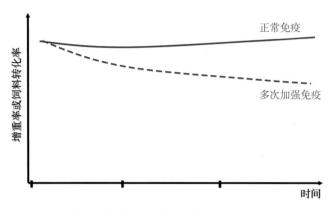

图 8-6 加强免疫与猪饲料转化率和增重关系示意图

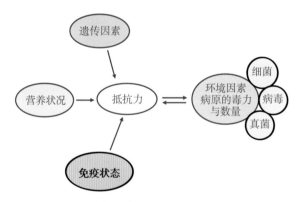

图 8-7 动物抗病力与各种因素间的关系

动物的遗传、营养和免疫状态直接影响机体对疫病的抵抗力，然而环境中的病原（细菌、病毒、真菌等）毒力和数量与动物抵抗力相互斗争，时刻威胁着动物健康，因此有效控制环境中的病原是疫病防控的根本。

第三节 疫苗与免疫防控

一、免疫类型

动物免疫分为主动免疫和被动免疫，被动免疫是给动物注射抗体（如抗血清、卵黄抗体等），主动免疫是给动物接种疫苗或使其自然感染。疫苗接种是防控动物疫病的重要手段之一，可提高动物对疫病的特异性抵抗力。

二、疫苗种类

疫苗种类较多，主要有弱毒活疫苗、灭活疫苗、基因工程疫苗、合成肽疫苗、类毒素、DNA 疫苗等。

1. 弱毒活疫苗　该类疫苗是强毒株病原通过人工致弱而制成的，或从动物中分离到的自然弱毒毒株（菌株）。弱毒疫苗株保持了强毒病原的主要抗原特性，致病力较低。接种弱毒疫苗可使动物获得较强的特异性抵抗力。如兔化猪瘟弱毒疫苗、炭疽弱毒芽孢疫苗、新城疫弱毒疫苗、法氏囊弱毒疫苗等。

2. 灭活疫苗　主要是由强毒株病原经灭活剂灭活后制备的疫苗，疫苗中常常加入佐剂以提高免疫效果。如禽流感灭活疫苗、新城疫灭活疫苗、猪繁殖与呼吸综合征灭活疫苗等。

3. 基因工程疫苗　包括基因重组疫苗和基因缺失疫苗。基因重组疫苗是用基因工程技术将病原保护性基因片段插入活载体而制成的基因重组活载体疫苗，如痘病毒活载体疫苗。基因缺失疫苗是将病原的毒力基因敲除，使其致病力降低而制成的疫苗，如猪伪狂犬基因缺失疫苗。近几年，通过反向遗传操作技术对病毒拯救制备成弱毒疫苗，其特点是通过分子生物学技术可对病毒进行最大限度的改造，目前该类疫苗还停留在研究层面上，没有商品化应用。

4. 合成肽疫苗　是通过人工化学合成或利用分子生物学技术制备的保护性抗原肽，并与适当的佐剂混合后制备成的疫苗，如口蹄疫多肽疫苗。

5. 类毒素　是将病原代谢产生的外毒素经甲醛灭活后加入适当的佐剂而制备的疫苗，如破伤风类毒素疫苗。

6. DNA 疫苗　是将病原保护性基因片段插入真核表达载体后制备的疫苗。通常情况下，该类疫苗与相应的蛋白疫苗交替使用才能取得较好的免疫效果。

三、多价苗和联苗

如果一种病原有多个血清型（如大肠杆菌、猪链球菌等），将多个血清型的疫苗株混在一起制备的疫苗称为多价苗。动物接种多价苗可预防多个血清型病原的攻击。联苗是指将多种病原疫苗株混合制备的疫苗。接种联苗可同时预防多种疾病，如新城疫＋传染性支气管炎＋传染性法氏囊病（新支法）三联疫苗、新城疫＋传染性支气管炎＋减蛋综合征（新支减）三联苗等。

四、免疫途径

常见的免疫途径分为以下四种。

1. 注射　包括肌肉、皮下、皮内、胸内、腹腔、静脉注射等。

2. 口服　主要通过饮水途径接种。

3. 气溶胶　主要通过喷雾，形成雾滴使动物吸入接种。

4. 滴鼻、点眼

五、免疫程序

免疫程序是根据动物发病年龄、疫苗种类等制订的接种计划，包括接种时间、接种剂量、接种途径、接种次数等（参见附录五）。

六、免疫效果监测

疫苗接种后通过特异性抗体监测评价免疫效果，常用的血清抗体检测技术主要有血凝抑制（HI）试验、琼脂扩散试验、间接血凝（IHA）试验、ELISA 等。细胞免疫监测技术主要有固相酶联免疫斑点技术（ELISPOT）和流式细胞术（原理部分参见第六章）。

七、免疫失败的因素

动物接种疫苗后，通过监测发现没有产生保护性免疫力的现象称为免疫失败。造成免疫失败的原因可能与下列因素有关。

（一）疫苗质量

疫苗在生产和运输中是否达到质控标准，尤其是活疫苗在使用之前是否保证有足够的活力，疫苗活力对免疫效果影响较大。

（二）疫苗血清型

对多血清型病原，如口蹄疫病毒等，疫苗毒株要跟地方流行毒株血清型一致，否则会造成免疫失败，因为口蹄疫病毒型别之间不能形成交叉保护。

（三）免疫时间太迟

根据发病日龄选择接种时间，如果接种时间太迟，晚于野毒感染时间，则会造成免疫失败。

（四）动物不产生免疫应答

1. 免疫抑制　如果动物感染某些引起免疫抑制的病原（如 PRRSV、HCV、IBDV、ALV 等），免疫系统功能受到破坏，不能对抗原产生正常的免疫应答，则会造成疫苗免疫失败。

2. 免疫耐受　如果动物一次性接受大量的抗原或极少量的抗原，往往造成宿主不应答现象，这种现象称为免疫耐受。因此，如果疫苗使用剂量过大，则会出现免疫失败。

3. 遗传因素 某些动物存在先天性免疫缺陷，对疫苗接种不能形成很好的免疫应答，这是由遗传因素决定的。

4. 血清抗体的影响（母源抗体或免疫血清） 初生动物通过初乳或卵黄获得母源抗体，随着时间的延长母源抗体逐渐消失，动物需要接种疫苗获得主动免疫（图 8-8）。如果接种疫苗过早，母源抗体会严重影响免疫效果，甚至造成免疫失败。因此，在制订免疫程序时应考虑母源抗体的干扰问题。

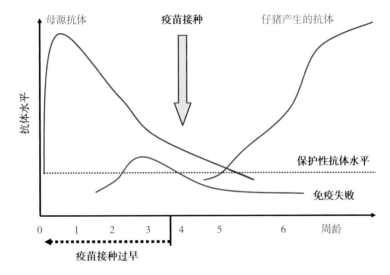

图 8-8 母源抗体对疫苗免疫效果的影响示意图

　　动物在出生 1 周内母源抗体在血液中的浓度达到高峰，随着日龄的增加，动物肠道逐渐发育完善，大分子抗体不能直接吸收进入血液，因此血液中的母源抗体浓度逐渐下降，最终消失。如果过早接种疫苗，母源抗体会中和疫苗毒，使免疫失败。仔猪在 3.5～4 周龄适时免疫可获得较好的免疫效果。

八、免疫剂量与免疫效果的关系

在通常情况下，免疫剂量是通过严格的试验得到的，使用一个头份免疫剂量的疫苗按规定免疫程序接种动物，可抵御 10 个致死剂量强毒的攻击。然而在生产实践中通常出现接种疫苗后疫病仍然得不到控制的现象，于是有些养殖户往往怀疑疫苗质量出了问题，通过采取不断增加疫苗免疫剂量和免疫次数的方法解决问题，结果是虽然免疫监测表明动物血液中有高浓度的抗体，但动物仍然发病。那么抗体效价较高，动物为什么还发病？多大剂量、免疫多少次数为好？这些问题应从以下角度思考。

抗体虽然不能进入细胞，但能中和病毒阻止病毒感染靶细胞。病毒感染靶细胞是通过识别和结合靶细胞膜上特殊受体实现的，病毒与膜受体结合的亲和力是决定病毒能否成功感染的关键，抗体与病毒之间的结合是可逆性结合，因此抗体能否阻止病毒感染取决于抗体的中和能力（亲和力）（图8-9）。

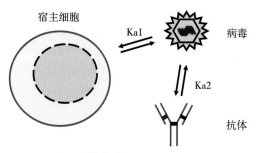

$Ka1 > Ka2$ 感染细胞

$Ka2 > Ka1$ 病毒中和，不感染细胞

图 8-9   抗体结合病毒阻断感染靶细胞示意图

病毒结合靶细胞受体的亲和力常数为 $Ka1$，抗体结合病毒的亲和力常数为 $Ka2$。如果 $Ka2 > Ka1$，抗体能有效中和病毒，阻止病毒感染靶细胞；如果 $Ka1 > Ka2$，即使抗体浓度较高，也不能阻止病毒感染细胞。

每个 B 细胞表面都有一定数量的抗原受体（300～10 000 个 BCR），同一个 B 细胞表面的所有 BCR 是完全相同的，但不同细胞的 BCR 是不同的，这就存在能识别同一种抗原但与抗原结合亲和力不同的 B 细胞，含有高亲和力 BCR 的 B 细胞活化后产生的抗体亲和力高（图8-10）。

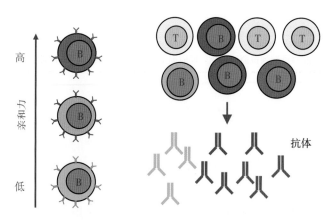

图 8-10   识别同种抗原但亲和力不同的 B 细胞模式示意图

体内有识别同种抗原的 B 细胞，但他们与抗原结合的亲和力有高低之分，具有高亲和力 BCR 的 B 细胞活化后产生的抗体亲和力也高。

具有高亲和力 BCR 的 B 细胞，识别和结合抗原能力强，低浓度的抗原就能使其活化，产生的抗体也是高亲和力抗体，这类抗体具有中和能力强的特点。而低亲和力 B 细胞需要较高浓度的抗原才能被活化，产生的抗体也是低亲和力抗体，这类抗体中和病原能力弱（图 8-11）。另外，如果抗原浓度过高，高亲和力 B 细胞与大量抗原分子同时结合，会出现免疫耐受（不应答）现象；但低亲和力的 B 细胞却能被活化产生抗体，进行抗体检测时往往测到浓度很高的这类抗体，由于亲和力低，所以不能阻断病毒感染细胞（图 8-9），出现抗体水平很高，但畜群仍然发病的现象。

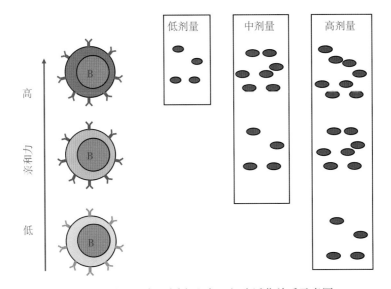

图 8-11 抗原量与不同亲和力 B 细胞活化关系示意图

三种细胞都能识别同一种抗原，但其 BCR 识别抗原的亲和力不同。BCR 与抗原的结合是竞争性结合，低剂量抗原由高亲和力 B 细胞识别，但随着抗原量的加大，低亲和力 B 细胞也能够接触到抗原被活化，同时高剂量抗原使高亲和力 B 细胞处于耐受状态。因此，高剂量抗原活化低亲和力 B 细胞，产生的抗体亲和力也低，中和病原能力弱。

根据克隆选择理论，抗原在一定范围内浓度越低，活化 B 细胞产生抗体的亲和力越高，这也是低剂量长程免疫制备高亲和力单克隆抗体的理论依据。虽然通过疫苗接种可使动物获得免疫力，但能抵御病原感染的能力也是有限的，在大量病原感染情况下仍然会发病，所以大剂量、多次加强免疫不一定能抵抗强毒病原的攻击。畜群的安全还取决于环境中的病原数量。因此，以生物安全措施控制环境、降低病原数量是疫病防控的前提，在此基础上实施疫苗接种才能获得理想的防控结果。在实际中只有坚持"良好的生长环境＋适当的免疫预防"的疫病防控原则，才能取得理想的疫病防控效果。

第四节　免疫佐剂与免疫增强剂

一、免疫佐剂

1. 免疫佐剂概念　那些与抗原混合免疫动物，能提高抗原免疫原性的物质称为免疫佐剂。一般在抗原性弱或抗原量较少时使用。

2. 免疫佐剂作用机制　有以下五个方面：①延长抗原在体内持续时间；②增强共刺激信号；③增强局部炎症反应；④非特异性刺激淋巴细胞增殖；⑤延长抗原递呈细胞（APC）的活性等。

3. 免疫佐剂种类　主要有以下几种。

（1）不溶性铝盐类佐剂　有氢氧化铝胶、明矾、磷酸三钙等。

（2）油水乳剂佐剂　油包水（water in oil，W/O）、水包油包水双相（water in oil in water，W/O/W）、弗氏完全佐剂和弗氏不完全佐剂等。

（3）微生物及代谢产物佐剂　某些杀死的细菌菌体、G⁻菌外膜脂多糖（LPS）、分支杆菌（胞壁酰二肽）、短小棒状杆菌、乳酸菌成分、G⁺菌的脂磷壁酸（LTA）、细菌的蛋白毒素（如霍乱毒素、破伤风毒素、百日咳杆菌毒素）等。

（4）核酸及类似物佐剂　核酸、CPGDNA 序列等。

（5）细胞因子佐剂　IL-1、IL-2、IFN-γ或其他细胞因子等。

（6）脂质体　脂质体是由单层或连续多层磷脂组成的脂质小囊，内含水相空间，既可作为抗原的载体，又可作为免疫佐剂。主要有复层脂质体、大单层脂质体、小单层脂质体等种类。

（7）免疫刺激复合物佐剂　免疫刺激复合物（ISCOM）是由两歧性抗原与皂苷（QuilA）和胆固醇按 1∶1∶1 的分子比混匀而成，是一种具有较高免疫学价值的新型抗原递呈系统，其作用机制包括：①能活化 TH、CTL 和 B 细胞；②免疫应答的持续时间长。

（8）蜂胶佐剂　蜂胶（propolis）是由蜜蜂采自植物幼芽分泌的树脂，混入蜜蜂上颚腺分泌物、蜂蜡、花粉，以及其他有机与无机物的一种天然物质，是养蜂业的一种副产品。

二、免疫增强剂

1. 免疫增强剂概念　单独给予能增强动物机体免疫力的物质统称为免疫增强剂。

免疫增强剂与佐剂的区别在于"独立给予"，而佐剂是与抗原混合使用。

2. 免疫增强剂种类　免疫增强剂主要有以下四大类。

（1）生物性免疫增强剂　转移因子、免疫核糖核酸、胸腺激素、干扰素、植物与中药多糖成分等。

（2）细胞性免疫增强剂　短小棒状杆菌、卡介苗、细菌脂多糖等。

（3）化学性免疫增强剂　左旋咪唑、吡喃、梯洛龙、多聚核苷酸等。

（4）营养性免疫增强剂　维生素、微量元素等。

 思考题

1. 免疫剂量与免疫效果的关系是什么？

2. 免疫佐剂的作用机制是什么？

3. 免疫增强剂的概念是什么？与佐剂有何区别？

参考文献

Barrow P. A. , Freitas Neto O. C. 2011 . Pullorum disease and fowl typhoid--new thoughts on old diseases: a review [J] . Avian Pathol, 40 (1): 1-13.

Butler J. E. , Sun J. , Wertz N. , et al. 2006. Antibody repertoire development in swine [J] . Dev Comp Immunol, 30 (1-2): 199-221.

Chae C. 2012. Commercial porcine circovirus type 2 vaccines: efficacy and clinical application [J] . Vet J. Nov, 194 (2): 151-157.

Chappell L. , Kaiser P. , Barrow P. , et al. 2009. The immunobiology of avian systemic salmonellosis [J] . Vet Immunol Immunopathol, 128 (1-3): 53-59.

Darwich L. , Mateu E. 2012. Immunology of porcine circovirus type 2 (PCV2) [J] . Virus Res, 164 (1-2): 61-67.

Dias da Silva W. , Tambourgi D. V. 2010. IgY: A promising antibody for use in immunodiagnostic and in immunotherapy [J] . Vet Immunol Immunopathol, 135 (3-4): 173-180.

Golde W. T. , de Los Santos T. , Robinson L. , et al. 2011. Evidence of activation and suppression during the early immune response to foot-and-mouth disease virus [J] . Transbound Emerg Dis, 58 (4): 283-290.

Goldsby RA, Kindt TJ and Osborne BA. 2003. Kuby Immunology [M] .5th ed. New York: WH Freeman and Company.

Horter D. C. , Yoon K. J. , Zimmerman J. J. 2003. A review of porcine tonsils in immunity and disease [J] . Anim Health Res Rev, 4 (2): 143-155.

Magnadottir B. 2010. Immunological control of fish diseases [J] . Mar Biotechnol (NY), 12 (4): 361-379.

Zheng S. J, Jiang J. , Shen H. , et al. 2004. Reduced apoptosis and listeriosis in TRAIL-null mice [J] . Journal of Immunology, 173: 5652-5658.

>>> 阅读心得 <<<

第九章　免疫调控

概述：免疫调控是免疫系统对免疫应答的调节和控制，以维持机体的自身稳定。免疫应答一旦启动就宛如加速行驶的列车，必须有制动措施使其平稳运行，最终才能平稳停靠。在免疫应答的整个过程中，免疫调控起着制动的作用，这一调控过程是通过免疫调节细胞实现的，因此免疫调控的主体是免疫调节细胞。免疫调节细胞通过对免疫应答的走向和程度进行调控，使免疫应答向细胞免疫或体液免疫发展，以及使其保持最适宜的生理反应状态，从而维护机体的生理平衡和稳定。然而，如果免疫调节失控，会造成机体出现异常强烈的免疫反应而导致免疫损伤，甚至休克死亡。因此，免疫调控在某种程度上决定了动物的生理状态和免疫耐受，尤其在适应性免疫应答中免疫调节起关键作用。

第一节　重要的免疫调节细胞

　　无论是先天性免疫还是适应性免疫应答，都是由多种细胞共同参与完成的。这些参与免疫应答的细胞大体上可分为免疫应答主导细胞（如先天性免疫应答的吞噬细胞，以及承担适应性免疫应答的 T、B 淋巴细胞）和辅助性免疫调节细胞。免疫调节细胞在免疫应答早期通过分泌细胞因子调控着免疫应答的走向和强度。如在病原感染早期的先天性免疫免疫应答中，吞噬细胞在 IFN-γ 的作用下进一步成熟，成熟的吞噬细胞获得强大的吞噬、杀灭和清除外来病原的能力，在这一过程中起重要作用的 IFN-γ 是由 NK 和 NKT 细胞分泌的，因而 NK 与 NKT 细胞在吞噬细胞发挥作用的过程中起重要的辅助作用。

　　根据在免疫应答中所起的作用，免疫调节细胞大致可分为两大类：①促进免疫应答的免疫调节细胞，如 NK 细胞、NKT 细胞、Th1CD4T 细胞、Th2CD4T 细胞，以及 Th17CD4T 细胞；②抑制免疫应答的免疫调节细胞，又称为调节性 T 细胞，这类细胞种类较多，既有 CD4T 细胞的某些亚群，也有 CD8T 或 CD4$^-$CD8$^-$ T 细胞的某些亚群。对免疫应答有促进作用的免疫调节细胞，主要是在树突状细胞活化后通过分泌特定的细胞因子（IL-4、IL-12、IL-6/TGF-β等）促使

CD4T 细胞进一步分化为 Th1、Th2 或 Th17 细胞，产生相应的细胞因子使免疫应答朝着不同的方向发展（图 9-1）。如 Th1 细胞因子（主要包括 IFN-γ 和 TNF）对活化巨噬细胞、促进细胞免疫应答、清除胞内寄生病原具有重要作用；而 Th2 细胞因子（主要包括 IL-4、IL-5 和 IL-13）对促进体液免疫应答，清除蠕虫感染具有重要作用。Th1 与 Th2 细胞因子相互调控，如 Th2 细胞因子（IL-4）抑制 Th1 免疫应答，促进 Th2 免疫应答；而 Th1 细胞因子（IFN-γ）或某些促进细胞免疫细胞因子（IL-12）则抑制 Th2 免疫应答。有些 CD4 细胞亚群在活化后既产生 Th1 细胞因子（IFN-γ）又产生 Th2 细胞因子（IL-4），在免疫学上将这类细胞归为 Th0 细胞。CD4T 细胞在 IL-6/TGF-β 作用下分化为 Th17T 细胞，分泌 IL-17，该细胞因子与活化中性粒细胞、引起局部炎症反应，以及清除病原有关。

调节性 T 细胞对免疫应答具有抑制作用，与免疫耐受、抑制免疫炎症反应、抑制自身免疫病，以及肿瘤免疫有关。对调节性 T 细胞的全面阐述是本章的重点内容。

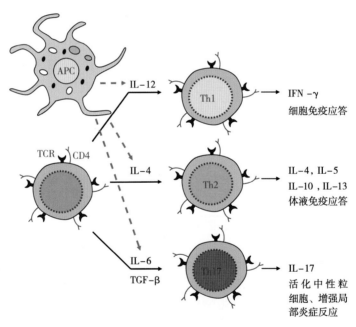

图 9-1　CD4T 细胞活化后在细胞因子作用下分化为不同的细胞亚群示意图

第二节　调节性 T 细胞

一、调节性 T 细胞概述

调节性 T 细胞是 T 细胞的特殊亚群，主要功能是抑制免疫应答，包括免疫耐受、抑制免疫炎症反应、抑制自身免疫病以及肿瘤免疫等。Treg 作用的靶细胞包括效应 T 细胞 Teff（effector T cells）、B 细胞、CD4$^+$T 细胞、NK 细胞，以及树突状细胞（DCs）等，通过对靶细胞的抑制，达到调控免疫应答的目的。因此，Treg 是调控免疫应答的重要细胞。

（一）Treg 的发现与分类

100 多年前，自从 Beredka 发现豚鼠对食物中的抗原具有免疫耐受性，人们对免疫耐受的机制始终进行着不断的探索。20 世纪 70 年代人们首次提出 CD8$^+$T 细胞具有抑制其他免疫细胞的作用。此后，CD8$^+$T 细胞的免疫抑制作用，以及与免疫耐受的关系成为研究的热点。然而，由于缺少有效的试验方法和技术，以及没有实质性的研究进展，人们对 CD8$^+$T 细胞免疫抑制的研究逐渐失去了兴趣。80 年代，随着器官和组织移植技术的发展，人们对免疫耐受的研究越加关注。80 年代末期，人们发现有两类细胞具有免疫抑制作用：一类是能产生 IL-10 的 CD4$^+$T 细胞亚群，对免疫应答起抑制作用，将其命名为 Tr1（type I regulatory T cell）；另一类是不表达 CD4 和 CD8 的 T 细胞，称为 DNT 细胞，也具有免疫抑制作用。1995 年，免疫学家发现 CD4$^+$T 细胞中有一群细胞大量表达 IL-2 受体α链，IL-2 受体α链在 CD 抗原分类上称为 CD25。研究发现 CD4$^+$CD25$^+$T 细胞具有免疫抑制功能，简称为 Treg。该类细胞在维持自身免疫耐受机制中起重要作用，如果自身免疫耐受机制被打破，机体会出现多种自身免疫病。虽然 CD4$^+$CD25$^+$T 细胞具有免疫抑制特征，但属于 CD4$^+$T 细胞中的一个亚群，与人们的想象和期待不符，因此该发现并未引起足够的重视。当时人们普遍认为 T 细胞至少应该有三个亚群，即效应性 T 细胞、辅助性 T 细胞和抑制性 T 细胞。效应性 T 细胞，简称 Teff，又称为细胞毒 T（CTL）细胞，该细胞主要的表面标志是 CD8$^+$，执行杀伤靶细胞的作用；辅助性 T 细胞，简称 Th，其表面标志是 CD4$^+$，主要作用是辅助和促进免疫应答；抑制性 T 细胞，简称 Ts，对免疫应答起抑制和调控作用。CTL 与 Th 细胞都有明确的特征性表面标志，然而，人们怀着极大的热情进行了二三十年的深入研究，仍然没有发现想象中的 Ts 细胞亚群，最终不得不放弃 T 细胞有 Ts 细胞亚群的设想。

既然没有发现 Ts 细胞亚群，那么执行免疫抑制和调节作用的又是哪些细胞？目前已报道的具有免疫抑制和调节作用的细胞主要有两大类：①在胸腺中自然发育和成熟的 Treg（natural Treg，简称 nTreg）；②由外周环境因素（如抗原刺激、炎症反应等）诱导形成的 Treg（induced/adaptive Treg，简称 iTreg）。

重要的 Treg 细胞亚群主要包括：

（1）Foxp3$^+$Treg 该类细胞的特征是 CD4$^+$CD25$^+$，并表达转录调控因

子 Foxp3 (Forkhead box P3)，根据来源不同 Foxp3$^+$ Treg 又分为 nTreg 和 iTreg。

（2）DNTreg（CD4$^-$ CD8$^-$ Treg）   该类型的 Treg 特征是表达 αβTCR，但不表达 CD4、CD8，也不表达 NK 细胞表面标志，该细胞不表达 Foxp3。

（3）Tr1（Type I Treg）   该类型的 Treg 以产生 IL-10 为特征，其功能不依赖于 Foxp3 的表达。

（4）Th3（Type 3 helper T cell）   该类型的 Treg 属于 CD4$^+$ T 细胞，以产生 TGF-β 为特征。

（5）CD8$^+$ Treg   该类 Treg 没有严格统一的表面标志，但据报道有些标志可以用来识别，如 Qa-1 限制性 CD8$^+$、CD8$^+$CD28$^-$、CD8$^+$CD122$^+$（CD122 是 IL-2 受体的 β 链）、CD8$^+$ CD103$^+$、CD8$^+$ CD25$^+$、CD8$^+$ CD45RO$^+$、CD8$^+$ CD11c$^+$、CD8$^+$LAP$^+$ 等。CD8$^+$ Treg 的识别标志较多，目前还没有办法统一起来，究竟是 CD8$^+$ Treg 有如此多样的细胞亚群，还是只是某个细胞亚群在不同阶段的不同表现，还有待于深入研究。由于 CD8$^+$ CD28$^-$ Treg 也表达 FoxP3、GITR、CTLA-4、CD25、CD103、CD62L，以及 4-1BB，其表型与 CD4$^+$ CD25$^+$ Foxp3$^+$ Treg 十分相似，因此有些文献称之为 Ts 细胞。

虽然具有免疫抑制作用的细胞类型较多，但目前研究最清楚的是 CD4$^+$ D25$^+$Foxp3$^+$ Treg、DNTreg、Tr1，以及 Th3 细胞亚群（图 9-2），这四类细胞也是本章介绍的重点。

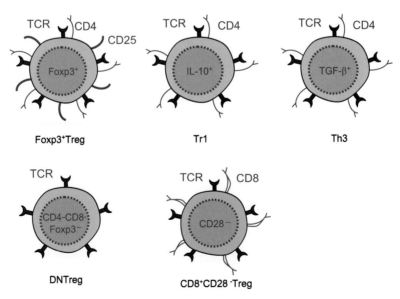

图 9-2   调节性 T 细胞示意图

（二）Treg 的产生与特征标志

1. CD4⁺CD25⁺Foxp3⁺ Treg T 细胞的产生和分化皆发生于胸腺，nTreg 是随着动物的生长在胸腺中发育和分化自然产生的，而 iTreg 是 T 细胞在外周环境中由于某些因素的作用而转化形成的。根据来源不同，CD4⁺CD25⁺ Foxp3⁺ Treg 细胞也分为 nTreg 与 iTreg，这两类 Treg 的产生与表面标志比较见表 9-1。

表 9-1 nTreg 与 iTreg 的产生与表面标志比较

Treg	产生部位	共同标志	特殊标志
nTreg	胸腺	Foxp3，CD4，CD25，GITR，CTLA-4，LAG-3，PD-1	Helios，Nrp1，Swap70
iTreg	外周淋巴器官和组织或炎症部位	Foxp3，CD4，CD25，GITR，CTLA-4，LAG-3，PD-1	Dap11，Igfbp4

Foxp3：forkhead box P3；GITR：Glucocorticoid-induced tumor necrosis factor receptor family related gene；CTLA4：cytotoxic T lymphocyte-associated antigen-4；LAG-3：lymphocyte activation gene-3；PD-1：programmed death-1。

2. Tr1 Tr1 细胞是 CD4T 细胞在外周环境中由某些因素诱导形成的，目前针对该群 Treg 没有特异的表面识别标志，对这群细胞的甄别主要是根据产生细胞因子的特征。该群细胞的特征是不需要 IL-4 的刺激就能高表达 IL-10 与 TGF-β，而表达 IL-2 却很少。

3. DNTreg DNTreg 的生成来源尚不十分清楚，有人认为源于胸腺，也有人提出是在外周环境中形成的，其表面标志是 TCR⁺CD4⁻CD8⁻NK1.1⁻。

4. Th3 Th3 细胞是分泌 TGF-β 的 CD4T 细胞，主要由消化道食物刺激产生的免疫耐受形成的，目前针对该群 Treg 没有特异的表面识别标志，仅以高表达 TGF-β 为特征。

二、调节性 T 细胞的作用方式

Treg 的主要功能是抑制免疫应答，Treg 不同亚群可能有不同的作用方式，但归结起来有以下几种：①与靶细胞直接接触抑制靶细胞；②分泌抗炎性反应的抑制性细胞因子；③使 APC 处于不应答状态（anergy）；④影响靶细胞代谢过程；⑤细胞溶解作用（杀伤靶细胞）。

1. Treg 细胞接触性抑制 Treg 与靶细胞直接接触抑制靶细胞，Treg 通过表达抑制性受体 CTLA4、PD-1 及 ICOS 调解 T 细胞的功能（图 9-3）。

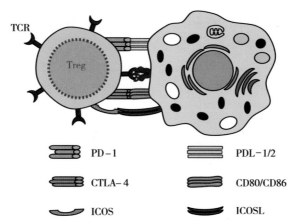

图 9-3 Treg 细胞接触性抑制模式图

CTLA-4：Cytotoxic T-Lymphocyte Antigen 4；PD-1：programmed death 1；
ICOS：inducible constimulator；ICOS 是 CD28 家族的成员，CTLA-4 及 PD-1 属于
免疫应答抑制性细胞受体。

2. Treg 分泌炎性抑制细胞因子 Treg 分泌 IL-10、TGF-β等抑制性细胞因子。IL-10 抑制 T 细胞表达 IL-2、IFN-γ及 GM-CSF，并抑制 T 细胞的增殖（图 9-4）。

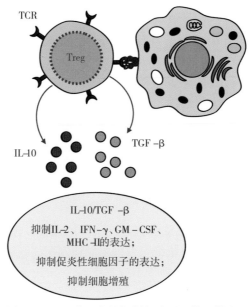

图 9-4 Treg 分泌炎性抑制细胞因子作用模式图

同样，TGF-β具有抑制 T 细胞免疫应答的作用，分泌 TGF-β的 Th 细胞称为 Th3，Th3 在黏膜免疫耐受中起重要作用。此外，IL-10 还具有抑制 APC 表达 IL-12、活化 SOCS1 抑制 IFN-γ表达，以及具有诱导细胞转化为 Treg 的作用。

3. Treg 使 APC 处于不应答状态（anergy） Treg 分泌 IL-10 细胞因子抑制 APC 表达共刺激分子和炎性反应细胞因子，同时活化多种免疫耐受基因的表达，使 APC 进入不应答状态（anergy）。这种处于不应答状态的 APC 在病原相关分子模式（如 LPS）作用下不产生 IL-12，影响宿主 Th1 细胞免疫应答（图 9-5）。

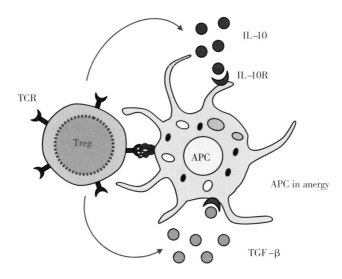

图 9-5　Treg 调控 APC 作用模式图

Treg 诱导 APC 处于不反应状态（anergy），表现为 MHC 分子表达降低，影响抗原递呈，LPS 刺激后不产生 IL-12，抑制其他炎性细胞因子表达。

4. Treg 影响靶细胞代谢过程 Treg 表达 CD39 及 CD73 等具有酶活性的蛋白，这些蛋白可能与产生腺嘌呤核苷有关，而腺嘌呤核苷与受体作用后影响靶细胞的代谢，抑制细胞增殖和分泌细胞因子，从而抑制免疫应答过程（图 9-6）。

5. Treg 细胞溶解作用（杀伤靶细胞） Treg 通过分泌颗粒酶 A（granzyme A）和颗粒酶 B（granzyme B）杀伤靶细胞，如人的 Tr1 通过识别 HLA-Ⅰ类分子递呈的抗原杀伤髓样 APC（myeloid APC）。这种杀伤有别于 NK 细胞，NK 细胞杀伤靶细胞不依赖于 MHC-Ⅰ的表达（图 9-7）。

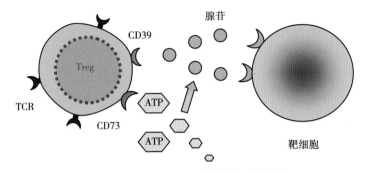

图 9-6　Treg 影响细胞代谢作用模式图

　　Treg 表达具有酶活性的膜分子 CD39 和 CD73，这些分子具有降解细胞外 ATP 的作用，并催化产生腺苷（adenosine），腺苷抑制靶细胞（如效应性 T 细胞）的增殖并抑制细胞因子的表达。

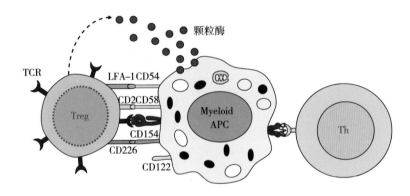

图 9-7　Treg 细胞溶解作用模式图

　　CD122 是 IL-2 受体的 β 链，与 IL-2 作用引起免疫信号转导。CD54-LFA-1、CD58-CD2 及 CD154-CD226 互作促使 Treg 释放颗粒酶 A（GzA）与颗粒酶 B（GzB），杀伤靶细胞。

三、调节性 T 细胞作用的分子机制

1. CD4$^+$CD25$^+$Foxp3$^+$Treg　该类细胞至少可通过两种方式发挥抑制作用：①通过直接接触抑制靶细胞；②通过分泌 IL-10 及 TGF-β 等抗炎性反应细胞因子抑制免疫应答。

　　Foxp3$^+$Treg 不仅仅只有 CD4$^+$CD25$^+$Foxp3$^+$Treg，CD8$^+$CD28$^-$ Treg 也表达 Foxp3，目前发现，凡是 Foxp3$^+$T 细胞都具有免疫抑制作用。Foxp3$^+$T 细胞表现出如下特征：①获得 TCR 刺激信号后，不能增值，也不产生 IL-2；

②IL-7Rα表达量很低；③大量表达 CD25、CTLA-4 及 GITR。

Foxp3 既是转录调控抑制因子（repressor）也是活化因子（activator）。Foxp3 与转录调控因子 NFAT（功能参见第四章图 4-12）相互作用抑制 NFAT-AP-1 形成复合物，从而抑制免疫应答基因的表达；此外，Foxp3 也直接与活化的 AP-1 相互作用抑制免疫应答。Foxp3 上调 CTLA-4、IL-10、CD5、FasL 等基因的表达，而抑制 IL-2、TNF-α、IFN-γ、IL-17、IL-4 的表达。

Foxp3 不仅在蛋白水平上调控免疫应答，在小 RNA（microRNA，miRNA）水平上也调控着免疫相关基因的表达。miRNA 是基因组非编码区转录的短链 RNA（长度为 21 个核苷酸左右），这些 miRNA 通过作用于靶基因转录的 mRNA 使其降解达到调控基因表达的目的，因此 miRNA 在组织器官发育、细胞分化，以及自身稳定方面起重要的调控作用。目前发现 Treg 中有重要作用的 miRNA 有 miR-155、miR-146a、miR-142-3p 等，其中 miR-155 通过作用于 SOCS1（是一种转录抑制因子），负调控 IL-2R 的信号转导；miR-146a 调控 STAT1 的表达，进而调控 Th1 免疫应答；miR-142-3p 调控 cAMP 的表达。

总之，Foxp3 在 Treg 中持续表达，是 Treg 重要的转录调控因子，是维护 Treg 抑制功能的关键基因，在调控免疫应答中起重要作用。

2. Tr1 虽然 Tr1 在活化时能瞬时表达 Foxp3，但其抑制作用并不依赖于 Foxp3 的表达。人的免疫失调性多种内分泌肠病（immune dysregulation poly-endocrinopathy enteropathy X-lingked，IPEX）是由 Foxp3 基因突变引起的，但该病人体仍然能产生大量的 Tr1Treg，所以 Tr1 的免疫抑制机制有别于 Foxp3$^+$Treg。Tr1 是在外周抗原刺激后诱导产生的，主要在生命后期发挥调控作用，因此与早期胸腺产生的 Foxp3$^+$Treg 相互配合，共同调控机体的免疫耐受功能。Tr1 活化后产生细胞因子的特征是：产生大量的 IL-10 及 TGF-β；表达少量的 IL-2、IL-5 及 IFN-γ；不表达 IL-4。

Tr1 抑制免疫应答的机制主要包括：①分泌 IL-10、TGF-β 等抑制性细胞因子，IL-10 的免疫抑制作用表现为抑制 APC 表达 IL-12、促进 Treg 的产生、活化 SOCS1 抑制 IFN-γ 的表达等，Tr1 通过抑制性细胞因子不仅抑制 T 细胞也抑制 APC 的活化。②Tr1 通过表达抑制性受体 CTLA4、PD-1 及 ICOS 调解 T 细胞的功能。

IL-10 是 Treg 分泌的重要细胞因子，在抑制免疫应答中起重要作用，IL-10 作用的分子机制比较复杂，目前已掌握部分内容（图 9-8）。

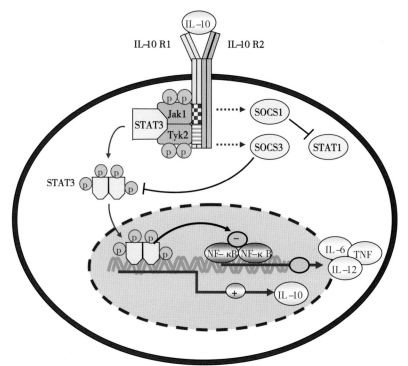

图 9-8　IL-10 作用的分子机制模式图

　　IL-10 受体是由 IL-10R1 与 IL-10R2 二聚体组成的四聚体分子，属于跨膜受体。当 IL-10 结合受体后，IL-10R1 分子的胞内区活化，招募 Jak1 与 Tyk2 接头分子使其磷酸化，磷酸化的 Jak1 与 Tyk2 招募 STAT3 使其磷酸化，磷酸化的 STAT3 进入细胞核与 IL-10 启动子结合，启动 IL-10 的表达。STAT3 抑制转录调控因子 NF-κB 的活性，抑制促炎性细胞因子（IL-6、IL-12、TNF 等）的表达，从而抑制免疫应答的程度。IL-10 也活化 SOCS1 与 SOCS3，SOCS1 抑制 STAT1，从而抑制 IFN-γ的表达，对免疫应答产生抑制作用。

第三节　调节性 T 细胞与疾病的关系及其在治疗中的应用

一、调节性 T 细胞与疾病的关系

　　研究发现 CD4$^+$CD25$^+$Foxp3$^+$Treg 通过抑制免疫应答对多种疾病或病原感染产生影响（表 9-2）。

表 9-2　CD4$^+$CD25$^+$Foxp3$^+$Treg 与疾病的关系

疾病	Treg 作用机制	Treg 对疾病的影响
风湿性关节炎 （rheumatoid arthritis）	抑制促炎性细胞因子 TNF-α表达	好转

（续）

疾病	Treg 作用机制	Treg 对疾病的影响
Ⅰ型糖尿病 （type Ⅰ diabetes）	抑制促炎性细胞因子 TNF-α 及 IFN-γ 表达	防控作用
肠炎 （inflammatory bowel disease，IBD）	抑制促炎性细胞因子 IFN-γ 表达及细胞增殖；促进 IL-10 与 TGF-β 表达	具有预防与治疗作用
肿瘤	抑制肿瘤特异性 CTL 活性	抑制抗肿瘤免疫
病毒性感染	抑制促炎性细胞因子 IFN-γ 表达及特异性 CTL 活性	不利于病毒清除，易造成持续性感染
寄生虫感染	抑制促炎性细胞因子 IFN-γ 表达及细胞增殖；促进 IL-10 表达	造成持续性感染，使宿主维持带虫状态
过敏反应	抑制 IgE 的产生；抑制 IL-4 及 IL-13 的表达；抑制嗜酸性粒细胞的活性	抑制过敏反应
器官移植排斥反应	抑制细胞增殖；促进 IL-10 表达	抑制器官移植排斥反应

二、调节性 T 细胞在免疫治疗中的应用

由于 Treg 的 TCR 与自身抗原的 peptide-MHC 复合物亲和力较强，因此 Treg 在防控自身免疫性疾病、抗移植排斥方面具有广泛的应用前景，然而要在临床上应用 Treg 进行免疫治疗还需面临抗感染和抗肿瘤免疫的挑战。

 思考题

1. Treg 有哪几种？主要功能是什么？
2. Treg 的主要作用方式是什么？
3. Treg 在临床上有哪些应用前景？

参考文献

Bach J. F. 2001. Non-Th2 regulatory T-cell control of Th1 autoimmunity ［J］. Scand J Immunol. Jul-Aug, 54（1-2）：21-29.

Bilate A. M. , Lafaille J. J. 2012. Induced $CD4^+$ $Foxp3^+$ regulatory T cells in immune tolerance ［J］. Annu Rev Immunol, 30：733-758.

Cerwenka A. , Swain S. L. 1999. TGF-beta1：immunosuppressant and viability factor for T lymphocytes ［J］. Microbes Infect, 1（15）：1291-1296.

Cottrez F. , Groux H. 2004. Specialization in tolerance：innate CD（4^+）CD（25^+）versus acquired TR1 and TH3 regulatory T cells ［J］. Transplantation, 77（1 Suppl）：S12-15.

Dinesh R. K. , Skaggs B. J. , Cava A. L. , et al. 2010. CD8$^+$ Tregs in lupus, autoimmunity, and beyond [J] . Autoimmunity Review, 9: 560-568.

Filaci G. , Fenoglio D. , Indiveri F. 2011. CD8 (+) T regulatory/suppressor cells and their relationships with autoreactivity and autoimmunity [J] . Autoimmunity, 44 (1): 51-57.

Gregori S. , Goudy K. S. , Roncarolo M. G. 2012. The cellular and molecular mechanisms of immuno-suppression by human type 1 regulatory T cells [J] . Frontiers in Immunology, 3: 1-12.

Guillonneau C. , Picarda E. , Anegon I. 2010. CD8$^+$ regulatory T cells in solid organ trans-plantation [J] . Curr Opin Organ Transplant, Sep 24. [Epub ahead of print] PubMed PMID: 20881498.

Kim H. J. , Cantor H. 2011. Regulation of self-tolerance by Qa-1-restricted CD8 (+) regula-tory T cells [J] . Semin Immunol, 23 (6): 446-452.

Konya C. , Goronzy J. J. , Weyand C. M. 2009. Treating autoimmune disease by targeting CD8 (+) T suppressor cells [J] . Expert Opin Biol Ther, 9 (8): 951-965.

Liu H. , Leung B. P. 2006. CD4$^+$CD25$^+$ regulatory T cells in health and disease [J] . Clinical and Experimental Pharmacology and Physiology, 33: 519-524.

Lu L. , Cantor H. 2008. Generation and regulation of CD8 (+) regulatory T cells [J] . Cell Mol Immunol, 5 (6): 401-406.

Ménoret S. , Guillonneau C. , Bezié S. , et al. 2011. Phenotypic and functional characterization of CD8 (+) T regulatory cells [J] . Methods Mol Biol, 677: 63-83.

Josefowicz S. Z. , Lu L. F. , Rudensky A. Y. 2012. Regulatory T cells: Mechanisms of Differ-entiation and Function [J] . Annu. Rev. Immunol, 30: 531-564.

Prud'homme G. J. , Piccirillo C. A. 2000. The inhibitory effects of transforming growth factor-beta-1 (TGF-beta1) in autoimmune diseases [J] . J Autoimmun, 14 (1): 23-42.

Simpson T. R. , Quezada S. A. , Allison J. P. 2010. Regulation of CD4 T cell activation and? [J] effector function by inducible costimulator (ICOS) . Curr Opin Immunol, 22 (3): 326-332. Epub 2010 Jan 29. Review. PubMed PMID: 20116985.

Tsai S. , Clemente-Casares X. , Santamaria P. 2011. CD8 (+) Tregs in autoimmunity: learn-ing "self" -control from experience [J] . Cell Mol Life Sci, 68 (23): 3781-3795.

van Berkel M. E. , Oosterwegel M. A. 2006. CD28 and ICOS: similar or separate costimulators of T cells? [J] . Immunol Lett, 105 (2): 115-122. Epub 2006 Mar20. Review. PubMed PMID: 16580736.

Vlad G. , Cortesini R. , Suciu-Foca N. 2008. CD8$^+$ T suppressor cells and the ILT3 master switch [J] . Hum Immunol, 69 (11): 681-686. Epub 2008 Sep 24.

Weiner H. L. 2001. Oral tolerance: immune mechanisms and the generation of Th3-type TGF-beta-secreting regulatory cells [J] . Microbes Infect, 3 (11): 947-954.

>>> 阅读心得 <<<

第十章　细胞因子

概述： 细胞因子是细胞分泌的一类能执行信号传导的蛋白活性分子，其主要化学成分为蛋白质或糖蛋白。免疫细胞和非免疫细胞在某些因素作用下都可分泌细胞因子，但不同的细胞或细胞亚群分泌的细胞因子不同，这些细胞因子通过与膜受体结合作用于靶细胞进行信息传递发挥调节作用。本章着重介绍细胞因子的生物学特性、细胞因子受体、不同 CD4T 细胞亚群分泌的重要细胞因子、细胞因子的免疫调节作用、细胞因子与疾病的关系等。

第一节　细胞因子的生物学特性

一、细胞因子的作用方式

由于细胞因子通过与特定的靶细胞膜受体结合发挥作用，受体在细胞因子的作用下胞内区被活化招募接头分子将信号转导，启动靶基因的活化和表达（图 10-1），因此，细胞膜是否有相应的细胞因子受体决定了靶细胞是否对细胞因子产生应答。细胞因子与受体结合的亲和力较强（$10^{-12} \sim 10^{-10}$ kD），微量（picomolar）的细胞因子就能与膜受体结合发挥生物活性。

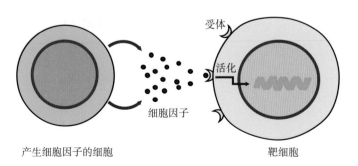

受体

活化

细胞因子

产生细胞因子的细胞　　　　　靶细胞

图 10-1　细胞因子作用模式图

虽然细胞因子是与膜受体结合发挥作用的，但根据作用的靶细胞，作用方式可分为自分泌作用、旁分泌作用和内分泌作用。自分泌作用（autocrine action），指细胞分泌细胞因子只供自己用；旁分泌作用（paracrine action），指细胞因子作用于附近的靶细胞；内分泌作用（endocrine action），指细胞因子经过体液循环系统运送后作用于距离较远的靶细胞（图 10-2）。

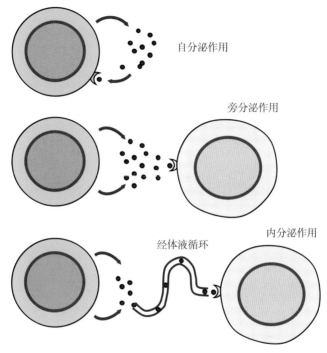

图 10-2　细胞因子作用方式模式图

　　细胞因子作用方式与其半衰期密切相关，半衰期较短的细胞因子很难发挥内分泌作用，而更多的是发挥自分泌或旁分泌作用，如 IL-2。然而，IL-1、IL-4、IL-6、IL-10、IL-12、IFN-γ、TNF 等发挥内分泌作用，调动免疫系统进行免疫应答。因此，在检测血清中的细胞因子时，能检测到的都是发挥内分泌作用的细胞因子。

二、细胞因子的活性作用

　　细胞因子的活性作用归纳起来有多向性、重叠性、协同性、颉颃性、级联作用等五种。

　　1. 多向性（pleiotropy）　指某种细胞因子作用于不同的靶细胞发挥不同的作用。如 IL-4 作用于 B 细胞可使其活化、增殖和分化；而作用于胸腺细胞或肥大细胞，则可促使其增殖。

　　2. 重叠性（redundancy）　指两种或多种细胞因子发挥相似的功能。如

IFN-α 与 IFN-β 都具有抗病毒作用，而 IL-2、IL-4、IL-5 都具有促进 B 细胞增殖的作用。

3. 协同性（synergy）　两种细胞因子共同作用产生的效果大于它们单独作用产生的效果之和。如 IL-4 与 IL-5 共同作用诱导 B 细胞产生 IgE（型别转换）。

4. 颉颃性（antagonism）　一种细胞因子抑制或抵消另一种细胞因子的作用。如 IFN-γ 抑制 IL-4 诱导 B 细胞的抗体型别转换。

5. 级联作用（cascade induction）　细胞因子作用于靶细胞后，使靶细胞分泌更多的细胞因子，这一现象称为级联作用。如 IFN-γ 作用于巨噬细胞使其分泌 IL-12，IL-12 作用于活化的 Th 细胞使其分泌 IFN-γ、TNF、IL-2 等 Th1 细胞因子。

第二节　细胞因子的研究历史与涵盖范围

细胞因子的活性作用是在 20 世纪 60 年代发现的，当时人们发现淋巴细胞培养物的上清液中含有一些成分，具有调节细胞增殖、分化和成熟的作用。后来发现这些物质是由淋巴细胞活化后产生的。但由于这些物质含量低，很难纯化获得，也没有适当的检测方法，因此直到 70～80 年代，随着基因克隆与表达技术的发展，才获得了纯化的细胞因子，从而证实细胞的生长主要依靠细胞因子的作用。另外，由于单克隆技术的普及，利用单抗建立的免疫检测技术能够十分便捷地检测到细胞因子，大大地加速了细胞因子的研究进程。

细胞因子涵盖淋巴因子（lymphokine）、单核细胞因子（monokines）、白介素（interleukins）、趋化因子（chemokines）等。淋巴因子是由淋巴细胞分泌的细胞因子；单核细胞因子是由单核-巨噬细胞细胞分泌的细胞因子；白介素是由白细胞分泌的细胞因子，在白细胞间发挥作用；趋化因子是一类分子质量较小的细胞因子，具有影响细胞趋化或其他生理特性的作用，在炎症反应中起重要作用。因此，淋巴因子、单核细胞因子、白介素，以及趋化因子都统称为细胞因子。有些细胞因子有另外的常用称呼，如干扰素（interferons，IFN）、肿瘤坏死因子（tumor necrosis factors，TNF）等。

虽然细胞因子、激素（hormones）及生长因子（growth factors）都是细胞分泌的物质，通过结合受体作用于靶细胞，然而三者具有明显的区别（表 10-1）。细胞因子是细胞在受到刺激后发生应答分泌的物质，分泌时间短暂，多数细胞因子发挥自分泌或旁分泌作用；激素分泌也是细胞受特定刺激后产生的，与细胞因子不同的是激素是由特殊的腺体分泌的，往往通过体循环到达靶组织，对特定的靶器官或靶组织发挥作用；生长因子是持续性分泌的物质，不依赖于外界刺激。

表 10-1　细胞因子、激素及生长因子的比较

比较内容	细胞因子	激素	生长因子
分泌是否需要刺激	需要	需要	不需要
分泌来源	细胞	特定的器官	细胞
作用方式	自分泌/旁分泌/内分泌作用	内分泌作用	内分泌作用
分泌时间	短暂	短暂	长期
靶组织	多种细胞	特定的靶细胞或靶组织	多种细胞

第三节　细胞因子的结构与功能

总体来讲，细胞因子分子较小，分子质量一般低于 30kD。虽然目前对细胞因子的分类没有统一标准，但根据结构和功能，细胞因子大致分为四大类家族（family），分别为促红细胞生成素（hematopoietin）、干扰素（interferon）、趋化因子（chemokine），以及肿瘤坏死因子（tumor necrosis factor）家族。实践中往往将结构类似的细胞因子划归为一个分支家族（subfamily），我们重点介绍近年来研究较多的细胞因子，如 IL-10、IL-12、IL-17、IFN、TNF 等分支家族，这些细胞因子主要与免疫调节及疾病调控有关。

一、IL-10 及相关细胞因子

IL-10 是重要的免疫调节性细胞因子，如果将结构与 IL-10 相似的细胞因子归类为 IL-10 细胞因子家族，目前该家族的成员包括 IL-10、IL-19、IL-20、IL-22、IL-24、IL-26、IFN-λ1（IL-29）、IFN-λ2（IL-28A）和 IFN-λ3（IL-28B）等 9 种细胞因子，另外也包括某些结构相似的病毒蛋白。IL-10 细胞因子家族都需要与细胞膜受体结合才能发挥生物学作用，这些受体都是由两条跨膜肽链组成的异二聚体（heterodimer），一条链长，另一条链较短（图 10-3）。

根据功能，IL-10 家族细胞因子可大致分为三个分支家族。

（1）IL-10　主要起免疫调节作用。

（2）IL-20 分支家族　包括 IL-19、IL-20 及 IL-24，主要起抗病原（尤其是细菌和真菌）感染作用。

（3）Ⅲ 型干扰素，包括 IFN-λ1（IL-29）、IFN-λ2（IL-28A）、IFN-λ3（IL-28B），主要起抗病毒感染作用。

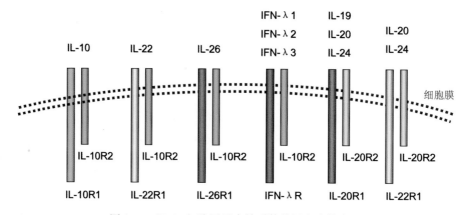

图 10-3　IL-10 细胞因子家族受体作用方式模式图

　　IL-10 细胞因子家族与受体结合后，两条跨膜蛋白肽链靠近形成异二聚体（heterodimer），胞内功能区活化，招募接头分子，通过 Jak/STAT 信号转导途径发挥作用（图 9-8）。

　　IL-10 细胞因子在不同的情况下往往发挥截然不同的双重作用，有时发挥免疫抑制（抑制免疫损伤以及自身免疫病）作用，有时发挥促炎性反应作用，但主要功能是与免疫调控有关。

二、IL-12 及相关细胞因子

　　IL-12 细胞因子家族包括 IL-12、IL-23、IL-27、IL-35 等细胞因子。IL-12 最早发现于 1989 年，该分子具有活化 NK 细胞产生 IFN-γ 的作用。进一步研究发现，该分子是异二聚体结构复合物，由 α（P35）与 β（P40）亚单位组成，能诱导细胞产生免疫应答。目前 IL-12 细胞因子家族有 4 个成员，每个成员都是 α 与 β 亚单位组成的异二聚体结构，但分子大小有差异，这 4 个成员分别是 IL-12（p35/p40）、IL-23（p19/p40）、IL-27（p28/Ebi3）、IL-35（p35/Ebi3）（图 10-4）。

　　在病原感染过程中，PRRs 识别 PAMPs，树突状细胞（DC）与巨噬细胞（Mφ）活化并分泌大量的 IL-12。20 世纪 90 年代中期随着对 IL-12 研究的不断深入，大量的试验证据表明 IL-12 具有重要的免疫调节功能，主要诱导机体产生细胞免疫应答。IL-23 与 IL-27 发现于 21 世纪初，IL-23 与 IL-12 有共同的 β（p40）亚单位，因此有类似的生物学功能，另外 IL-23 还诱导 Th17 免疫应答。IL-27 抑制 Th1 与 Th17 免疫应答，诱导 Treg 产生 IL-10。IL-35 是近年来新发现的 IL-12 细胞因子家族成员，目前发现该细胞因子具有免疫抑制作用。IL-12 细胞因子家族成员都要通过相应的膜受体发挥生物学功能。除了 IL-35 以外，IL-12、IL-23、IL-27 的膜受体都已明确，都是由两条跨膜蛋白肽链形成异二聚体（heterodimer）结构（图 10-5）。

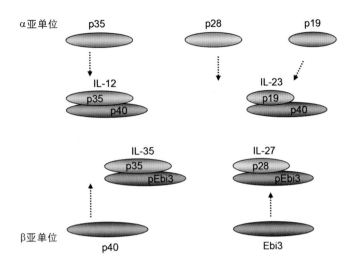

图 10-4 IL-12 家族细胞因子模式图

IL-12 细胞因子家族包括 IL-12、IL-23、IL-27、IL-35 等细胞因子,分别由α(p35、p28、p19)与β(p40、Ebi3)亚单位组成。

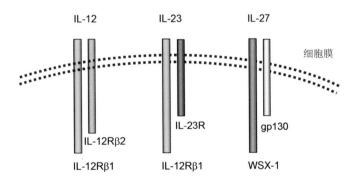

图 10-5 IL-12 家族细胞因子受体模式图

IL-12 细胞因子家族受体都是由 IL-12R β1、IL-12R β2、IL-23R、WSX-1、gp130 等亚单位组成的异二聚体结构。

　　如上所述,IL-12 细胞因子家族成员在功能上有共同的地方,但也有较大的差异。在临床试验中都有不同的应用,如在实际中用 IL-12 作为佐剂提高疫苗的免疫效果,而利用 IL-27 与 IL-35 抑制自身免疫炎症反应过程。在免疫应答研究中,常常以 IL-12 诱导 Th0 产生 Th1 免疫应答(图 10-6)。

　　IL-12 是重要的促炎性反应细胞因子,也是在先天性免疫应答和适应性免疫应答的关键调控分子(图 3-1),IL-12 作用于靶细胞受体后通过 Jak/STAT 信号转导途径发挥作用(图 10-7)。

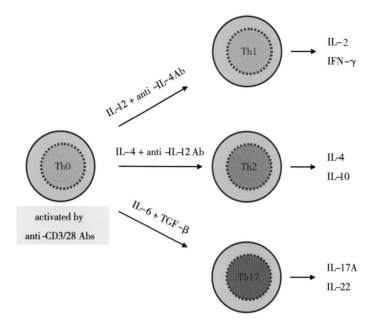

图 10-6　CD4T 细胞诱导分化模式图

初始 CD4T 细胞（Th0）在活化（如以抗 CD3 和 CD28 抗体活化）后，若在培养液中加入 IL-12 与抗 IL-4 抗体，Th0 分化为 Th1 细胞，产生大量的 IL-2 与 IFN-γ；若在培养液中加入 IL-4 与抗 IL-12 抗体，Th0 分化为 Th2 细胞，产生大量的 IL-4 与 IL-10；若在培养液中加入 IL-6 与 TGF-β（transforming growth factor-β），Th0 分化为 Th17 细胞，产生大量的 IL-17A 与 IL-22。

三、IL-17 及相关细胞因子

IL-17 细胞因子家族是近年来发现的重要的促炎性反应细胞因子。该家族目前有 6 个成员，分别为 IL-17A、IL-17B、IL-17C、IL-17D、IL-17E、IL-17F，其中 IL-17A 是通常所说的 IL-17，IL-17E 又称为 IL-25。IL-17A 是 IL-17 细胞因子家族中发现最早的成员，是随着 2005 年 Th17 细胞被发现而发现的。由于该分子能诱导多种细胞分泌促炎性细胞因子，因此 IL-17A 的表达受到严格的调控。虽然多种细胞可表达 IL-17A，但 Th17 与 γδT 是产生 IL-17A 的主要细胞。IL-17F 与 IL-17A 同源性最高，氨基酸序列同源性为 50%，在功能上也与 IL-17A 相似，但不同的是 IL-17F 还与过敏性炎症反应有关，Th17 与 γδT 细胞也是产生 IL-17F 的主要细胞。IL-17E（IL-25）与 IL-17A 差异较大，主要诱导 Th2 免疫应答，因此与过敏反应和抗蠕虫免疫有关，该细胞因子主要由上皮细胞、嗜酸性粒细胞、嗜碱粒性细胞和肥大细胞分泌。目前对 IL-17B、IL-17C、IL-17D 等细胞因子了解得还很少，这也是未来研究的重点问题。

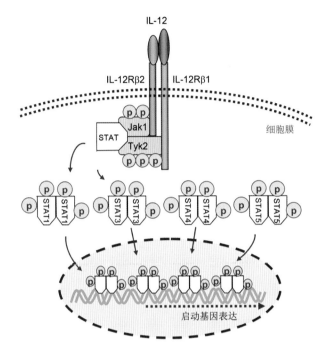

图 10-7 IL-12 介导的信号转导模式图

IL-12 识别受体 IL-12 β1/2 异二聚体后，β2 招募 Jak1，β1 招募 Tyk2，并使接头分子 Jak1/Tyk2 激酶的酪氨酸磷酸化，活化的 Jak1/Tyk2 进一步招募 STAT1、STAT3、STAT4、STAT5 使其磷酸化，活化后的 STAT1/3/4/5 分子通过核膜间隙进入细胞核，结合到特定基因的启动子，启动相关基因的表达。

　　IL-17 细胞因子通过与靶细胞膜受体（IL-17R）结合发挥生物学作用，目前已发现 IL-17R 家族有 5 个成员，分别为 IL-17RA、IL-17RB、IL-17RC、IL-17RD，以及 IL-17RE。IL-17RA 是该家族中最早发现的受体，IL-17RA 自身可形成二聚体（homodimer），也能与 IL-17RB 或 IL-17RC 形成异二聚体（heterodimer），二聚体作为受体与配体结合后，招募 Act1 和 TRAF6 接头分子向下传递信号，启动免疫应答（图 10-8）。

　　虽然 IL-17 表达受到严格调控，但 IL-17 受体却在体内多种细胞广泛表达，因此 IL-17 作用于多种靶细胞，具有多向性。目前已知最清楚的作用之一是诱导成纤维细胞和上皮细胞分泌促炎性细胞因子和趋化因子，招募中性粒细胞浸润，抗病原感染，但由于大量的粒细胞会引起严重的炎症反应，所以也会导致局部组织损伤。尽管 IL-17 具有抗感染作用，但研究证明 IL-17 也参与多种自身免疫性疾病的发生和发展，因此，深入解析 IL-17 的生物学活性对临床医学有重要意义。

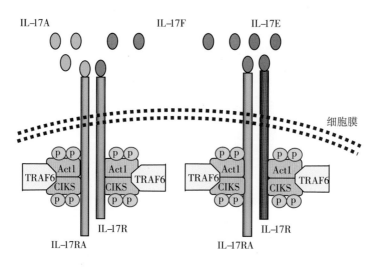

图 10-8   IL-17 介导的信号转导模式图

IL-17RA 既可以识别 IL-17A 也可以识别 IL-17F，但 IL-17A 与 IL-17RA 结合的亲和力远远大于 IL-17F 与 IL-17RA 之间的亲和力。IL-17RC 是 IL-17F 的受体。IL-17RB 是 IL-17E（IL-25）的受体。IL-17 受体识别相应的配体后，招募 Act1/CIKS，使其磷酸化，活化 TRAF6 向下游传递信号，NF-κB、ERK1/2、JNK、p38 等分子参与该信号转导过程，调控炎症分子和趋化分子的表达，如 IL-4、IL-5、IL-6、IL-9、IL-13、TGF-β、CXCL1、CCL2、CCL7、CCL20、β-防御素、抗菌肽、C-反应蛋白等的表达。

四、干扰素及相关细胞因子

干扰素（IFN）在早期免疫应答中起重要作用，是抗病毒感染的第一道防线。干扰素通过与靶细胞膜受体结合发挥生物学作用，根据结合膜受体的不同，干扰素分为三个类型，分别为Ⅰ型、Ⅱ型和Ⅲ型干扰素。目前已知，Ⅰ型干扰素包括 IFN-α、IFN-β、IFN-ε、IFN-κ、IFN-ω等亚型，其中 IFN-α亚型中有 12 个结构高度相似的成员，其他亚型目前还没发现有更多的成员。Ⅰ型干扰素的识别受体是 IFN-α/β受体（IFNAR），IFNAR 主要由 IFNAR1 和 IF-NAR2 两部分组成，广泛表达于多种细胞，在结合Ⅰ型干扰素后启动免疫应答信号转导过程（图 10-9）。Ⅱ型干扰素只有 IFN-γ，主要由活化的 NK、NKT 细胞及 T 细胞表达。IFN-γ的受体是 IFNGR，属于异二聚体，广泛表达于多种细胞。Ⅲ型干扰素是近年来发现的 IFN-λ家族分子，因结构与 IL-10 相似，又被归类为 IL-10 家族成员。Ⅲ型干扰素包括 IFN-λ1（IL-29）、IFN-λ2（IL-28A）、IFN-λ3（IL-28B），IFN-λ的受体也属于异二聚体，由 IL-10R2 和 IL-28R α组成（图 10-9），由于 IL-28R α仅在上皮细胞中表达，因此 IFN-λ的作用具有组织特异性。

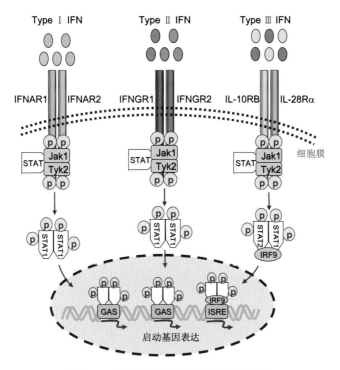

图 10-9　干扰素介导的信号转导模式图

　　Ⅰ型干扰素受体是由 IFNAR1 和 IFNAR2 两部分组成，表达分布广泛。Ⅱ型干扰素（IFN-γ）的受体是 IFNGR，属于异二聚体，广泛表达于多种细胞。Ⅲ型干扰素（IFN-λ）受体也属于异二聚体，由 IL-10R2 和 IL-28Rα组成，但 IL-28Rα表达局限于上皮细胞，因此 IFN-λ的作用具有组织特异性。所有的干扰素受体都要通过 Jak-STAT 信号转导途径产生免疫应答作用。Ⅰ型与Ⅱ型干扰素受体接收信号后，通过 Jak/Tyk 接头分子招募 STAT1，使其磷酸化，磷酸化的 STAT1 以二聚体的形式进入细胞核，结合于含有特定 GAS 序列的启动子，启动相应基因的表达。Ⅲ型干扰素受体接收信号后，通过 Jak/Tyk 接头分子招募 STAT1 与 STAT2，磷酸化的 STAT1/STAT2 异二聚体招募 IRF9，STAT1/STAT2/IRF9 共同入核，结合于含有特定 ISRE 序列的启动子，启动相应基因的表达。

　　Jak1：Janus kinase 1；Tyk2：tyrosine kinase 2；STAT：signal transducer and activator of transcription；GAS：gamma-activated sequence；IRF：interferon regulatory factor；ISRE：interferon-stimulated response elements。

　　干扰素在抗感染和免疫调节中起重要作用。Ⅰ型干扰素是先天性免疫力的重要组成部分，尤其是抗病毒和胞内寄生菌作用明显，在肝炎的临床治疗中，IFN-α对丙肝治疗效果显著。Ⅱ型干扰素（IFN-γ）是重要的免疫应答分子，参与免疫应答的整个过程，调控免疫应答的走向（图 3-1），尤其是对细胞免疫有重要作用（图 9-1），临床可通过检测 IFN-γ进行疾病诊断（如结核病）。由于Ⅲ型干扰素受体仅局限于表达于上皮细胞和某些树突状细胞亚群（plasmacytoid DC），因此Ⅲ型干扰素的作用有组织特异性。目前掌握的初步信息表明，Ⅲ型干扰素可能与过敏反应和自身免疫病有关。

五、肿瘤坏死因子超级家族及相应的细胞受体

肿瘤坏死因子超级家族（tumor necrosis factor superfamily，TNFSF）及相应的受体成员众多，目前已发现有 50 多个，这些分子在进化上是保守的，在所有哺乳动物中表达，在机体发育、代谢、免疫应答中起重要作用。TNF 家族分子中很多成员有着相似的结构和生物学功能，基本结构见图 10-10。

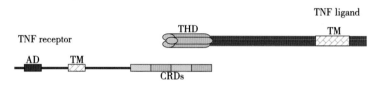

图 10-10　TNF 配体与受体模式图

TNF 配体家族有 18 个基因，编码 19 种Ⅱ型跨膜蛋白（细胞内为 N 端，细胞外为 C 端，C 端保守的区域为 THD），成员间 THD 的同源性达 20%～30%，THD 三聚体形式是结合 TNF 受体的必需结构，极少数的 TNF 配体在某些特殊蛋白酶切割后成为游离的分子。TNF 受体胞外部分为半胱氨酸富集区（CRDs），胞内部分有信号转导活化区（AD），活化后招募接头分子进行信号转导。

THD：TNF homology domain，TNF 同源区；TM：transmembrane domain，跨膜区；CRDs：cysteine-rich domains，半胱氨酸富集区；AD：activation domain，活化区。

由于 TNF 是一种促炎性反应细胞因子，参与多种炎症反应，在临床上可通过抑制 TNF 的作用减缓炎症症状，尤其在关节炎治疗中效果明显，因此人们特别关注 TNF 家族成员的生物学作用。TNF 超级家族及相关疾病见表10-2。

在 TNF 家族中，近年来人们最热衷研究的分子是 TRAIL（TNF-related apoptosis inducing ligand）。由于该分子能诱导肿瘤细胞凋亡，但对正常体细胞没有影响，因此人们对 TRAIL 在肿瘤治疗中的作用充满了希望，为此对 TRAIL 作用的分子机制做了深入研究。目前发现 TRAIL 在多种细胞中表达，TRAIL 作用的受体有 TRAIL-R1（DR4）、TRIAL-R2（DR5）、TRIAL-R3 (DcR1)、TRAIL-R4（DcR2）、OPG（Osteoprotegerin）等 5 种（图 10-11）。由于 TRIAL 受体（DR4，DR5）有胞内活化区，因此在受体的 CRD 结合 TRAIL 后信号传入胞内区激活 AD，活化的 AD 招募接头分子进行信号转导，从而产生生物学效应。然而，如果 TRAIL 与 DcR 结合，由于 DcR 没有胞内 AD，无法进行信号转导，因此也就不能产生生物学效应。正因如此，靶细胞通过选择性地调控 DR 或 DcR 的表达量，接受或阻止 TRAIL 介导细胞凋亡的作用。正常细胞中 DcR 的表达占优势，而在肿瘤细胞中 DR 表达占优势，这种差异性表达决定了 TRAIL 具有选择性杀伤肿瘤细胞的作用,给有效治疗肿瘤带来了新的希望。在 TNF 家族中，FasL、LIGHT、LT-α、TNF-α、RANKL

表 10-2　TNF 超级家族及相关疾病（举例）

TNF 家族配体（又名）	TNF 家族配体表达细胞	TNF 家族受体（又名）	TNF 家族受体表达细胞	相关疾病	应用情况
TRAIL（APO2L、CD253、TNFSF10）	NK 细胞、T 细胞	TRAILR1 (DR4、CD261、TNFRSF10A)、TRAILR2 (DR5、CD262、TNFRSF10B)、TRAILR3 (DCR1、CD263、TNFRSF10C)、TRAILR4 (DCR2、CD264、TNFRSF10D)、OPG (TNFRSF11B)	多种细胞表达，包括肿瘤细胞和正常细胞	肿瘤性疾病	有 8 种产品进入临床 I ～ II 期
TWEAK (TNFSF12)	单核细胞、树突状细胞、NK 细胞	FN14 (TWEAKR、CD266、TNFRSF12A)	上皮细胞、内皮细胞、免疫细胞、多种细胞、肿瘤细胞	肿瘤性疾病、自身免疫病	有 3 种产品进入临床 I ～ II 期
APRIL (CD256、TNFSF13)	肿瘤细胞	TACI（CD267、TNFRSF13B)、BCMA(CD269、TNFRSF17)	肿瘤细胞，尤其是 B 淋巴细胞瘤	肿瘤性疾病、自身免疫病	有 1 种产品进入临床 I ～ II 期
RANKL (CD254、TNFSF11)	T 细胞	RANK (CD265、TNFRSF11A)、OPG（TNFRSF11B)	破骨细胞、树突状细胞、郎罕氏细胞	骨质疏松、炎症反应	有 1 种产品已获批准。3 种产品进入临床 I 期
OX40L (CD252、TNFSF4)	树突状细胞、B 细胞、巨噬细胞、T 细胞、NK 细胞、肥大细胞、内皮细胞、平滑肌细胞	OX40（CD130、TNFRSF4)	T 细胞、NK 细胞、NKT 细胞、中性粒细胞	炎症反应、自身免疫病、肿瘤性疾病	有 1 种产品进入临床 I 期

（续）

TNF家族配体（又名）	TNF家族配体表达细胞	TNF家族受体（又名）	TNF家族受体表达细胞	相关疾病	应用情况
4-1BBL，(TNFSF9)	树突状细胞、B细胞、巨噬细胞、T细胞、NK细胞、肥大细胞、平滑肌细胞、生血细胞前体、破骨细胞前体	4-1BB（CD137，TNFRSF9）	T细胞、NK细胞、NKT细胞、中性粒细胞、肥大细胞、树突状细胞内皮细胞、嗜酸粒细胞、破骨细胞前体细胞	炎症反应、自身免疫病	还有2种产品进入临床I～II期
CD27L(CD70,TNFSF7)	树突状细胞、B细胞、巨噬细胞、T细胞、NK细胞、肥大细胞、平滑肌细胞、胸腺上皮细胞	CD27 (TNFRSF7)	T细胞、B细胞、NK细胞、NKT细胞、生血细胞前体	肿瘤、自身免疫病	有5种产品已获批准，还有3种产品进入临床I～II期
TL1A (TNFSF15)	树突状细胞、B细胞、巨噬细胞、T细胞、内皮细胞	DR3 (TNFRSF25)	T细胞、B细胞、NK细胞、NKT细胞	哮喘、风湿性关节炎、结肠炎	未见报道
CD30L (CD153, TNFSF8)	T细胞、B细胞、肥大细胞、单核细胞、中性粒细胞、嗜酸性粒细胞	CD30 (TNFRSF8)	T细胞、B细胞、NK细胞、巨噬细胞、嗜酸性粒细胞	糖尿病、哮喘、植排斥、结肠炎	有1种产品已获批准，还有3种产品进入临床I～II期
CD40L (CD154, TNFSF5)	T细胞、B细胞、嗜酸性粒细胞肥大细胞、巨噬细胞、内皮细胞、上皮细胞	CD40 (TNFRSF5)	树突状细胞、B细胞、巨噬细胞、嗜碱性粒细胞、上皮细胞、内皮细胞、平滑肌细胞、成纤维细胞	炎症反应、自身免疫病	有7种产品进入临床I～II期

（续）

TNF 家族配体（又名）	TNF 家族配体表达细胞	TNF 家族受体（又名）	TNF 家族受体表达细胞	相关疾病	应用情况
LIGHT（CD258, TNFSF14)	T 细胞、B 细胞、树突状细胞、NK 细胞、单核细胞	HVEM （CD270, TNFRSF14)	T 细胞、B 细胞、巨噬细胞、NK 细胞、中性粒细胞、黏膜上皮细胞	自身免疫病	有 2 种产品进入临床 I ～ II 期
LT α1 β2	T 细胞、B 细胞、NK 细胞	LT βR（TNFRSF3)	基质细胞、上皮细胞、树突状细胞、巨噬细胞、成纤维细胞	自身免疫病	有 1 种产品进入临床 I ～ II 期
GITRL（TNFSF18)	树突状细胞、B 细胞、巨噬细胞、T 细胞、内皮细胞	GITR （CD357, TNFRSF18)	T 细胞、B 细胞、NK 细胞、NKT 细胞、巨噬细胞、树突状细胞	自身免疫病	有 1 种产品进入临床 I 期
BAFF （CD257, TNFSF13B)、APRIL(CD256, TNFSF13)	中性粒细胞、嗜酸性粒细胞、树突状细胞、B 细胞、巨噬细胞、T 细胞	TACI （CD267, TNFRSF13B)、BAFF-R （CD268,TNFRSF13C)、BCMA (CD269, TNFRSF17)	B 细胞、T 细胞	自身免疫病、肿瘤性疾病	有 5 种产品进入临床 I ～ III 期、有 1 种产品已获批准
NGF	未见报道	NGFR (p75NTR、CD271, TNFRSF16)	未见报道	骨关节炎	有 5 种产品进入临床 I ～ III 期

APRIL：a proliferation-inducing ligand；BAFF：B cell activating factor；BAFFR：BAFF receptor；3CMA：B cell maturation antigen；CD27L：CD27 ligand；CD30L：CD30 ligand；DCR3：decoy receptor 3；FASL：FAS ligand；GITR：glucocorticoid-induced TNFR-related protein；GITRL GITR ligand；HVEM：herpes virus entry mediator；LTα：lymphotoxin-α；LTβ：lymphotoxin-β；LTβR：LTβ receptor；NGF：nerve growth factor；NGFR：NGF receptor；OPG：osteoprotegerin；OX40L：OX40 ligand；RANK：receptor activator of NF-κB；RANKL：RANK ligand；SLE：systemic lupus erythematosus；TACI：transmembrane activator and CAML interactor；TNF：tumour necrosis factor；TNFR1：TNF receptor 1；TRAILR1：TRAIL receptor 1；TWEAK：TNF-related weak inducer of apoptosis。

等都存在多个受体，相应受体的差异性表达决定了这些配体识别靶细胞时的生物学效应。

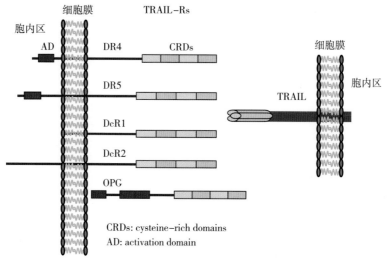

图 10-11　TRAIL 与受体模式图

TRAIL 有 TRIAL-R1（DR4）、TRAIL-R2（DR5）、TRAIL-R3（DcR1）、TRAIL-R4（DcR2）、骨保护素（Osteoprotegerin，OPG）5 种受体。DR4（death receptor 4）主要存在于人类，DR5（death receptor 5）主要存在于小鼠，DR4 与 DR5 有胞内活化区（AD），可以进行信号转导。DcR（decoy receptor）没有胞内 AD，无法进行信号转导。OPG 又称破骨细胞抑制因子，在多种组织中表达，但在骨组织中表达量最高，主要与骨代谢有关。靶细胞通过选择性地调控 DR 或 DcR 的表达量，接受或阻止 TRAIL 介导细胞凋亡作用。

六、肿瘤生长因子及相应的细胞受体

肿瘤生长因子（tumor growth factor，TGF）-β，是最重要的免疫调节分子之一，多种细胞可以表达，以肠黏膜组织表达量最高，与黏膜免疫耐受有关。成熟的 TGF-β以同源二聚体的形式存在，分子质量为 25kD（单体为 12.5kD）。TGF-β是从 55kD 的前原 TGF-β蛋白裂解而来的（图 10-12）

TGF-β与 LAP 分离后，以同源二聚体形式存在，这种 TGF-β是有活性的，能与相应的膜受体结合进行信号转导，发挥生物学作用（图 10-13）。TGF-β在免疫应答中起负调控作用，抑制免疫应答在适当的范围内进行，在免疫耐受中起关键作用，最重要的试验证据是 TGF-β基因敲除小鼠会产生自身免疫病，因此 TGF-β在免疫调控中十分重要。

TGF-β在功能上具有多向性，根据局部微环境的不同，可诱导初始 T 细胞转变成 Treg 或 Th17。Treg 抑制免疫应答，产生免疫耐受，而 Th17 促进免疫应答，产生炎症反应（详见第十三章免疫耐受章节）。

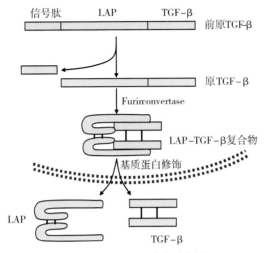

图 10-12　TGF-β形成示意图

前原 TGF-β（pre-pro-TGF-β）是由信号肽、LAP（latency-associated protein）、TGF-β组成的大分子，分子质量为 55kD，在蛋白酶作用下，信号肽被切割掉，形成原 TGF-β（pro-TGF-β）。进一步在弗林转化酶（Furin convertase）作用下，形成 LAP-TGF-β异二聚体复合物，通过基质蛋白修饰，LAP 与 TGF-β分开，形成各自的同源二聚体，分泌到细胞外，发挥作用。

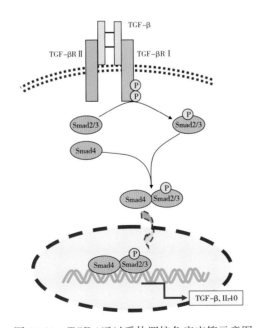

图 10-13　TGF-β通过受体调控免疫应答示意图

同源二聚体 TGF-β与相应的膜受体 TGF-βRⅡ结合，进一步与受体 TGF-βRⅠ结合并使其磷酸化，磷酸化的 TGF-βRⅠ招募 Smad2/3 使其磷酸化，Smad2/3 磷酸化后与 Smad4 形成异源二聚体，进入细胞核，结合到基因组启动子上，启动相应基因的表达，主要表达 TGF-β与 IL-10，进行免疫调控。

思考题

1. 细胞因子的概念是什么？
2. 细胞因子有哪些作用方式？
3. 细胞因子的生物活性作用有哪几种？
4. 如何使初始 CD4T 细胞诱导分化为 Th1、Th2、Th17 细胞？
5. IL-10、IL-12、IL-17、TGF-β 等细胞因子的功能是什么？
6. 干扰素有几种类型？各型干扰素主要功能是什么？

参考文献

Ambrosi A., Espinosa A., Wahren-Herlenius M. 2012. IL-17: a new actor in IFN-driven systemic autoimmune diseases [J]. Eur J Immunol, 42 (9): 2274-2284.

Aricò E., Belardelli F. 2012. Interferon-α as antiviral and antitumor vaccine adjuvants: mechanisms of action and response signature [J]. J Interferon Cytokine Res, 32 (6): 235-247.

Berry C. M., Hertzog P. J., Mangan N. E. 2012. Interferons as biomarkers and effectors: lessons learned from animal models [J]. Biomark Med, 6 (2): 159-176.

Bodmer J. L., Schneider P., Tschopp J. 2002. The molecular architecture of the TNF superfamily [J]. Trends Biochem Sci, 27 (1): 19-26.

Castro-Sanchez P. and Martl'n-Villa J. M. 2013. Gut immune system and oral tolerance [J]. British Journal of Nutrition, 109: S3-S11.

Chang S. H., Dong C. 2011. Signaling of interleukin-17 family cytokines in immunity and inflammation [J]. Cell Signal, 23 (7): 1069-1075.

Eyerich S., Eyerich K., Cavani A., et al. 2010. IL-17 and IL-22: siblings, not twins [J]. Trends Immunol, 31 (9): 354-361.

Forster S. 2012. Interferon signatures in immune disorders and disease [J]. Immunol Cell Biol, 90 (5): 520-527.

Gad H. H., Hamming O. J., Hartmann R. 2010. The structure of human interferon lambda and what it has taught us [J]. J Interferon Cytokine Res, 30 (8): 565-571.

Gaffen S. L. 2011. Recent advances in the IL-17 cytokine family [J]. Curr Opin Immunol, 23 (5): 613-619.

Jean-LucBodmer, Pascal Schneider, Jürg Tschopp. 2002. The molecular architecture of the TNF superfamily [J]. TRENDS in Biochemical Sciences, 27 (1): 19-25.

Jones L. L., Vignali D. A. 2011. Molecular interactions within the IL-6/IL-12 cytokine/receptor superfamily [J]. Immunol Res, 51 (1): 5-14.

Kiefer K., Oropallo M. A., Cancro M. P., et al. 2012. Role of type I interferons in the activation of autoreactive B cells [J]. Immunol Cell Biol, 90 (5): 498-504.

Lucas M., Gaudieri S. 2012. The interferon family as biomarkers of disease: renaissance of the innate immune system [J]. Biomark Med, 6 (2): 133-135.

Magis C., van der Sloot A. M., Serrano L., et al. 2012. An improved understanding of TN-FL/TNFR interactions using structure-based classifications [J]. Trends Biochem Sci, 37 (9): 353-363.

Makowska Z., Heim M. H. 2012. Interferon signaling in the liver during hepatitis C virus infection [J]. Cytokine, 59 (3): 460-466.

Mangan N. E., Fung K. Y. 2012. Type I interferons in regulation of mucosal immunity [J]. Immunol Cell Biol, 90 (5): 510-519.

Marsili G., Remoli A. L., Sgarbanti M., et al. 2012. HIV-1, interferon and the interferon regulatory factor system: an interplay between induction, antiviral responses and viral evasion [J]. Cytokine Growth Factor Rev, 23 (4-5): 255-270.

Piehler J., Thomas C., Garcia K. C., et al. 2012. Structural and dynamic determinants of type I interferon receptor assembly and their functional interpretation [J]. Immunol Rev, 250 (1): 317-334.

Sabat R. 2010. IL-10 family of cytokines [J]. Cytokine Growth Factor Rev. 21 (5): 315-324.

Zdanov A. 2010. Structural analysis of cytokines comprising the IL-10 family [J]. Cytokine Growth Factor Rev, 21 (5): 325-330.

Zhang X, Angkasekwinai P, Dong C, Tang H. 2011. Structure and function of interleukin-17 family cytokines [J]. Protein Cell, 2 (1): 26-40.

>>> 阅读心得 <<<

第十一章　补体系统

> **概述：** 补体系统包含多种可溶性和膜结合型蛋白类天然免疫分子，以酶原的形式存在，活化后参与先天性免疫和适应性免疫应答。补体反应的特点是补体成分活化后，产生一系列的级联反应，发挥生物学效应，包括裂解靶细胞和病原（细菌和病毒）、调理吞噬、免疫复合物清除及免疫调控。本章着重介绍补体系统的作用途径以及与疾病的关系。

第一节　补体的研究历史

对补体的研究可追溯到公元 1890 年，当时法国巴斯德研究所的 Jules Bordet 发现，羊的霍乱弧菌抗血清能溶解细菌，但加热后就失去了溶菌活性。然而，如果将加热灭活后的血清加入新制备的不含特异性抗体的血清，就能够恢复溶解细菌的活性。因此，Bordet 推测羊的霍乱弧菌抗血清中可能有两种成分，一种是针对细菌的特异性抗体，能耐热；另一种是溶解细菌的物质，不耐热。为验证这一假设，Bordet 设计了红细胞溶血试验，即用红细胞免疫异种动物，获得抗红细胞抗体，红细胞结合抗体后在补体作用下出现溶血。与此同时，Paul Ehrlich 也发现了同样的现象，并将协助抗体完成溶血作用的血清活性物质称为补体（complement），意思是帮助抗体发挥作用。后来发现，补体作用实际是多种蛋白分子共同作用的结果。

第二节　补体的生物学特性

一、补体的生物学作用概述

目前已发现补体系统包括 30 多种蛋白，既有可溶性蛋白分子也有膜结合蛋白分子，生物学作用涵盖先天性免疫和适应性免疫。补体系统被激活后，产生级联反应，发挥生物学作用，包括以下几个方面。

（1）裂解靶细胞和病原（包括细菌和病毒）。

（2）调理作用，促进吞噬细胞吞噬病原。

（3）清除免疫复合物，促进巨噬细胞清除沉积于循环系统和组织器官中的抗原-抗体复合物。

（4）免疫调控，某些补体与免疫细胞膜受体结合，影响细胞因子分泌，从而发挥调节免疫作用（图 11-1）。

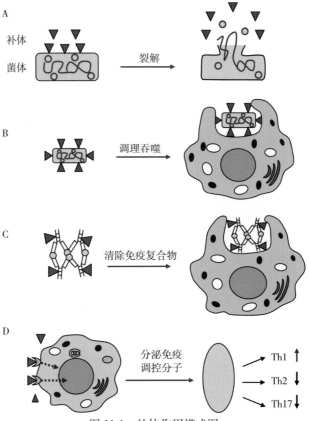

图 11-1　补体作用模式图

A. 补体分子直接作用于病原或靶细胞使其裂解；B. 补体具有调理作用，由于吞噬细胞有补体受体，补体结合病原后，吞噬细胞通过膜受体结合补体促进病原吞噬；C. 补体通过抗体的补体结合位点与抗原抗体复合物结合，吞噬细胞通过膜受体结合补体促进吞噬免疫复合物；D. 某些补体（如 C3a、C5a）与免疫细胞膜表面受体结合后，活化细胞分泌 IL-12、IL-23、IL-27 等免疫调控分子，促进 Th1 免疫应答，而抑制 Th2 和 Th17 免疫应答。

二、补体成分的产生和命名

补体系统是由多种成分组成的，主要化学组成是蛋白或糖蛋白。补体成分主要是由肝细胞合成分泌的，但单核-巨噬细胞、黏膜上皮细胞也产生大量的补体。补体成分主要存在于体液循环系统，以酶原的形式存在，裂解后才具有活性，参与级联反应。

补体成分的命名尚未统一，目前包括 C1 至 C9、D 因子，以及其他的名字。当补体成分裂解后，通常将小片段命名为该成分的 a 片段，较大的片断为 b 片段，如 C3 裂解后成为 C3a 与 C3b，但只有 C2a 与 C2b 例外，C2a 分子大于 C2b。通常情况下，补体裂解活化后，大片段与靶分子结合，小片段则与受体结合引起局部炎症反应。上标横线的补体片段或复合物用来表示具有酶的活性，补体活化片段结合到一起形成功能性复合物，如 C $\overline{4b2a3b}$、C $\overline{3bBb}$ 等。

三、补体活化途径

目前已知有经典途径、替代途径和凝集素途径 3 个补体活化途径。

（一）补体活化的经典途径

补体活化的经典途径（Classical pathway）主要是由抗原-抗体结合形成复合物活化的。抗体与抗原结合后，抗体构型发生改变，暴露出 Fc 片段 C_H2 区域的补体结合位点，与补体 C1 的亚基 C1q 结合，启动补体活化过程（图 11-2）。

补体 C1 是存在于血清中的大分子复合物，由 1 个 C1q、2 个 C1r、2 个 C1s 等亚基聚合而成（C $\overline{1qr_2s_2}$），每个亚基短肽都有含有两个功能域，一个是结合域，一个是催化域。C1q 结合 Fc 片段补体结合位点后，引起 C1r 构象发生改变，形成具有催化活性的丝氨酸蛋白酶 C $\overline{1r}$，C $\overline{1r}$ 裂解 C1s 使其成为具有活性的催化酶 C $\overline{1s}$，该酶的催化底物是补体 C4 与 C2，催化底物后形成 C $\overline{4b2a}$，该产物是 C3 转化酶。补体 C3 是由 α 与 β 链组成的异二聚体。C3 转化酶裂解 C3 形成 C3a 与 C3b，C3b 与 C3 转化酶结合形成三聚体具有酶活性的大分子 C $\overline{4b2a3b}$（C5 转化酶），C5 转化酶裂解 C5 形成 C5a 与 C5b，启动终末途径，即 C5b 与 C6、7、8、9 结合形成膜损伤复合体，直接破坏病原体。

除抗原-抗体复合物外，阴离子磷脂类化合物、脂质体 A 及大肠杆菌等都可以活化补体经典途径。

（二）补体活化的替代途径

补体活化的替代途径（alternative pathway）不依赖于抗体。该途径活化过程主要涉及 C3、B 因子和 D 因子。如前所述，C3 是由 α 与 β 链组成的异二聚体，中间有二硫键连接，C3 结构不稳定，自然发生水解后形成 C3a 与 C3b，C3b 与细胞膜成分结合（包括细菌或宿主自身的细胞），但由于宿主细胞表面

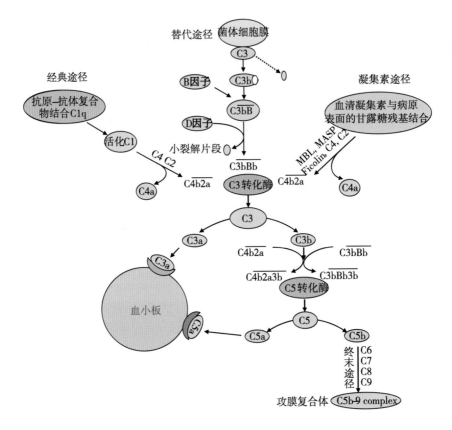

图 11-2　补体活化途径模式图

　　补体活化途径包括经典途径、替代途径和凝集素途径，各途径活化起始信号不同，但最终都通过终末途径形成 C5b-9 攻膜复合体，造成膜损伤。在经典途径中，原始活化信号源自 C1q 与抗原抗体复合物中 Fc 片段 $C_{H}2$ 的补体结合位点结合，或与 C 反应蛋白（C-reactive protein，CRP）结合或与死亡的细胞结合，随后招募并裂解 C4、C2 补体，形成 C$\overline{4b2a}$（C3 转化酶）。在替代途径中，原始信号可以是细菌菌体的脂多糖、糖蛋白或细胞膜水解酶裂解 C3 形成的 C3b 片段，在 B 因子和 D 因子作用下形成 C$\overline{3bBb}$（C3 转化酶）。凝集素途径（MBL/MASP 途径）的启动信号是血清凝集素与病原表面的甘露糖残基结合，活化了 MBL 相关蛋白酶（MASP1-3），该酶裂解 C4、C2 补体，形成 C$\overline{4b2a}$（C3 转化酶）。C3 转化酶裂解 C3，形成 C3a 与 C3b 两个片段，C3b 与 C3 转化酶结合形成 C5 转化酶（C$\overline{3bBb3b}$，C$\overline{4b2a3b}$），C5 转化酶裂解 C5 形成 C5a 与 C5b 两个片段，C5b 招募 C6、C7、C8、C9 形成 C5b-9 攻膜复合体，裂解靶细胞。C4a 片段参与过敏反应及炎症反应，C3a 与 C5a 与血小板膜的特异受体结合，参与局部炎症反应。

　　有大量的唾液酸使 C3b 失活，而细菌表面仅有很少的唾液酸不能使 C3b 灭活，因而招募和结合 B 因子，形成 C3bB 复合物，而 B 因子是血清 D 因子的底物。在 D 因子作用下，C3bB 中的 B 被裂解，形成 C$\overline{3bBb}$（C3 转化酶），裂解 C3 形成 C3a 与 C3b，C3b 与 C$\overline{4b2a}$、C$\overline{3bBb}$结合形成 C5 转化酶（C$\overline{4b2a3b}$、

$\overline{C\,3bBb3b}$），裂解 C5 形成 C5a 与 C5b，启动终末途径。

（三）凝集素途径

补体活化的凝集素途径［lectin pathway or mannose-binding lectin (MBL) pathway］也与抗体无关。该途径活化的启动过程是由于宿主血清中的凝集素与菌体表面的甘露糖结合。如沙门氏菌、李氏杆菌、白色念珠菌、隐球菌等表面的糖蛋白分子都含有甘露糖残基，与急性反应蛋白凝集素结合后，形成 MBL，MBL 招募活化丝氨酸蛋白酶 MASP-1 与 MASP-2，这两种酶与 C1r 及 C1s 的结构和功能相似，能裂解和活化 C4 与 C2，进而产生 $\overline{C\,4b2a}$，（C3 转化酶），后续过程与经典途径相同。

补体系统三种活化途径最后都要经过终末途径（terminal pathway），即 C5b 招募结合 C6、C7、C8、C9 后形成攻膜复合体（membrane-attack complex，MAC），引起膜损伤（图 11-3）。

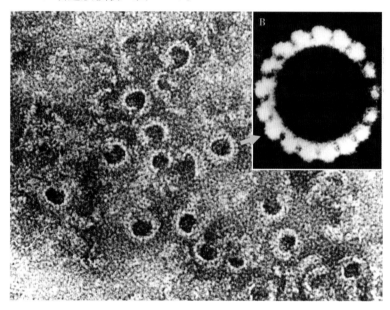

图 11-3 电镜扫描补体损伤红细胞膜图像

补体活化后，终末阶段形成攻膜复合体，在靶细胞膜上形成圆形孔洞，破坏细胞膜，使大量胞内物质外溢，最后裂解（图 A 引自 J. Humphery 和 R. Dourmashkin，1969，Adv. Immunol. 11：75；图 B 引自 E. R. Podack，1986，*Immunology of the Complement System*，Academic Press）。

四、补体系统活化后的生物学效应

补体系统活化后产生多种生物学效应，如裂解靶细胞、抗原调理吞噬作用、清除免疫复合物、免疫调控、炎症反应等。这些作用的发挥依赖于补体系统在活化过程中产生的活性片段或攻膜复合物（MAC）。动物体内多种细胞表达补体受体，能结合补体裂解后的活性片段，补体与特异受体结合后产生生物学效应（表 11-1）。

表 11-1　补体受体及相应的生物学效应

补体受体	补体成分（配体）	表达受体的细胞	生物学效应
C3a/C4a 受体	C3a，C4a	肥大细胞、嗜碱性粒细胞、颗粒细胞	诱导细胞脱粒；促进局部炎症反应
CR1（CD35）	C3b，C4b	血红细胞、嗜碱性粒细胞、嗜酸性粒细胞、单核细胞、巨噬细胞、树突状细胞、某些 T 细胞	抑制形成 C3 转化酶；结合免疫复合物加强吞噬
CR2（CD21）	C3d，C3dg	B 细胞、树突状细胞、某些 T 细胞	属于 BCR 的组成部分；结合 EB 病毒
CR3（CD11b/18）CR4（CD11c/18）	iC3b	单核细胞、巨噬细胞、中性粒细胞、NK 细胞、某些 T 细胞	与中性粒细胞上的黏附分子结合，促进细胞向炎症部位移行；结合免疫复合物，加强吞噬作用
C5a 受体	C5a	肥大细胞、嗜碱性粒细胞、颗粒细胞、单核细胞、巨噬细胞、血小板、内皮细胞	诱导细胞脱粒；促进局部炎症反应

注：iC3b 是 C3b 被裂解出 1 个小片段后余下的部分。

　　补体系统活化后经终末途径形成的攻膜复合体可裂解多种细胞，如革兰氏阴性菌、寄生虫、病毒、红细胞和有核的动物细胞。由于替代途径和凝集素途径活化过程中不依赖于抗体，而经典途径中依赖抗体-抗原结合活化也仅是该途径活化的多种情况之一，所以补体系统属于先天性免疫的一部分。补体系统在抗感染免疫中发挥重要作用，由于病毒的囊膜主要来源于感染细胞的细胞膜，因此容易被补体裂解，目前已知易被补体裂解的病毒有疱疹病毒、正黏液病毒、副黏液病毒、反转录病毒等。

　　多数革兰氏阴性菌易被补体裂解，但有些菌通过某些机制产生抗补体裂解的抗性，如大肠杆菌和沙门氏菌从菌落粗糙型转变为平滑型后，就产生了对补体裂解的抗性，主要是平滑型菌体表面的细胞壁脂多糖（LPS）有很多长的多糖侧链，阻止了攻膜复合体接触细胞膜。革兰氏阳性菌细胞壁由于有大量的黏肽（peptidoglycan）成分，阻止了攻膜复合体接触细胞膜，因此革兰氏阳性菌不易被补体裂解。另外，有些病原微生物进化出多种抗补体的机制，如肺炎球菌通过荚膜阻止 C3b 与菌体接触；有些细菌分泌一些酯酶灭活 C3a 和 C5a，阻止 C3a 和 C5a 引起炎症反应；还有一些病原分泌一些补体抑制因子，抑制补体系统活化。

五、补体系统的调控

虽然补体系统活化属于先天性免疫应答的重要组成部分，对病原清除有重要作用，但过强的补体活化过程也会对自身组织产生损伤作用，因此补体系统在长期进化过程中形成了精细的调控机制，在维护自身稳定方面起着重要作用。H 因子（本身参与补体替代途径活化过程）与经典途径中的 C1q 竞争结合阴离子磷脂、脂质体 A 和大肠杆菌（这三类物质都能激活补体经典途径），阻止经典途径活化。H 因子最重要的作用是与 C3b 结合促进替代途径中 C3 转化酶（$\overline{C3bBb}$）的降解，同时也促进 C3b 与细胞膜结合。由于补体系统活化的三种途径都产生 C3b，C3b 产生量不足会使动物易感性增加，而 C3b 产生过多会造成免疫损伤，因此 H 因子对 C3b 的调控作用十分重要，是重要的补体系统调控因子。目前已发现多种补体调控因子，其作用与作用形式见表 11-2。

表 11-2 补体系统调控因子及其作用

补体调控蛋白	蛋白性状	蛋白功能	调控的补体途径
C1 抑制因子（C1inh）	可溶性	是一种丝氨酸蛋白酶抑制因子，使 $C1r_2s_2$ 与 C1q 解离	经典途径
C4b 结合蛋白（C4b binding protein, C4bBP）	可溶性	与 C4b 结合阻止 C3 转化酶的形成；与 I 因子共同作用，裂解 C3b	经典途径，凝集素途径
H 因子	可溶性	阻止 C3 转化酶形成；裂解 C3b；促进 C3b 与膜结合	替代途径
CR1 (complement receptor type I)；MCP (membrane-cofactor protein, CD46)	膜结合型	通过与 C3b 和 C4b 结合，阻止 C3 转化酶的形成；促进 C4b、C3b 或 C3bBb 的裂解	经典途径，替代途径，凝集素途径
DAF (Decay-accelerating factor, CD55)	膜结合型	促进 C3 转化酶解离	经典途径，替代途径，凝集素途径
I 因子	可溶性	是一种丝氨酸蛋白酶，与 C4bBP、CR1、H 因子、DAF 或 MCP 共同作用，裂解 C3b 和 C4b	经典途径，替代途径，凝集素途径
S 蛋白	可溶性	结合 C5b67，阻止其嵌入细胞膜	终末途径

（续）

补体调控蛋白	蛋白性状	蛋白功能	调控的补体途径
HRF （Homologous restriction factor）；MIRL （membrane inhibitor of reactive lysis，CD59）	膜结合型	结合 C5b678，阻止 C9 结合	终末途径
过敏毒素灭活因子	可溶性	灭活过敏毒素 C3a、C4a 以及 C5a 的活性	效应阶段

如果补体来源于不同种类的动物，则裂解细胞的作用更强，这种现象与抑制攻膜复合体形成的两种蛋白有关。这两种蛋白分别是 HRF （Homologous restriction factor）和 MIRL （membrane inhibitor of reactive lysis，CD59），存在于多种细胞膜上。HRF 和 MIRL 与 C8 结合阻止 C9 形成攻膜复合体，防止非特异性细胞裂解。然而，HRF 与 MIRL 的补体抑制作用仅在靶细胞是源自同种动物时才出现，如果补体与靶细胞来源于不同动物，HRF 与 MIRL 的补体抑制也就丧失了。这在临床上进行器官移植研究中非常重要。

六、补体的免疫调节作用

补体活化过程中形成的补体片段，在免疫调控中起到的作用不尽相同，如 C3a 片段抑制体液免疫应答，而 C5a 则促进体液免疫应答。C3b 的裂解片段 C3d 与 B 细胞膜蛋白 CD21 （complement receptor 2，CR2）结合后促进 B 细胞活化，因此 C3d 可以作为疫苗佐剂提高免疫效果。CD46 是一种膜分子受体，能裂解 C4b、C3b 或 C3bBb，抑制补体活化，T 细胞也表达 CD46，该受体介导免疫调控信号，抑制 Th1 细胞产生 IFN-γ，而转向产生 IL-10，抑制免疫应答，避免免疫损伤。

C3a、C4a 和 C5a 又称为过敏毒素，主要是由于这些小分子物质能引起强烈的炎症反应。然而近来研究发现，这些过敏毒素参与树突状细胞和巨噬细胞的活化过程，对 T 细胞免疫应答有重要的调控作用。

七、补体与疾病

如果动物在遗传上有补体成分缺陷，就会对病原更易感，由于影响免疫复合物的清除，因此会更易患系统性红斑狼疮（SLE）。任何补体调控蛋白缺陷，都会引起相应的临床疾病，如 DAF 或 MIRL 缺陷会引起阵发性夜间血红蛋白尿 （paroxysmal nocturnal hemoglobinuria，PNH），长期导致慢性溶血性贫血。DAF 与 MIRL 都是细胞膜上的蛋白分子，具有抑制补体裂解细胞的作用，但两者作用的机制不同。DAF 在经典途径、替代途径和凝集素途径中通过解离或灭活 C3 转化酶而抑制细胞裂解。MIRL 通过与 C8 结合阻止 C9 形成攻膜复合体，抑制细胞裂解。因此，如果 DAF 或 MIRL 缺陷，补体裂解细胞会失去调控作用，使得大量红细胞溶解，引起 PNH，常见的相关症状是静脉粥样硬化，严重影响肝脏功能，引起骨髓渐进性功能衰竭，病人平均存活 10～15 年。另外，在补体经典途径中，任何成分（C1q、C1r、C1s、C4、C2）有缺陷都会引起类似的临床症状，如与免疫复合物相关的疾病 SLE、肾小球肾炎、动脉炎等，患者也会出现化脓性细菌（葡萄球菌、链球菌）反复感染，这些细菌对补体细胞溶解也有抗性。

有 C3 缺陷的病人会出现细菌反复感染及免疫复合物相关的疾病，C1 抑制因子（C1 inhibitor，C1Inh）缺陷会引起呼吸道或消化道水肿和炎性渗出。强光可在眼底部激活补体系统，如果补体调控系统活化后不能及时调控，会引发老年眼底黄斑病（age-related macular degeneration，AMD），目前发现 C1Inh 也与此有关。CD46 缺陷会导致 SLE、哮喘、风湿性关节炎等。溶血性血尿综合征（Haemolytic uraemic syndrome，HUS）病人往往与 H 因子、CD46、I 因子、C3、B 因子等基因突变有关。CR1 是补体 C3b 和 C4b 的受体，存在于多种细胞膜上，该受体在人群中具有多态性（polymorphism），与阿尔茨海默病（Alzheimer's disease，AD，又名老年痴呆症）的发生有关。H 因子具有多态性，与人种的地域分布有关。

思考题

1. 补体的概念是什么？
2. 补体有哪些生物学作用？
3. 补体活化的经典途径、替代途径、凝集素途径的特点是什么？
4. 补体有哪些免疫调节作用？

参考文献

Choileain S. N., Astier A. L. 2012. CD46 processing：A means of expression [J]. Immunobiology，217：169-175.

Cipriani V., Matharu B. K., Khan J. C., et al. 2012 . Genetic variation in complement regulators and susceptibility to age-related macular degeneration [J] . Immunobiology，217：158-161.

Crehan H., Holton P., Wray S., et al. 2012. Complement receptor 1（CR1）and Alzheimer' s disease ［J］. Immunobiology，217：244-250.

Ermini L.，Wilson I. J.，Goodship T. H. J，et al. 2012. Complement polymorphisms：Geographical distribution and relevance to disease ［J］. Immunobiology，217：265-271.

Gibson J.，Hakobyan S.，Cree A. J.，et al. 2012 Variation in complement component C1 inhibitor in age-related macular degeneration ［J］. Immunobiology，217：251-255.

Goldsby R. A.，Kindt T. J.，Osborne B. A. 2007. *Kuby Immunology* ［M］. 6th ed. New York：WH Freeman and Company.

Heeger P. S.，Kemper C. 2012. Novel roles of complement in T effector cell regulation ［J］. Immunobiology，217：216-224.

Johnson S.，Waters A. 2012. Is complement a culprit in infection-induced forms of haemolytic uraemic syndrome? ［J］. Immunobiology，217：235-243.

Kerr H.，Richards A. 2012. Complement-mediated injury and protection of endothelium：Lessons from atypical haemolytic uraemic syndrome ［J］. Immunobiology 217：195-203.

Khandhadia S.，Cipriani V.，Yates JRW，et al. 2012. Age-related macular degeneration and the complement system ［J］. Immunobiology，217：127-146.

Kishore U.，Sim R. B.，Factor H. 2012. As a regulator of the classical pathway activation ［J］. Immunobiology，217：162-168.

Perkins S. J.，Nan R.，Li K.，et al. 2012. Complement Factor H-ligand interactions：Self-association，multivalency and dissociation constants ［J］. Immunobiology，217：281-297.

Volanakis J. E. 1984. Complement system：1983 ［J］. Sur Immunol Res，3：202-208.

Zhou W. 2012. The new face of anaphylatoxins in immune regulation ［J］. Immunobiology，217：225-234.

>>> 阅读心得 <<<

第十二章　超敏反应与自身免疫病

> **概述：** 机体在清除抗原的过程中有时会出现异常强烈的免疫应答，造成组织器官损伤，这种异常强烈的免疫应答称为超敏反应（hypersensitive reaction），也称为过敏反应（allergy）。自身免疫病（autoimmune disease）指免疫系统针对自身的组织器官不能耐受而产生免疫应答，造成自身组织器官损伤。超敏反应引起的免疫损伤是因反应过度，即免疫应答造成的损伤是"无意"的，而自身免疫病引起的免疫损伤是因对自身组织不耐受，即免疫系统主动识别和攻击自身组织抗原，这种免疫应答造成的损伤是"有意"的。超敏反应的主要原因是免疫应答调控出了问题，而自身免疫性疾病则是免疫耐受被打破。无论超敏反应还是自身免疫病都是异常免疫应答造成的病理损伤过程。

第一节　超敏反应类型与作用机制

20世纪初，在欧洲海滩上时常出现水母（jellyfish）蜇人事故，摩纳哥王子（Albert）在游船上偶遇法国教授Charles Richet，建议他研究水母毒素。Richet与Georges Richard及Paul Portier一起将水母突触用甘油萃取，将溶于甘油的毒素注射动物能成功复制出水母蜇人的症状。Richet回到法国后因没有水母样本，于是用具有相似毒素的海葵（actinia）为试验材料进行甘油萃取毒素。Richet与Portier一起成功地从海葵中获得毒素。他们通过给犬注射毒素计算致死剂量，在试验中，有些犬没有死，幸存下来的犬一般在3~4天后症状消失，再经过3~4周后完全恢复，可再次用于致死性试验。然而，当Richet给第一次试验存活的犬再次注射毒素时，发现极低剂量的毒素就引起动物出现异常严重的症状，包括呕吐、血痢、昏厥、呼吸困难甚至死亡。显然动物对再次注射同一毒素出现了过度反应（overreaction）。Richet与Portier创造了一个词"过敏"（anaphylaxis），以描述这种过度反应。Anaphylaxis源自希腊词phylaxis（protection），保护的意思。随后，大量试验证实，引起过敏反应不仅仅局限于毒素，注射动物血清、蛋白、牛奶等都会引起过敏反应。

1913 年，Richet 因发现过敏反应而荣获诺贝尔医学奖。

随着超敏反应的研究进展，人们发现引起超敏反应有几种不同的机制。P. G. H. Gell 和 R. R. A. Coombs 提出将超敏反应分为四种类型。其中前三种超敏反应是由体液免疫造成的，即与抗原-抗体有关；而第四种类型与细胞免疫有关，又称为迟发型超敏反应。这种划分有利于分类进行研究，但在免疫损伤方面并没有严格的界限。

目前仍然沿用 Gell 与 Coombs 的超敏反应分类方法。超敏反应分为四种类型：I 型，为 IgE 介导的过敏反应；II 型，为抗体介导的过敏反应；III 型，为免疫复合物介导的过敏反应；IV 型，为细胞介导的过敏反应，又称为迟发型超敏反应(DTH)。

一、I 型超敏反应

I 型超敏反应 （type I hypersensitive reaction） 又称为 IgE 介导的过敏反应，是由过敏原引起的免疫应答。与正常免疫应答不同的是，过敏原诱导浆细胞产生的抗体主要是 IgE，而 IgE 的 Fc 片段与肥大细胞及嗜碱性粒细胞表面的 Fc 受体结合，IgE 结合细胞的过程称为致敏；但致敏肥大细胞和嗜碱性粒细胞再次遇到同种过敏原时，嵌合在细胞表面的 IgE 与过敏原结合导致细胞脱粒，释放的颗粒中含有大量的活性物质，这些活性物质具有引起血管扩张、平滑肌收缩等作用 （图 12-1）。

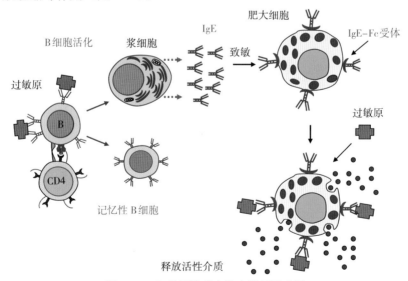

图 12-1　I 型超敏反应发生机制示意图

过敏原活化 B 细胞，活化的 B 细胞分化为浆细胞，分泌 IgE，IgE 与肥大细胞及嗜碱性粒细胞 Fc 受体结合 （致敏过程），致敏细胞再次结合过敏原后，释放活性介质 （组胺、肝素、5-羟色胺嗜酸性粒细胞趋化因子、中性粒细胞趋化因子、蛋白酶等），引起局部或全身血管扩张与通透性增加、平滑肌收缩、招募炎性细胞、损伤黏膜完整性等。

引起Ⅰ型超敏反应的过敏原有蛋白、植物花粉、药物、食物、昆虫产物、霉菌孢子等（表12-1）。长期以来，人们一直研究过敏原的分子结构与特征，但仍然没有明确的答案。多数过敏原属于小分子蛋白或能与蛋白载体结合的小分子化合物，但是否能通过结构界定免疫原没有明确答案。越来越多的证据表明，过敏反应可能与个人体质与遗传关系更大。

肥大细胞和嗜碱性粒细胞表达两种IgE受体，一种是高亲和力受体Fc εRⅠ，与IgE结合的亲和力 $Kd = 1 \times 10^{-9}$。另一种是低亲和力受体Fc εRⅡ（又称CD23），IgE结合的亲和力 $Kd = 1 \times 10^{-6}$。两者与IgE结合的亲和力相差1 000倍。Fc εRⅠ能与IgE的 C_H3/C_H3 以及 C_H4/C_H4 功能域结合，而Fc εRⅡ仅与 C_H3/C_H3 结合。据分析，IgE受体在每个嗜碱性粒细胞上有4万～9万个分子。

表 12-1　常见的过敏原种类

过敏原种类	常见的过敏原
蛋白质	异种动物血清、疫苗
植物花粉	黑麦、豚草、猫尾草（梯牧草）、桦树
药物	青霉素、磺胺、局麻药、水杨酸盐
食物	坚果、海产品、鸡蛋、豌豆、大豆
昆虫产物	蜂毒液、蚂蚁毒液、尘螨
其他	动物皮毛和皮屑、霉菌孢子

Ⅰ型超敏反应的最终过程是肥大细胞和嗜碱性粒细胞脱粒，释放活性介质，活性介质作用于靶组织产生效应。而细胞脱粒依赖于IgE受体的交联（receptor crosslingkage），多种因素能引起受体交联，如过敏原、某些化合物、过敏毒素（补体片段C3a、C4a、C5a）、抗Fc εR抗体等。只要能引起IgE受体交联就会引起细胞脱粒，启动Ⅰ型超敏反应。在临床上，Ⅰ型超敏反应十分常见，既有全身性过敏反应又有局部过敏反应。

(一) 全身性过敏反应

全身性过敏反应，病程发展十分迅速，通常几分钟内死亡。对过敏反应最敏感的动物是豚鼠，其次是犬。如豚鼠初次接种抗原OVA，如果2周后通过静脉途径再次接种OVA，动物会在1min内出现呼吸困难、血压下降、大小便失禁，2～4min死于窒息。解剖后会发现动物出现全身性大面积水肿、气管与支气管紧缩、休克等病理变化。

(二) 局部过敏反应

局部过敏反应主要局限于特定的组织和器官，如皮肤或黏膜表面等最容易和过敏原接触的地方。人群中有局部过敏的比例很高，占 20％ 以上，与遗传有一定关系。常见的局部过敏有过敏性鼻炎、哮喘、湿疹、食物过敏等。

1. 过敏性鼻炎（allergic rhinitis）　是最常见的局部过敏疾病，又称为枯草热（hay fever），是由空气中飘浮的过敏原引起的 Ⅰ 型超敏反应，致敏的肥大细胞脱粒引起眼结膜、鼻黏膜血管扩展和毛细血管通透性增加，出现结膜炎、流涕、打喷嚏和咳嗽等症状。

2. 哮喘（asthma）　也是常见的局部过敏反应。引起哮喘的过敏原可通过空气或血液传播，如花粉、尘埃、浓烟、昆虫分泌物、病毒抗原等。在某些情况下，运动或感冒也能诱发哮喘。哮喘的主要原因是活性介质（由肥大细胞脱粒释放）引起气管或支气管平滑肌收缩，引起呼吸道狭窄。另外，呼吸道水肿、分泌物增多也加剧了呼吸困难。临床上常将哮喘当作炎症，分为早期和晚期两个反应阶段：早期反应指机体接触过敏原后几分钟内出现组胺、白三烯、前列腺素等介质释放，引起血管扩张、气管收缩、黏液增多等；晚期反应发生于几小时后，更多的炎性介质释放，包括 IL-4、IL-5、IL-16、TNF-α、嗜酸性粒细胞趋化因子（ECF）、血小板活化因子（PAF）等。这些炎性介质增加内皮细胞黏附作用，招募嗜酸性粒细胞、中性粒细胞等炎性细胞聚集到气管组织。嗜酸性粒细胞与中性粒细胞通过释放有毒性的酶、氧自由基、细胞因子等损伤组织。组织损伤引起更严重的炎性渗出，包括黏液增多、上皮细胞脱落及细胞碎片等，易形成气管栓塞，黏膜下基底层炎性细胞浸润使气管壁增厚，气道更加狭窄。据统计，美国有 5％ 的人有哮喘，近年来这个数据在不断上升。儿童发生率最高，尤其是生活在城市内的非洲裔的人群高发。尽管有些遗传学研究证明哮喘与遗传有关，但遗传因素在发病原因中占 40％～60％。基因组测序表明，在第 5 号染色体 5q31-33 区域与哮喘有连锁关系，这个区域的基因编码 IL-3、IL-4、IL-5、IL-9、IL-13、GMCSF 等细胞因子，而 IL-4 是促进 IgE 表达的关键细胞因子，调控 IL-4 的启动子存在多态性（polymorphism），与哮喘发生有关。美国的临床调查表明，城市中孩子的哮喘很多与蟑螂过敏原有关，这说明公共卫生非常重要。

3. 过敏性湿疹（allergic eczema）　是发生于皮肤的炎症反应，与家族遗传有关，常见于婴幼儿。患儿血清中的 IgE 浓度升高，皮肤出现红肿斑块甚至破裂化脓。皮炎患处 Th2 淋巴细胞和嗜酸性粒细胞浸润。

4. 食物过敏（food allergies）　可以由多种食物引起。食物中的过敏原与消化道的 IgE 致敏的肥大细胞结合，引起细胞脱粒，活性物质引起局部血管扩张、体液渗出增加、平滑肌收缩，引起呕吐或腹泻。由于肠黏膜通透性增加，过敏原可能进入血流，进入其他组织引起相应的局部过敏症状，如有些人由于食物过敏而引起哮喘,有的引起蜂窝织炎,有的出现皮肤水肿或湿疹。

(三) Ⅰ型超敏反应检测方法

常用的Ⅰ型超敏反应检测方法是局部皮肤试验,用少量的抗原进行皮内注射,30min之内检验局部皮肤炎症反应情况,确定机体是否对该抗原过敏,如果出现局部丘疹和红肿,说明机体对该抗原过敏。另外,也可以通过检测血清中的特异性IgE,确定机体是否会出现Ⅰ型超敏反应,常用的检测IgE血清学技术是放射性免疫检测试验。

(四) Ⅰ型超敏反应的防控

防控Ⅰ型超敏反应首先要避免与过敏原接触,如清除室内的尘螨、不接触小动物、不接触过敏性食物等,但对花粉过敏很难做到完全不与空气中的花粉接触。免疫治疗可以采取多次注射过敏原的方法,注射剂量应逐渐增大,达到脱敏的状态,如过敏性鼻炎采取这种治疗方法效果很好。主要机制是多次皮下注射过敏原使免疫应答转向产生IgG或Th1免疫应答,IgG可以中和过敏原,最后由巨噬细胞清除,Th1免疫应答抑制IgE的产生。另外一种免疫治疗方法是通过注射抗IgE的人源化抗体中和IgE。除了免疫治疗外,临床上常用化学药物阻断组胺受体,起到抗组胺的活性作用。过敏性休克(如哮喘)时,可采用肾上腺素注射进行紧急治疗,肾上腺素与气管平滑肌的β-肾上腺素能受体结合促进气管平滑肌舒缓和松弛,也可与肥大细胞上的β-肾上腺素能受体结合抑制细胞脱粒。糖皮质激素抑制免疫应答,也可以用于治疗过敏反应。

二、Ⅱ型超敏反应

Ⅱ型超敏反应(type Ⅱ hypersensitive reaction)是由抗体介导的靶细胞损伤,包括抗体结合靶细胞后引起抗体依赖性细胞介导的细胞毒作用(ADCC,参见第六章)、抗体介导的调理吞噬作用,以及抗体结合靶细胞后引起的补体活化后的细胞损伤作用。

(一) 溶血性输血反应 (hemolytic transfusion reactions)

红细胞的细胞膜上有多种蛋白和糖蛋白分子,根据不同人群表达的膜蛋白抗原类型不同,临床上将血型分为四种(A、B、AB、O)。针对A、B、O抗原的抗体称为同型血凝素(isohemagglutinins)。由于在成长的过程中,接触体内外环境微生物,有些微生物具有和A、B抗原相似的抗原表位,因此体内会存在针对不同血型的同型血凝素。如 A 血型的人红细胞含有 A 抗原，但血清中含抗 B 抗原的同型血凝素，当输入 B 型血的血液时，会出现溶血，但可以接受 O 型血液；同样，B 血型的人红细胞含有 B 抗原，但血清中含抗 A 抗原的同型血凝素，当输入 A 型血的血液时，会出现溶血，但可以接受 O 型血液；AB 血型的人红细胞含有 AB 抗原，血清中不含同型血凝素，可以接受其他血型的血液；而 O 血型的人红细胞即无 A 抗原也无 B 抗原，但血清中含抗 A 和抗 B 抗原的同型血凝素（见第六章表 6-2），只能接受同血型的血液。当受体的血液含有的同型血凝素与输入的红细胞抗原识别时，在补体的作用下出现溶血。红细胞除了有 A、B、O 抗原外，还有其他的抗原，最常见的是 Rh、Kidd、Kell、Duffy 等抗原，在患者重复多次输血情况下会产生对这些抗原的抗体，患者会出现迟发型溶血输血反应（delayed hemolytic transfusion reactions）。

（二）新生儿溶血症 （hemolytic disease of the newborn）

新生儿溶血症是由于母源抗体（主要是 IgG）通过胎盘或初乳进入婴儿体内，与婴儿的红细胞抗原结合，在补体的作用下引起溶血的疾病。该病通常发生于母亲是 Rh⁻ 而后代是 Rh⁺ 的婴儿，一般发生于第二胎或第二胎以后的子女。Rh⁻ 母亲怀孕头胎分娩时，婴儿的部分脐带血经子宫进入母体，Rh⁺ 红细胞引起免疫应答，母体产生抗 Rh 的抗体及记忆细胞。当母体再次接触 Rh⁺ 红细胞时，迅速产生回忆性应答，血液和乳汁中有大量的 Rh 抗体，IgG 可以通过胎盘直接进入胎儿体内，引起溶血，胎儿出现贫血。另外，初生婴儿肠壁发育不健全，可直接将母源抗体吸收进入循环系统，Rh 抗体与 Rh⁺ 红细胞结合，在补体作用下出现溶血。婴儿溶血会导致严重后果，血红素在体内转化为胆红素，胆红素积累过多引起脑损伤。有溶血的婴儿会出现程度不同的黄疸，严重的可引起死亡。临床上常用低剂量的紫外线照射加速分解胆红素，避免脑损伤。新生儿溶血症在临床上常见于 O 血型的母亲生的 A 或 B 型血的婴儿。如果事先检测母亲是 Rh⁻ 而胎儿是 Rh⁺，在头胎儿出生 1～2 天内，给母亲注射 Rh 抗体，清除母体内的 Rh⁺ 红细胞避免免疫应答，可以降低后续胎儿出现新生儿溶血症的风险。

（三）药物引起的溶血性贫血 （drug-induced hemolytic anemia）

有些抗生素在体内容易与红细胞膜上的蛋白分子结合，类似于半抗原-载体复合物，在某些人体内会引起免疫应答，产生针对半抗原的抗体，产生的抗体与红细胞表面的抗原结合，在补体作用下引起溶血。常见引起溶血性贫血的药物有青霉素、头孢菌素、链霉素等。药物引起的溶血是逐渐形成的，停药后，溶血随即停止。有些药物不仅仅引起Ⅱ型超敏反应，还引起其他类型的超敏反应，如青霉素（表 12-2）。

表 12-2　青霉素引起各型超敏反应

超敏反应类型	参与超敏反应的抗体或细胞	临床症状
Ⅰ型	IgE	荨麻疹、全身性过敏
Ⅱ型	IgE、IgG	溶血性贫血
Ⅲ型	IgG	血清病、肾小球肾炎
Ⅳ型	T$_{DTH}$ cells	接触性皮炎

三、Ⅲ型超敏反应

抗体与抗原结合后形成复合物，通常情况下复合物由吞噬细胞清除，然而在某些情况下，大量的抗原-抗体复合物不能被迅速清除，沉积于某些组织引起局部炎症反应，造成组织损伤。Ⅲ型超敏反应（type Ⅲ hypersensitive reaction）的主要机制是抗原-抗体复合物沉积于组织后，活化补体系统，产生 C3a、C4a、C5a 等过敏毒素，引起局部肥大细胞脱粒，造成局部血管通透性增加，招募中性粒细胞引起局部炎症反应。局部组织损伤的直接原因是中性粒细胞在清除免疫复合物过程中释放裂解酶。C3b 与抗原-抗体复合物结合起着调理作用，中性粒细胞膜受体与 C3b 结合，加强其吞噬作用。然而，如果抗原-抗体复合物沉积于基底膜，就会阻碍细胞的吞噬作用，中性粒细胞在不能吞噬的情况下释放大量的裂解酶，损伤局部组织。另外，活化的补体系统也会形成攻膜单位造成局部损伤，活化的补体片段招募大量的血小板聚集，形成局部微环境血管栓塞，加剧局部损伤。抗原-抗体复合物在肾脏中沉积是引起肾小球肾炎的常见病因之一。

Ⅲ型超敏反应不仅发生于局部，也可以发生于全身。

（一）局部Ⅲ型超敏反应（local type Ⅲ hypersensitive reaction）

如果动物体内有高水平的抗过敏原抗体，那么经皮内或皮下注射过敏原，4～8h 后会引起免疫复合物局部沉积，中性粒细胞浸润，局部出现水肿、出血斑等炎症反应，局部组织外观红肿，甚至坏死。这种注射免疫原引起的局部过敏反应称为 Arthus 反应。如蚊虫叮咬，过敏个体迅速出现局部Ⅰ型过敏反应，在 4～8h 后局部出现 Arthus 反应，局部有明显的出血斑和水肿症状。某些细菌孢子、真菌、或者干燥的含蛋白粉尘，被吸入肺脏后，会引起肺部 Arthus 反应，如农民在翻动发霉的稻草时，霉菌孢子引起肺部

Arthus 反应，俗称为"农民肺"，多种过敏原都可以由呼吸道吸入引起肺部产生 Arthus 反应。

（二）全身性Ⅲ型超敏反应（generalized Type Ⅲ hypersensitive reaction）

当大量抗原进入体内时，由于抗原过量，抗原-抗体不能形成大的复合物，很难被吞噬细胞清除。这些小的复合物沉积于组织引起组织损伤。最常见的是注射异种动物抗毒素血清后，几天后有的个体出现多种症状综合征，包括发热、全身性红疹、水肿、淋巴结肿、关节炎、肾小球肾炎等，这种因注射血清引起的疾病，称为"血清病"（serum sickness）。血清病的严重程度主要决定于抗原-抗体复合物的大小、数量，以及沉积的部位。此外，抗原-抗体复合物如果不能及时清除会引起多种疾病过程，也包括某些自身免疫病，如红斑狼疮、风湿性关节炎、肺出血-肾炎综合征等。

四、Ⅳ型超敏反应

Ⅳ型超敏反应（type Ⅳ hypersensitive reaction）的特征是特异性 Th 细胞接触抗原释放细胞因子，引起大量的炎性细胞（主要是巨噬细胞）浸润，导致局部炎症反应。与前三型超敏反应相比，病原引发Ⅳ型超敏反应及组织损伤的时间有些延迟，因此又称为迟发型超敏性（delayed-type hypersensitivity，DTH）。DTH 反应的炎症区域招募的炎性细胞以巨噬细胞为主，这有别于Ⅲ型超敏反应（以中性粒细胞浸润为主）。尽管 DTH 反应会引起组织损伤，但对限制、杀灭和清除病原有利。引起 DTH 反应的病原主要为胞内寄生病原，如结核分支杆菌、单核细胞增生性李斯特菌、流产布鲁氏菌、白色念珠菌、荚膜组织胞浆菌、新型隐球菌、利时曼原虫、单纯疱疹病毒、痘病毒、麻疹病毒等。此外，某些接触性抗原也能引起 DTH 反应，如三硝基氯苯、镍盐、毒蔓藤等。

DTH 反应分为致敏阶段和效应阶段。DTH 反应致敏阶段（sensitization phase of DTH reaction）是机体初次接触抗原时，$CD4^+$ T 细胞识别 APC（主要是巨噬细胞、朗罕氏细胞、血管内皮细胞）的 MHC-Ⅱ类分子递呈的抗原被活化的过程。在某些情况下，$CD8^+$ T 细胞识别 MHC-Ⅰ类分子递呈的抗原被活化，也参与 DTH 反应。当活化的 T 细胞再次遇到抗原时，迅速增殖为效应性 T 细胞，通常在 1～3 天内，这个阶段为 DTH 反应的效应阶段（effector phase of DTH reaction）。在此阶段，效应性 CD4T 细胞分泌 Th1 细胞因子（IL-3 与 GM-CSF）和趋化因子（单核细胞趋化与活化因子，简称 MCAF；移行抑制因子，简称 MIF）招募集聚单核巨噬细胞，而 IFN-γ、TNF-α 等诱导巨噬细胞活化。活化的巨噬细胞产生促炎性细胞因子，作用于血管内皮细胞，使循环系统中的大量单核细胞和炎性粒细胞移行至局部组织，这些炎性细胞被活化后又分泌炎性因子，吸引更多的炎性细胞参与炎症反应，由此炎症反应不断放大和累积，形成肉芽肿或组织损伤（图12-2）。

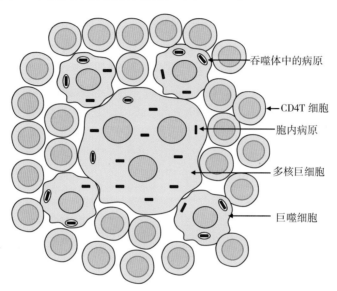

图 12-2　Ⅳ型过敏反应引起的结节样肉芽肿示意图

病原菌（如结核分支杆菌）入侵后引起 DTH 反应，该局部反应既有利又有弊。有利的是限制病原扩散，弊端是引起局部组织损伤。

接触性皮炎属于 DTH 反应，引起接触性皮炎的物质有福尔马林、三硝基酚、镍盐、松节油、化妆品中的活物质、毒蔓藤等。这些小分子化合物容易与皮肤蛋白分子结合形成复合抗原，由朗罕氏细胞吞噬并递呈，活化 Th 细胞。当机体皮肤再次接触同种化合物时，会引起 Th1 免疫应答，出现 DTH 反应。局部皮肤出现红肿或脓肿。

根据 DTH 反应的特点，可用皮试进行检测，如在结核检测时，以结核菌素皮内注射，48~72h 观察局部反应。如果皮肤红肿，说明以前感染过结核分支杆菌。另外，该方法也可以用于布鲁氏菌感染监测。

第二节　自身免疫病

自身免疫病是自身反应淋巴细胞攻击自身组织引起的疾病。正常情况下，免疫系统对自身组织抗原耐受，如果自身免疫耐受被打破，自身反应淋巴细胞就会针对自身抗原产生免疫应答，导致自身免疫病。机体避免自身免疫应答的方式主要有三方面。①中枢免疫耐受（central tolerance）：自身反应淋巴细胞在发育成熟过程中经过阴性选择被诱导凋亡清除；②外周免疫耐受（peripheral tolerance）：逃逸出中枢免疫器官的少量自身反应淋巴细胞到外周后接触自身抗原，但由于缺少第二刺激信号或被抑制，处于不反应状态（anergy）；③克隆忽略（clonal ignorance）：自身反应淋巴细胞因自身抗原封闭（血脑屏障、血睾屏障、眼球屏障等）接触不到自身抗原，处于被"忽略"的状态。正常个体的外周循环系统中存在部分自身反应性淋巴细胞，这些细胞在免疫调控下处于被抑制状态、不反应状态或接触不到自身抗原，这都属于自身耐受，但如果耐受被打破，则会导致自身反应性淋巴细胞活化，造成组织器官损伤，引起自身免疫病。

一、自身免疫病的主要类型

无论是自身反应性抗体还是自身反应性 T 细胞都可以引起自身免疫病，有的是由两者共同引起的。自身免疫病既可以发生于局部特定组织，也可以发生于多个组织造成全身性损伤（表 12-3）。

表 12-3 自身免疫病的主要类型

疾病名称	自身抗原	免疫应答	损伤范围	疾病特征
肺出血-肾炎综合征（Goodpasture's syndrome）	肾肺基底膜	自身抗体	特定组织（肺、肾）	肺肾同时损伤、咯血、肺部炎性浸润、肾小球肾炎
爱迪生氏病（Addison's disease）	肾上腺细胞	自身抗体	特定组织（肾上腺）	低血压，体重减轻，食欲缺乏，有时皮肤有青铜样黑色素沉着
自身免疫溶血性贫血（autoimmune hemolytic anemia）	红细胞膜蛋白	自身抗体	特定组织（红细胞）	溶血性贫血
甲状腺突眼症（Grave's disease）	促甲状腺受体	自身抗体	特定组织（甲状腺）	甲状腺肿，甲亢
桥本甲状腺炎（Hashimoto's thyroiditis）	甲状腺细胞与蛋白	自身抗体	特定组织（甲状腺）	甲状腺肿大，甲状腺功能低下
Ⅰ型糖尿病（type Ⅰ diabetes，Insulin-dependent diabetes mellitus）	胰腺中 β 细胞	自身抗体，DTH 反应 T 细胞	特定组织（胰腺）	高血糖、糖尿症状

(续)

疾病名称	自身抗原	免疫应答	损伤范围	疾病特征
重症肌无力 (myasthenia gravis)	乙酰胆碱受体	自身抗体	特定组织 (肌肉)	是一种神经-肌肉接头部位因乙酰胆碱受体减少而出现传递障碍的自身免疫性疾病，使肌肉丧失了收缩功能
特发性血小板减少性紫癜 (idiopathic thrombocy-topenia purpura)	血小板膜蛋白	自身抗体	特定组织 (血小板)	血小板减少、全身有出血斑点
链球菌肾小球肾炎 (post streptococcal gl-omerulonephritis)	肾脏	抗原-抗体复合物	特定组织 (肾脏)	肾炎（尿蛋白、血尿、甚至尿毒症）
先天性不孕症 (spontaneous infertil-ity)	精子	自身抗体	特定组织 (精子)	不孕
干燥综合征 (Sjogren's syndrome)	唾液腺、肝、肾、甲状腺	自身抗体	全身性损伤	是一种损伤外分泌腺的全身性自身免疫病，主要侵犯泪腺和唾液腺，表现为干燥性角膜结膜炎、口腔干燥征及伴发类风湿关节炎等其他风湿疾病，并引起呼吸道、消化道、泌尿道、血液、神经、肌肉、关节等受损
强直性脊椎炎 (ankylosing spondyli-tis)	脊椎	免疫复合物	全身性损伤	脊柱各关节及关节周围组织出现损伤性炎症
硬皮病 (scleroderma)	细胞核、心脏、肺脏、胃肠道、肾脏	自身抗体	全身性损伤	结缔组织、皮肤纤维化
多发性硬化 (multiple sclerosis)	大脑和白髓	自身抗体，自身反应T细胞	全身性损伤	是一种脑和脊髓的疾病，临床上出现多发性硬化症、肌肉萎缩症或小儿麻痹症等，会导致病人残疾
风湿性关节炎 (rheumatoid arthritis)	结缔组织，IgG	自身抗体，免疫复合物	全身性损伤	以急性或慢性结缔组织炎症为特征，可反复发作并累及心脏。临床上表现为关节和肌肉游走性酸痛，属变态反应性疾病

（续）

疾病名称	自身抗原	免疫应答	损伤范围	疾病特征
全身性红斑狼疮（systemic lupus erythematosus）	DNA、核蛋白、红细胞、血小板膜	自身抗体，免疫复合物	全身性损伤	红斑狼疮、多种组织，如皮肤、血管、心、肝、肾、脑等器官和组织损伤

二、自身免疫病的原因与机制

不同类型的自身免疫病发生机制有所不同，但有共同的发生规律。临床研究表明，自身免疫病的发生有性别倾向性，如桥本甲状腺炎、全身性红斑狼疮、多发性硬化、风湿性关节炎、硬皮病等多发生于女性。这可能与生理及激素分泌有关。引起自身免疫病的原因与机制大致有以下几种：①封闭抗原释放引起自身免疫病；②分子模拟引起自身免疫病；③特定组织表达 MHC-Ⅱ分子致敏自身反应 T 细胞；④B 细胞多克隆活化引起自身免疫病。

（一）封闭抗原释放引起自身免疫病

在淋巴细胞发育成熟过程中，凡是与自身抗原结合的自身反应性淋巴细胞都被清除，然而某些自身抗原处于封闭状态不进入循环系统，不能与正在发育的淋巴细胞接触，因此针对这些封闭抗原的自身反应淋巴细胞得以成熟进入循环系统。这些封闭抗原一旦因某种原因释放出来，就会活化自身反应淋巴细胞，引起自身免疫病。如精子、眼球蛋白、心肌抗原等因细菌或病毒感染或机械损伤释放到血液，会活化自身反应 B 细胞产生自身反应抗体，引起不孕、眼疾、心肌梗死等。又如，髓磷脂基本蛋白（myelin basic protein，MBP）是大脑与脊髓中的蛋白，因血脑屏障不与免疫系统接触。但如果将 MBP 与佐剂混合直接注射小鼠，会引起试验性脑脊髓炎（EAE）。如果在小鼠胸腺中注射 MBP，使其接触在胸腺中发育的 T 细胞，与 MBP 反应的 T 细胞被清除，小鼠即使注射 MBP 与佐剂，也不容易得 EAE。

（二）分子模拟引起自身免疫病

20 世纪 80 年代初，人们发现有些抗病毒的单抗可以与宿主细胞某些蛋白分子结合，出现交叉反应。Michael Oldstone 提出，如果病原的抗原中某些成分或空间结构与宿主细胞中的某些组分相似，那么病原引起的免疫应答也会针对宿主细胞发生反应，引起自身免疫病。这种病原抗原与宿主组织蛋白的相似性称为分子模拟（molecular mimicry）。如链球菌抗原与心肌抗原、肾小球抗原、皮肤抗原存在分子模拟，因此链球菌感染容易引起自身免疫性肾小球肾炎、心肌炎、银屑病（俗称牛皮癣）。再如，疱疹病毒性间质角膜炎（herpes virus stromal keratitis，HSK），是小鼠感染Ⅰ型单纯疱疹病毒后，再次遇到病毒特定蛋白引起的自身免疫反应，造成角膜损伤，导致失明，主要原因是Ⅰ型单纯疱疹病毒蛋白与角膜蛋白有分子模拟。

（三）特定组织表达MHC-Ⅱ分子致敏自身反应T细胞

通常情况下健康的组织细胞只表达MHC-Ⅰ类分子，不表达MHC-Ⅱ类分子。然而，在某些自身免疫性疾病病例中，受损伤的组织高表达MHC-Ⅱ类分子，如Ⅰ型糖尿病病人的β细胞高表达MHC-Ⅱ类分子，而健康人的β细胞不表达MHC-Ⅱ类分子。再如，甲状腺突眼症病人的甲状腺腺泡高表达MHC-Ⅱ类分子。这些特定的组织高表达MHC-Ⅱ类分子，递呈自身抗原，活化自身反应Th细胞，引起自身免疫病。

试验证据表明，大量的IFN-γ促进组织细胞表达MHC-Ⅱ类分子，容易使自身反应Th细胞致敏，诱发自身免疫病。此外，IFN-γ会调控免疫应答向Th1免疫应答方向发展，更有利于自身反应CTL杀伤靶细胞，损伤自身组织。

（四）多克隆淋巴细胞活化引起自身免疫病

某些病原编码非胸腺依赖性抗原能诱导多个B细胞克隆同时活化，如果自身反应B细胞随着多克隆B细胞活化而得到活化，就会产生自身抗体。如果病原含有超抗原，在活化多克隆Th细胞时，也会活化自身反应Th细胞，引起自身免疫病。如革兰氏阴性菌、巨细胞病毒、EB病毒等都会引起多克隆淋巴细胞活化，感染病人产生抗红细胞和血小板的自身抗体。

三、自身免疫病的治疗

自身免疫病源于免疫系统针对自身抗原产生免疫应答，如果抑制自身免疫应答，也会同时抑制免疫系统的抗感染免疫和免疫监视功能，容易感染病原和患肿瘤性疾病。因此，最理想的治疗方法是只抑制自身免疫应答，而不影响正常的免疫应答。然而，目前为止还没有找到这种治疗方法。

目前所有自身免疫病的治疗方法都是治标不治本，仅仅在一定程度上缓解某些症状。如利用免疫抑制剂糖皮质激素、硝基咪唑硫嘌呤（azathioprine）、环磷酰胺等，可以抑制免疫应答，减轻自身免疫病的临床症状，但病人更易感染和产生肿瘤。环孢菌素A（cyclosporin A）及普乐可复（FK506）可抑制TCR介导的信号转导，抑制活化的T细胞，缓解自身免疫病的临床症状。另外，在重症肌无力病人，通过切除胸腺可缓解症状。在某些自身免疫病病例中，也可以通过血液过滤，清除抗原-抗体复合物来暂时缓解症状，如甲状腺突眼症、重症肌无力、风湿性关节炎、红斑狼疮等。利用分子生物学技术将CTLA-4 与 Ig 的 Fc 片段融合表达制备 CTLA-4Ig 融合蛋白，由于 CTLA-4 与B7 的亲和力高于 CD28 与 B7 的亲和力，所以 CTLA-4Ig 可以结合 APC 的 B7共刺激分子阻止 T 细胞活化，这种方法已经在临床上用于银屑病治疗试验，取得了较好的效果，有一定的临床应用前景。

思考题

1. 什么是超敏反应？
2. 什么是自身免疫病？
3. 超敏反应与自身免疫病有何区别？
4. Gell 与 Goombs 将超敏反应分为四个类型，各类型超敏反应的机制是什么？
5. 机体通过哪些方面避免自身免疫病？
6. 引起自身免疫病的原因与机制是什么？
7. 治疗自身免疫病应从哪些方面思考？

参考文献

Draborg A. H., Duus K., Houen G. 2013. Epstein-Barr Virus in Systemic Autoimmune Diseases [J]. Clin Dev Immunol，(535738): 1-9.

Floreani A., Liberal R., Vergani D., et al. 2013. Autoimmune hepatitis: Contrasts and comparisons in children and adults - A comprehensive review [J]. J Autoimmun，46: 7-16.

Getts D. R., Chastain E. M., Terry R. L., et al. 2013. Virus infection, antiviral immunity, and autoimmunity [J]. Immunol Rev，255 (1): 197-209.

Goldsby R. A., Kindt T. J., Osborne B. A. 2007. Kuby Immunology [M]. 6th ed. New York: WH Freeman and Company.

Invernizzi P. 2013. Liver auto-immunology: The paradox of autoimmunity in a tolerogenic organ [J]. J Autoimmun，46: 1-6.

Li H., Ice J. A., Lessard C. J., et al. 2013. Interferons in Sjögren′s Syndrome: Genes, Mechanisms, and Effects [J]. Front Immunol，4: 290-296.

Mavragani C. P., Moutsopoulos H. M. 2013. Sjögren′s Syndrome [J]. Annu Rev Pathol，9: 273-285.

Murphy G., Lisnevskaia L., Isenberg D. 2013. Systemic lupus erythematosus and other autoimmune rheumatic diseases: challenges to treatment [J]. Lancet，382 (9894): 809-818.

Palmer D., El Mledany Y. 2013. Treat-to-target: a tailored treatment approach to rheumatoid arthritis [J]. Br J Nurs，22 (6): 308, 310, 312-8.

Prieto-Pérez R. , Cabaleiro T. , Daudén E. , et al. 2013. Genetics of Psoriasis and Pharmacoge-netics of Biological Drugs [J] . Autoimmune Dis, (613086) . 1-13.

Statland J. M. , Ciafaloni E. 2013. Myasthenia gravis: Five new things [J] . Neurol Clin Pract, 3 (2): 126-133.

Wu M. , Assassi S. 2013 . The Role of Type 1 Interferon in Systemic Sclerosis. Front Immu-nol, 4: 266.

Zambrano-Zaragoza J. F. , Agraz-Cibrian J. M. , González-Reyes C. , et al. 2013. Ankylosing spondylitis: from cells to genes. Int J Inflam, (501653): 1-16.

Zhernakova A. , Withoff S. , Wijmenga C. 2013. Clinical implications of shared genetics and pathogenesis in autoimmune diseases. Nat Rev Endocrinol, 9 (11): 646-659.

>>> 阅读心得 <<<

第十三章　黏膜免疫与免疫耐受

> **概述：** 黏膜直接接触外界，是免疫系统的第一道防线，承担着复杂的免疫任务，既要对有益共生微生物及食物耐受，又要对病原微生物入侵产生免疫。黏膜免疫系统通过模式识别分子（PRRs）识别病原相关分子模式（PAMPs）产生免疫应答，清除病原，维持机体平衡。免疫耐受是指适应性免疫系统对抗原不产生免疫应答。免疫耐受的原因是抗原特异性淋巴细胞被清除或抑制，或被转化为调节性 T 细胞（Treg）。免疫耐受决定了免疫系统对自身抗原不产生免疫应答，然而如果免疫耐受被打破，免疫系统会攻击自身组织，导致自身免疫病。消化道、呼吸道、泌尿生殖道都有黏膜组织，本章以肠道黏膜为例，重点阐述黏膜免疫与免疫耐受的基本原理。

第一节　肠道黏膜组织与黏膜免疫

肠道是五谷运行的通道，分为小肠与大肠，小肠又分为十二指肠、空肠与回肠。肠道最主要的功能是消化食物、吸收营养物质（包括水分）。肠道中有大量的微生物与宿主共生，这些共生菌具有分解和转化物质的作用，是宿主蛋白质与维生素等营养物质的重要来源。然而，肠道黏膜也是病原入侵的重要门户。黏膜免疫是宿主在长期进化中不断地与病原做斗争形成的保护机制。

一、肠道共生菌对黏膜免疫有重要作用

肠道共生菌产生生物膜，能有效阻止病原菌的感染。无菌（GF）动物的肠上皮细胞结构、功能及更新速度都有明显缺陷，肠道淋巴组织细胞较少，抗体产生能力下降。

二、肠上皮细胞分化

肠道上皮细胞之间是由一种称为连接蛋白（connexin，CX）的膜蛋白相互连接在一起的，连接蛋白相互结合形成通道，细胞通过这种通道传递信息。肠道上皮细胞构成了重要的天然免疫屏障。该屏障由绒毛与隐窝构成，像重峦

叠嶂的山脉，如果展平，面积可达 300m² 。肠道上皮细胞是多种细胞的总称（图 13-1），根据功能，肠上皮细胞分为三大类：①专门负责吸收营养的肠细胞（enterocyte）；②分泌细胞，包括杯形细胞（goblet cell）、潘氏细胞（Paneth）、肠内分泌细胞（enteroendocrine cell）、束状细胞（tuft cell）；③M 细胞和杯体细胞（cup cell）。杯形细胞分泌大量的糖基化黏蛋白，保护黏膜。潘氏细胞只存在于小肠绒毛隐窝的底部，分泌大量的抗菌肽，如防御素与 C-型凝集素（C-Type Lectin）Reg Ⅲ γ （CLR Ⅲ γ），CLR Ⅲ γ 对革兰氏阳性菌有较强的杀伤作用。束状细胞能识别化合物并分泌阿片类物质（opioids）。杯体细胞的具体功能目前还不清楚，可能与分泌某些物质有关。M 细胞没有微绒毛，位于皮尔氏小体上方，可能与运送抗原有关。

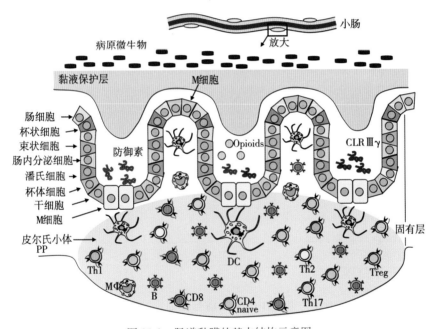

图 13-1　肠道黏膜的基本结构示意图

　　肠道黏膜上皮细胞覆盖着一层黏液保护层，肠黏膜上皮细胞由多种细胞构成，包括肠细胞（enterocyte）、杯形细胞（goblet cell）、束状细胞（tuft cell）、肠内分泌细胞（enteroendocrine cell）、潘氏细胞（Paneth）、M 细胞和杯体细胞（cup cell）。肠黏膜表面有防御素、C-型凝集素 Reg Ⅲ γ （C-Type Lectin Reg Ⅲ γ，CLR Ⅲ γ）等抗菌肽，还有能识别化合物并分泌阿片类物质（opioids）。肠黏膜固有层汇分散分布着免疫细胞，包括 CD4⁺ T 细胞（包括初始 CD4⁺ T 细胞、Th1、Th2、Th17 等细胞）、Treg（nTreg、iTreg、Tr1Treg、Th3、CD8⁺ LAP⁺ Treg）、CD8⁺ T 细胞、B 细胞、DC 与巨噬细胞聚集于皮尔士小体，是黏膜免疫应答的主要场所。

　　肠黏膜除上述细胞外，固有层中散布着免疫细胞，免疫细胞聚集多的地方形成皮尔士小体，肠免疫系统重要的免疫细胞与功能见表 13-1。

表 13-1 重要的黏膜免疫细胞

细胞类型	标志	基本概况	TGF-β 的作用
初始 T 细胞	TCRα$^+$/β$^+$，CD62Lhi	尚未遇到特异抗原，未被活化的 T 细胞	可在 TGF-β 和其他细胞因子诱导下分化为不同类型的 T 细胞
Treg	TCRα$^+$/β$^+$，CD4$^+$，FoxP3$^+$	主要抑制免疫应答，保护机体组织不受损伤	TGF-β 诱导 FoxP3 表达，使初始 CD4$^+$ T 细胞成为 Treg；Treg 通过分泌 TGF-β 发挥免疫抑制作用
Th1	TCRα$^+$/β$^+$，CD4$^+$，T-bet$^+$	辅助性 T 细胞的一个亚群，分泌 IL-2、IFN-γ。主要作用是活化巨噬细胞，促进细胞免疫应答，清除胞内病原	TGF-β 抑制初始 CD4$^+$ T 细胞成为 Th1 细胞
Th2	TCRα$^+$/β$^+$，CD4$^+$，GATA3$^+$	辅助性 T 细胞的一个亚群，分泌 IL-4、IL-5、IL-10 及 IL-13，主要作用是促进体液免疫应答，清除胞外病原	TGF-β 抑制初始 CD4$^+$ T 细胞成为 Th2 细胞
Th17	TCRα$^+$/β$^+$，CD4$^+$，RORγt$^+$	辅助性 T 细胞的一个亚群，分泌 IL-17 和 IL-22，主要作用是促进炎症反应，清除真菌感染	TGF-β 与 IL-6 诱导 RORγt 表达，使初始 CD4$^+$ T 成为 Th17 细胞
Th3	TCRα$^+$/β$^+$，CD4$^+$	辅助性 T 细胞的一个亚群，主要分泌 TGF-β	该细胞产生的 TGF-β，在口服抗原免疫耐受中发挥免疫抑制作用
CD103$^+$ DC	CD11c$^+$，CD103$^+$	存在于肠道及黏膜相关淋巴组织中，诱导 Treg 形成	分泌大量的 TGF-β，使初始 CD4$^+$ T 细胞成为 Treg
巨噬细胞	CXCR1$^+$	促进 Treg 增殖	分泌大量的 TGF-β，在免疫耐受中发挥作用

三、肠黏膜免疫

肠道黏膜免疫也分为先天性免疫与适应性免疫。先天性免疫主要由先天性免疫细胞执行。适应性免疫主要通过肠道免疫细胞聚集区，即皮尔氏小体（PP）三级淋巴组织执行（图 13-1）。

（一）肠道黏膜先天性免疫

肠道黏膜先天性免疫主要由先天性免疫细胞执行，这些细胞包括肠道黏膜上皮细胞、单核吞噬细胞与树突状细胞，以及先天性淋巴细胞。

1. 肠道黏膜上皮细胞（mucosal epithelial cells） 肠道黏膜上皮细胞除了构成天然机械屏障外，还通过模式识别分子（PRRs）识别病原及其分泌的毒素产生先天性免疫应答，加强对病原微生物的杀伤和清除作用。TLRs 与 NLRs 在黏膜上皮细胞免疫应答中起重要作用。

TLRs 在黏膜免疫中的作用：TLRs 属于跨膜蛋白，识别区存在于细胞表面或内噬体内部，信号转导区位于细胞浆。TLRs 识别病原分子后，通过胞内区招募接头分子，启动免疫应答，包括分泌大量的抗菌肽和产生炎症反应。由于肠道内有大量的微生物及其产生的毒素，为避免不必要的过度反应，TLRs 在肠道表面呈不均匀分布，如 TLR2、TLR4 与 TLR5 主要分布于肠绒毛隐窝，而绒毛顶部细胞表达量极少或不表达。

NLRs 在黏膜免疫中的作用：NLRs 主要有 NOD1 与 NOD2，存在于细胞浆中，专门识别胞内寄生菌，引起炎症反应。然而，NLRs 在黏膜免疫和耐受中的作用还不十分清楚，试验证实 NOD2 与 IL-10 的产生有关，在潘氏细胞产生防御素中也发挥重要作用。

2. 单核吞噬细胞与树突状细胞（mononuclear phagocyte and DC） 单核吞噬细胞与树突状细胞通过血液循环移行至肠黏膜，在黏膜免疫耐受中发挥重要作用。肠道黏膜中的巨噬细胞和树突状细胞分泌大量的抗炎性细胞因子 IL-10，抑制免疫应答，起免疫稳定作用。肠黏膜中的树突状细胞以表达整合素（Integrin）CD103 为特定标志。CD103$^+$DC 在黏膜中不断捕获由杯状细胞转运的抗原，分泌 IL-10 与 TGF-β，并迁移至肠系膜集合淋巴结（MLN），活化 MLN 的初始 T 细胞，使其成为 Treg，因此 CD103$^+$DC 在免疫耐受中起至关重要的作用。在黏膜中还有一类 CD11b$^+$CD103$^-$DC，这类 DC 能引起炎症反应。

3. 先天性淋巴细胞（innate lymphoid cells，ILC） 先天性淋巴细胞（ILC）是近年来发现的一类新的淋巴细胞群，也是由淋巴前体细胞分化形成的，与常规淋巴细胞不同的是，这群细胞不含有基因重组产生的抗原受体。先天性淋巴细胞分类与 CD4T 细胞非常相似，也分三个亚群：①ILC-Ⅰ表达 T-bet，主要分泌 IFN-γ 与 TNF-α；②ILC-Ⅱ表达 GATA3，主要分泌 IL-5 与 IL-13；③ILC-Ⅲ表达 RORγt，主要分泌 IL-17 与 IL-22。ILC 在共生菌的刺激下分泌相应的细胞因子，然而 ILC 的标志性分子是什么？它们是如何发挥作用的？这些目前还不清楚。

（二）肠黏膜适应性免疫

黏膜适应性免疫主要发生于黏膜相关淋巴组织（mucosal-associated lymphoid tissue，MALT），MALT 是统称，包括哈氏腺、扁桃体、皮尔氏小体（PP）等。皮尔士小体属于肠道黏膜的三级淋巴组织，聚集着执行适应性免疫的 CD4$^+$T 细胞、CD8$^+$T 细胞、B 细胞、DC 与巨噬细胞等（图 13-1）。因此，皮尔士小体是一个完整的能执行免疫应答的功能性场所。肠道中的抗原主要通过 M 细胞转运传递到 MALT，激活 B 细胞引起体液免疫应答，同时也可以被 DC 捕获后，活化相应的 T 细胞。活化的 T 细胞还可以迅速迁移至肠系膜集合淋巴结（MLN），引起更强烈的免疫应答。

MALT 中的 B 细胞在抗原刺激下分化为浆细胞，分泌抗体。由于 MALT 中树突状细胞和 CD4$^+$ T 细胞分泌大量的 TGF-β（Th3 免疫应答），在 TGF-β 作用下活化的 B 细胞在分化为浆细胞的过程中抗体重链基因型别转换（class-switching）为 Cα，分泌的抗体类型为 IgA，IgA 由 J 链连结为二聚体，IgA 通过上皮细胞 Poly-Ig 受体转至黏膜表面。IgA 是保护黏膜的重要免疫球蛋白，高亲和力的 IgA 可以直接中和毒素和病原，低亲和力的 IgA 可以阻止病原黏附黏膜，因此 IgA 是黏膜抗感染免疫的重要组成部分（图 13-2）。

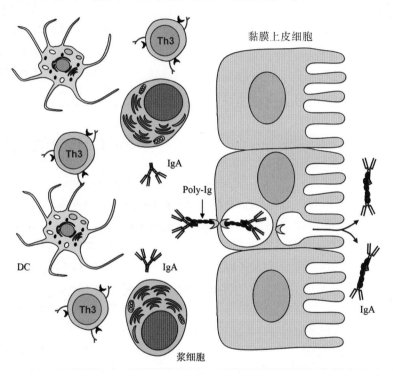

图 13-2　分泌型 IgA 的产生与转运示意图

分泌型 IgA 是由 J 链以共价键连接两个单体 IgA 形成的二聚体结构，分泌片是一种多聚免疫球蛋白结构（Poly-Ig），含有 5 个 Ig 重复区域，分泌片的第 5 个 Ig 区与二聚体 IgA 的重链以二硫键结合，形成复合物。黏膜上皮细胞膜含有 Poly-Ig 受体，IgA 复合物通过该受体转运至黏膜表面。

第二节　免疫耐受的机制

免疫耐受指适应性免疫系统对抗原不产生免疫应答。免疫耐受的主要原因是抗原特异性淋巴细胞被清除或抑制，或被转化为调节性 T 细胞（Treg）。免疫耐受决定了免疫系统对自身抗原不产生免疫应答，然而如果免疫耐受被打破，免疫系统会攻击自身组织，导致自身免疫病（自身免疫病内容参见第十二章相关章节）。

口服抗原引起免疫耐受的现象最早发现于 1911 年，当时 Wells 与 Osborne 给豚鼠饲喂含有卵白蛋白、纯化的卵白蛋白过敏原或燕麦的饲料，结果发现豚鼠对这些蛋白或过敏原免疫应答低下，不产生过敏反应。直到 20 世纪 90 年代中期，人们对口服抗原免疫耐受的机制才有了初步的认识，发现口服抗原会诱导产生一群特殊的 CD4$^+$ T 细胞，这群细胞主要产生 TGF-β、IL-4 及 IL-10，具有免疫抑制作用。这群以产生 TGF-β 为特征的 CD4$^+$ T 细胞被称为 Th3 细胞。近年来研究发现，在口服抗原免疫耐受中主要发挥作用的是 Treg。口服抗原免疫耐受与胸腺产生的 Treg（nTreg）无关，而与诱导产生的 iTreg（CD4$^+$CD25$^+$FoxP3$^+$细胞）关系密切。

一、特异性淋巴细胞被清除

淋巴细胞在中枢免疫器官（胸腺、骨髓）发育过程中，在成熟前如果遇到相应的抗原，特异性淋巴细胞会被清除（deletion of auto-reactive lymphocytes），这一过程称为阴性选择（详见第四、五章 T、B 淋巴细胞发育与成熟章节）。由阴性选择产生的免疫耐受称为中枢免疫耐受（central tolerance），中枢免疫耐受从源头上保障不发生自身免疫病。由于阴性选择在清除自身反应淋巴细胞过程中出现某些遗漏，有少量的自身反应细胞逃逸到外周组织，这就需要 Treg 抑制这些外周自身反应淋巴细胞，避免对自身抗原产生免疫应答。

在 OVA 转基因小鼠中，大量饲喂 OVA 会使皮尔士小体、MLN、脾脏中的特异性 T 细胞大量减少，而低剂量的 OVA 饲喂会使 T 细胞增殖。这说明特异性 T 细胞在大量口服抗原的情况下会被清除。同理，通过腹腔或静脉大量注射抗原，也会出现相同的现象。因此，外周特异性 T 细胞清除是免疫耐受形成的机制之一，然而产生这一现象的分子机制目前还不清楚。

二、不应答

特异性淋巴细胞在缺少共刺激信号时会处于不应答（anergy）状态，这也是形成免疫耐受的重要原因之一。处于不应答状态的 T 细胞在 IL-2 的作用下，会恢复免疫应答状态，这是与免疫抑制相区别的标志之一。

三、调节性 T 细胞产生的免疫抑制

肠道黏膜微环境含有大量的 TGF-β 和 IL-10，这些细胞因子由多种细胞分

泌。肠道黏膜固有层中的 CD103$^+$DC 在捕获由杯状细胞和 M 细胞转运的抗原后，迁移至肠系膜集合淋巴结（MLN），通过表达 TGF-β、视黄酸（retinoic acid）等分子，诱导 MLN 中的初始 T 细胞变成 iTreg，而 iTreg 可迁移至肠黏膜或其他免疫器官发挥免疫抑制作用。因此，CD103$^+$DC 在免疫耐受中起至关重要的作用，而 MLN 是形成免疫耐受的重要场所。如果用手术将 MLN 切除，黏膜免疫耐受就会不存在，这充分说明 MLN 在黏膜免疫耐受形成中的重要性。切除皮尔士小体不影响黏膜免疫耐受，这说明皮尔士小体在黏膜免疫耐受形成中不是必需的，在皮尔士小体之外的固有层中的 CD103$^+$DC 同样可以迁移至 MLN 发挥作用。

除了黏膜细胞分泌 TGF-β 诱导初始 CD4$^+$T 细胞形成 iTreg 以外，如果肠道中有蠕虫或梭菌感染，初始 CD4$^+$T 的 FoxP3 的表达会显著升高，说明有些病原感染也可诱导产生 iTreg，抑制免疫应答，达到持续性感染的目的（关于免疫抑制与持续性感染的内容，参见第十四章）。

第三节　黏膜免疫与免疫耐受平衡

本章第一、二节分别阐述黏膜免疫与免疫耐受，细胞因子 TGF-β 在黏膜免疫应答调控中发挥重要作用。TGF-β 具有多向性，即作用于不同的靶细胞产生不同的效应。TGF-β 不仅可以诱导初始 CD4$^+$T 细胞形成 iTreg，抑制免疫应答，也可以促使初始 CD4$^+$T 细胞分化为 Th17 细胞，产生炎症反应。因此，TGF-β 在黏膜免疫与免疫耐受过程中起重要的调控作用。

一、黏膜的抗感染免疫

在病原（无论是强毒还是弱毒）通过肠道黏膜感染的过程中，肠黏膜上皮细胞通过模式识别分子（PRRs）识别病原及其分泌物质，激活先天性免疫信号转导过程，通过 NF-κB 信号通路启动促炎性细胞因子的表达，包括 TNF-α、IL-1、IL-6 、IL-12 等，由于肠道微环境中多种细胞分泌 TGF-β，因此 TGF-β 与这些促炎性反应细胞因子共同作用，参与调控适应性免疫应答过程（图 13-3）。

TGF-β 在 IL-6 的共同作用下，直接使初始 CD4$^+$T 细胞分化为 Th17 细胞，而抑制初始 CD4$^+$T 细胞向 Th1 或 Th2 细胞转化。Th17 细胞分泌促炎性细胞因子 IL-17，但其他细胞也分泌 IL-17 家族分子，如 NK、NKT、γδT 细胞分泌 IL-17A、IL-17F、IL-22 等。黏膜上皮细胞在 IL-17 和 IL-22 作用下产生促炎性反应细胞因子、趋化因子、NO、抗菌肽等抗感染物质，保护肠黏膜局部组织。此外，TGF-β 是诱导 B 细胞产生 IgA 的重要细胞因子。试验证实，没有 TGF-β，B 细胞不产生 IgA。IgA 是保护黏膜的重要免疫球蛋白，因此 TGF-β 对抗感染免疫非常重要（图 13-3）。

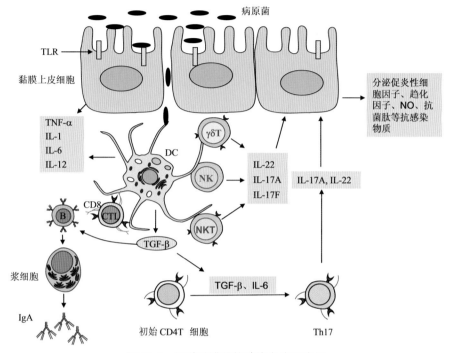

图 13-3　肠道黏膜的抗感染免疫示意图

　　病原菌黏附上皮细胞或通过细胞间隙进入体内，模式识别分子识别病原，引起先天性免疫应答，先天性免疫细胞分泌促炎性细胞因子（TNF-α、IL-1、IL-6 、IL-12）。树突状细胞（DC）捕获病原后分泌 TGF-β，并接触性活化 NK、NKT、γδT 细胞，使其分泌 IL-17A、IL-17F、IL-22 等细胞因子。初始 CD4[+] T 细胞在 TGF-β 与 IL-6 共同作用下，分化为 Th17，分泌 IL-17A 与 IL-22。上皮细胞在 IL-17 与 IL-22 共同作用下，分泌促炎性细胞因子、趋化因子、NO、抗菌肽等抗感染物质。B 细胞识别抗原后产生免疫应答，在 TGF-β 作用下，分泌 IgA，保护黏膜组织。

二、口服抗原免疫耐受

　　食物中的蛋白在肠道中经各种消化酶的作用，分解为短肽或小分子物质。这些物质通过肠黏膜细胞主动转运进入体内，不结合 PRRs，不引起免疫应答，因此无炎症反应。食物过敏性免疫应答一般与中枢耐受无关，主要与 iTreg 的免疫调控有关。如果食物抗原消化成短肽后还保留着抗原表位，就会活化黏膜固有层中特异性淋巴细胞，如果 iTreg 不能抑制食物抗原引起的免疫应答，就会出现过敏反应。

　　黏膜固有层中的 CD103[+] DC 分泌大量的 TGF-β，TGF-β 与视黄酸共同作用诱导初始 CD4⁺ T 细胞分化为 iTreg，而 iTreg 抑制特异性淋巴细胞对食物中的抗原表位产生免疫应答，达到对食物免疫耐受目的（图 13-4）。因此，CD103⁺DC 是免疫耐受的主导细胞。

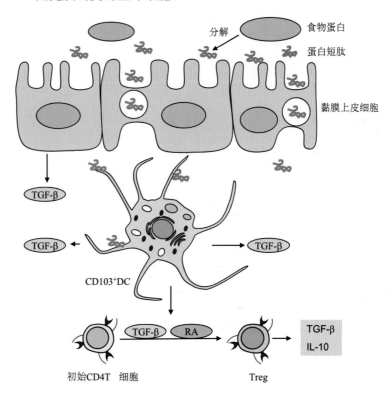

图 13-4　口服抗原免疫耐受中 Treg 产生示意图

食物蛋白分解为短肽后被肠黏膜上皮细胞主动运输到体内，黏膜固有层中的 CD103⁺DC 捕获抗原肽，分泌大量的 TGF-β 与视黄酸（RA），TGF-β 与视黄酸共同作用诱导初始 CD4⁺ T 细胞分化为 iTreg，而 iTreg 分泌大量的免疫抑制细胞因子，抑制特异性淋巴细胞对食物中的抗原表位产生免疫应答。

最近发现，肠黏膜中的 Treg 比例占淋巴细胞的 5% 左右，除了 CD4⁺ FoxP3⁺T 细胞（nTreg，iTreg）之外，还有包括其他类型的调节性细胞发挥免疫抑制作用，如产生 IL-10 的 Tr1Treg、产生 TGF-β 的 LAP⁺ Th3，以及 CD8⁺ LAP⁺ Treg。这些细胞都与黏膜免疫耐受有关。

哺乳动物的食物抗原免疫耐受除了在肠黏膜（包括皮尔士小体）外，肠系膜集合淋巴结（MLN）也起重要作用，CD103⁺DC 捕获抗原肽后迁移到肠系膜集合淋巴结，通过分泌 TGF-β 与视黄酸（RA）诱导初始 CD4⁺ T 细胞分化为 iTreg，而 iTreg 分泌大量的免疫抑制细胞因子，抑制特异性淋巴细胞对食物中的抗原产生的免疫应答（图 13-5）。

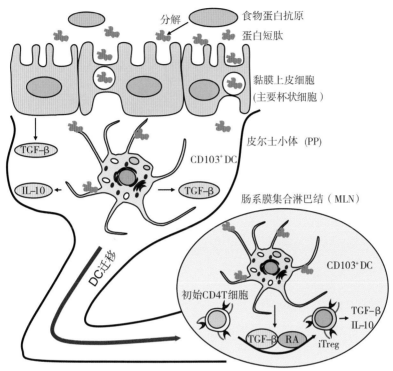

图 13-5 口服食物抗原引起免疫耐受机制示意图

食物蛋白分解为短肽后被肠黏膜上皮细胞主动运输到体内，黏膜固有层中的 CD103⁺DC 捕获抗原肽，在黏膜分泌免疫抑制性细胞因子（TGF-β 与 IL-10），进一步迁移至肠系膜集合淋巴结（MLN），分泌大量的 TGF-β 与视黄酸（RA），TGF-β 与 RA 共同作用诱导初始 CD4⁺T 细胞分化为 iTreg，而 iTreg 分泌大量的免疫抑制细胞因子（TGF-β 与 IL-10），抑制特异性淋巴细胞对食物中的抗原产生免疫应答。

 思考题

1. 什么是免疫耐受？其成因是什么？
2. 分泌型 IgA 是如何产生与转运的？
3. 免疫耐受的机制是什么？
4. 口服抗原免疫耐受形成的机制是什么？

 参考文献

Berin M. C. ，Mayer L. 2013. Can we produce true tolerance in patients with food allergy?

［J］. J Allergy Clin Immunol，131：14-22.

Chen Y. ，Inobe J. ，Marks R. ，et al. 1995. Peripheral deletion of antigen-reactive T cells in oral tolerance ［J］. Nature，376：177-180.

Chen Y. ，Inobe J. ，Weiner H. L. 1995. Induction of oral tolerance to myelin basic protein in CD8-depleted mice：both CD41 and CD81 cells mediate active suppression ［J］. J Immunol，155：910-916.

Chen Y. ，Kuchroo V. K. ，Inobe J. ，et al. 1994 Regulatory T cell clones induced by oral tolerance：suppression of autoimmune encephalomyelitis ［J］. Science，265：1237-1240.

Dupaul-Chicoine J. ，Dagenais M. ，Saleh M. 2013. Crosstalk Between the Intestinal Microbiota and the Innate Immune System in Intestinal Homeostasis and Inflammatory Bowel Disease ［J］. Inflamm Bowel Dis，19：2227-2237.

Konkel J. E. and Chen W. J. 2011. Balancing acts：the role of TGF-b in the mucosal immune system ［J］. Trends in Molecular Medicine November，17（11）：668-676.

Lider O. ，Santos L. M. ，Lee C. S. ，et al. 1989. Suppression of experimental autoimmune encephalomyelitis by oral administration of myelin basic protein. II. Suppression of disease and in vitro immune responses is mediated by antigenspecific CD81 T lymphocytes ［J］. J Immunol，142：748-752.

Saab J. B. ，Losa D. ，Chanson M. ，et al. 2014. Connexins in respiratory and gastrointestinal mucosal immunity ［J］. FEBS Letters，588：1288-1296.

>>> 阅读心得 <<<

第十四章 免疫抑制与免疫逃逸

> **概述**：免疫系统是机体的重要防御系统，是在长期进化中形成的。先天性免疫是动物通过模式识别分子（PRRs）识别病原产生的免疫应答，在感染早期迅速抑制和清除病原。高等动物免疫系统除了有先天性免疫外，还进化形成适应性免疫，适应性免疫是对病原产生体液和/或细胞免疫应答，更高效地清除病原感染，产生免疫记忆，同时也对体内突变的细胞进行杀伤，保持自身稳定。然而，某些病原在感染宿主后，抑制免疫应答，使宿主免疫力下降，造成持续性感染、继发感染和混合感染。如果动物免疫力低下，肿瘤细胞会逃避免疫监视，导致肿瘤性疾病。本章不涉及遗传原因引起的免疫缺陷，重点阐述在宿主抗感染免疫中病原引起的免疫抑制及肿瘤细胞免疫逃逸的机制。

第一节 病原抑制免疫应答的主要方式

病原感染引起免疫应答，免疫应答一旦启动就宛如加速行驶的列车，一直运行到终点，把病原清除，恢复体内平衡为止。有些病原在与宿主长期的斗争中，获得了抑制宿主免疫的能力，能形成持续性感染。这类病原从进化角度讲更具有生存优势。人体免疫缺陷病毒（human immunodeficiency virus，HIV）是典型的免疫抑制性病原，通过损伤 $CD4^+T$ 细胞抑制免疫应答。在动物疫病中，具有免疫抑制作用的病原很多，如口蹄疫病毒（FMDV）、猪呼吸与繁殖综合征病毒（PRRSV）、猪圆环病毒 2 型（PCV2）、猪瘟病毒（HCV）、伪狂犬病病毒（PRV）、传染性法氏囊病病毒（IBDV）、马立克氏病病毒（MDV）、禽白血病病毒（ALV）、传染性贫血因子（CIA）、呼肠孤病毒（RV）、网状内皮增生病病毒（REV）、布鲁氏菌、沙门氏菌、结核分支杆菌、葡萄球菌、猫免疫缺陷病毒（FIV）、猫白血病病毒（FLV）、犬瘟热病毒（CDV）、犬细小病毒（CPV）、立克次氏体、利什曼原虫、真菌等，这些病原通过不同的方式抑制宿主的正常免疫应答。

病原可通过多种方式抑制免疫应答，不同病原抑制免疫应答的方式可能不同，综合起来主要有以下几种。

一、破坏免疫细胞

病原直接感染某些重要的免疫细胞，如 HIV 的靶细胞是 CD4$^+$ T 细胞、麻疹病毒感染 DC、PRRSV 的靶细胞是单核巨噬细胞（尤其是肺部的尘细胞）、IBDV 的靶细胞是法氏囊的 B 细胞、PCV2 破坏淋巴细胞。这些细胞被感染后，发生凋亡，使宿主免疫应答受到严重抑制。病原菌毒素，如炭疽杆菌的水肿毒素（ET）、致死毒素（LT）和葡萄球菌的脱皮毒素都对吞噬细胞和 DC 有强烈的损伤作用，引起细胞死亡。

二、抑制抗原递呈

内源性抗原与外源性抗原递呈途径有多种细胞蛋白参与（详见第七章）。病毒基因编码的蛋白直接影响抗原递呈途径中细胞蛋白的功能，影响抗原递呈，抑制免疫应答。疱疹病毒科的有些病毒对 MHC-Ⅰ/Ⅱ 表达有抑制作用，麻疹病毒感染 DC 后会抑制 HLA-Ⅰ 分子递呈抗原，人乳头瘤病毒感染也是如此，从而能规避 CTL 杀伤感染细胞。EBV 编码的 EBNA1 蛋白影响蛋白酶体的抗原降解作用，而 BNLF2a 抑制 TAP 的抗原表位转运，切断了 MHC-Ⅰ 的抗原递呈。鼠 γ 疱疹病毒 68 编码的 mK3 蛋白是一种 E3 泛素连接酶，催化 MHC-Ⅰ 与 TAP 降解。有些 DNA 病毒（如疱疹病毒）编码 miRNA（miR-US4-1）抑制氨基肽酶（ERAP1）的表达，而 ERAP1 是负责将抗原表位装配到 MHC-Ⅰ 类分子进行抗原递呈的关键酶，抑制了 ERAP1 就等于切断了内源性抗原递呈。巨细胞病毒以多种方式抑制 MHC 表达，抑制免疫应答。沙门氏菌通过抑制 DC，阻止抗原递呈产生特异性 CTL。

三、诱导产生调节性 T 细胞

结核分支杆菌感染初期，诱导产生调节性 T 细胞，抑制免疫应答，使结核菌能形成持续性感染。丙肝病毒也是通过诱导产生调节性 T 细胞，形成慢性、持续性感染的过程。幽门螺旋杆菌诱导产生调节性 T 细胞，抑制免疫应答，导致胃癌。

四、抑制免疫信号转导

先天性免疫是抗感染免疫的第一道防线，Ⅰ型干扰素（IFN-α/β）起关键作用。病毒要形成持续性感染，必须抑制Ⅰ型干扰素的产生。口蹄疫病毒通过 VP1 抑制Ⅰ型干扰素的产生；PRRSV 通过非结构蛋白 Nsp1、Nsp2、Nsp11 及结构蛋白 N（nucleocapsid protein）抑制Ⅰ型干扰素的表达；IBDV 通过

VP4 与 GILZ 互作，抑制 I 型干扰素的表达（图 14-1）。另外，巨细胞病毒与人乳头瘤病毒都对 I 型干扰素的表达有抑制作用。炭疽杆菌分泌水肿毒素与致死毒素两种毒素。这两种毒素进入细胞后影响多种激酶的活性，抑制免疫信号转导。

五、编码免疫抑制性细胞因子

很多病毒在进化过程中获得了调控宿主免疫的能力，如 IL-10 的功能具有多向性，既具有促进免疫应答的作用，又具有免疫抑制作用，但以免疫抑制作用为主。结核分支杆菌通过提高宿主 IL-10 的表达来抑制宿主的巨噬细胞和 DC 的功能，从而抑制免疫应答，有利于感染。还有些病毒通过表达与细胞表达的 IL-10（cIL-10）高度相似的病毒蛋白（vIL-10），抑制宿主的免疫应答，如 EBV 的 BCRF1 基因编码 vIL-10，与宿主 IL-10 高度同源，能结合 IL-10 受体起免疫抑制作用。HCMV 也编码 IL-10 同类物（cmvIL-10），同样具有免疫抑制作用。另外，多数疱疹病毒与部分痘病毒科的成员都具有这种特点。

六、藏匿于宿主细胞或炎性反应灶规避吞噬

金黄色葡萄球菌被中性粒细胞或巨噬细胞吞噬后，在吞噬体中能长时间存活并增殖，最后引起宿主细胞死亡。胞内寄生菌，如李斯特杆菌、布鲁氏菌、结核杆菌、沙门氏菌等都以不同的方式抑制宿主细胞的杀伤和清除，长期藏匿于宿主细胞中。猪瘟病毒能在感染猪的扁桃体组织长期存在，形成持续性感染，说明其藏匿细胞免疫逃逸能力极强。

金黄色葡萄球菌也可以黏附初始血小板使其活化和聚集，形成保护层，逃避吞噬细胞的吞噬，病菌乘机大量增殖引起心内膜炎，这种病型在临床上常见。

第二节　肿瘤细胞免疫逃逸

肿瘤细胞产生的原因很复杂，但主要原因有三方面：①病毒持续性感染引发的肿瘤；②致癌化学物质引起的肿瘤；③随机突变细胞逃逸免疫监视形成的肿瘤。但无论什么原因形成的肿瘤，都逃避了免疫系统的监视。肿瘤细胞免疫逃逸主要有以下几种方式。

一、病毒持续性感染引起肿瘤

病毒持续性感染引起肿瘤，可能与 T 细胞免疫应答低下或不应答及 Treg 抑制免疫应答有关。EB 病毒能引起 B 细胞淋巴癌，在人群中的感染率达

70%～90%。人乳头瘤病毒能引起子宫颈癌，在临床上非常普遍。这些病毒通过病毒蛋白直接与宿主细胞蛋白互作，抑制细胞的免疫应答，发生免疫逃逸，目前还不十分清楚这两种病毒引起肿瘤产生逃逸的机制，但可能与 Treg 有关。

二、通过共刺激分子抑制细胞免疫应答

T 细胞共刺激分子 CD28 与配体（B7.1/CD80，B7.2/CD86）结合促进细胞活化，而 CTLA-4 与 PD-1 受体在 T 细胞活化后才表达，表达后与相应的配体结合对细胞应答起抑制作用。CTLA-4 与 CD28 有相同的配体，但 CTLA-4 与相应配体的亲和力更强。PD-1 有两个配体（PDL1/B7H1、PDL2/B7DC），结合后抑制 T 细胞免疫应答。肿瘤细胞表达免疫抑制分子或抑制免疫信号转导。如很多肿瘤细胞大量表达 PDL1 分子，与 T 细胞的 PD-1 受体结合，抑制 T 细胞免疫应答。多种组织肿瘤细胞表达 PDL2 分子，产生免疫抑制信号。

三、抑制干扰素

Ⅰ型干扰素（IFN-α/β）与Ⅱ型干扰素（IFN-γ）与受体结合后激活 Jak/STAT 信号转导，诱导表达多种与细胞增殖、抗原递呈、细胞凋亡等有关的蛋白，IFN-γ 是促进细胞免疫应答的重要调控分子。细胞因子抑制分子（SOCS）在干扰素信号转导途径中起抑制作用，抑制干扰素介导的细胞反应。肿瘤细胞通过抑制干扰素受体表达、高表达 SOCS 等方式抑制干扰素介导免疫信号转导。

四、产生免疫抑制细胞因子

IL-10 的功能具有多向性，既促进体液免疫应答，又抑制细胞免疫应答。此外，对巨噬细胞与 DC 功能具有抑制作用。EBV 产生的 vIL-10 抑制 T 细胞免疫，为肿瘤形成创造了条件。IL-10 对 DC 的抑制作用可能与 T 细胞的不应答（anergy）有关。

TGF-β 也是一种在功能上具有多向性的细胞因子。多数细胞，包括上皮细胞、内皮细胞、免疫细胞等，都产生 TGF-β。TGF-β 抑制 T 细胞增殖、抑制 T 细胞向 Th1 和 Th2 细胞分化，但促进细胞向 Treg 与 Th17 分化。肿瘤细胞大量分泌 TGF-β，但肿瘤细胞本身通过使 TGF-β 信号转导途径中的蛋白突变，避开其抑制细胞增殖作用，从而形成抑制 T 细胞而不抑制肿瘤细胞的微环境。此外，TGF-β 还有刺激局部肿瘤血管形成及肿瘤细胞浸润的作用。

五、趋化因子与免疫逃逸

趋化因子（chemokines）是一大类具有趋化作用的分子质量较小的细胞因

子。趋化因子与 G 蛋白偶合受体结合，吸引免疫细胞与炎性反应细胞迁移至感染局部或炎症反应部位。EBV 编码的蛋白 LMP-1 诱导表达 CCL17（TARC）CCL22（MDC），这两种趋化因子吸引 $CCR4^+$ Treg 帮助肿瘤细胞免疫逃逸。HCMV 表达一种 US28 蛋白，该蛋白是多种趋化因子的受体，结合的趋化因子包括 CCL2（MCP-1）、CCL3（MIP-1α）、CCL4（MIP-1β）、CCL5（RANTES）、CX3CL1 等。转基因小鼠高表达 US28，促进肿瘤形成。HCMV表达 IE86 蛋白，不仅抑制 Ⅰ 型干扰素的表达，还抑制细胞表达 CCL3、CCL5、CCL8（MCP-2）、CXCL9（MIG）、CXCL8（IL-8）等。总之，肿瘤细胞通过趋化因子与趋化因子受体吸引免疫抑制细胞，促进局部肿瘤血管形成及肿瘤细胞浸润。

第三节　病毒持续感染与肿瘤免疫逃逸的比较

病原要形成持续性感染，必须具备免疫抑制或逃逸免疫应答的特点，肿瘤细胞免疫逃逸与病毒免疫逃逸有相同之处，但也有不同（表 14-1）。

表 14-1　病毒持续感染与肿瘤免疫逃逸的比较

逃逸方式	病毒免疫逃逸	肿瘤免疫逃逸
抗原递呈	通过免疫调控蛋白或 miRNA 抑制 MHC 表达	通过基因突变或表观遗传修饰抑制 MHC 表达
共刺激分子	促进抑制性共刺激分子表达（如 PDL1）；抑制共刺激活化分子表达（如 B7.1）	促进抑制性共刺激分子表达（如 PDL1）；通过表观遗传修饰抑制共刺激活化分子表达（如 CD70）共刺激分子表达异常
干扰素	抑制干扰素合成、与受体结合、信号转导等	抑制干扰素受体，抑制 STAT 信号转导，增强 SOCS 表达
抑制性细胞因子	表达 vIL-10，诱导产生 TGF-β	诱导表达 IL-10 与 TGF-β，同时肿瘤细胞出现 TGF-β 信号转导蛋白突变
趋化因子	通过病毒蛋白影响趋化因子功能	通过趋化因子诱导免疫抑制细胞向肿瘤部位迁移

对于某一特定的病原或肿瘤，免疫抑制或免疫逃逸的方式可能是一种或几种（图 14-1），只有清楚免疫逃逸的机制，才能有针对性地制订干预或治疗方法。动物免疫抑制性病原很多，危害也很大，需要进行深入研究，以探寻解决方案。因此，研究免疫抑制和免疫逃逸的机制，也是抗感染免疫和肿瘤免疫研究的热点与核心问题。

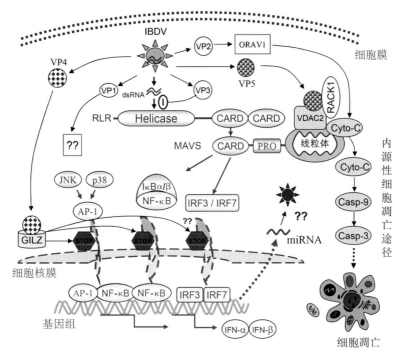

图 14-1　传染性法氏囊病病毒（IBDV）在宿主细胞中的作用模式图

　　IBDV 属于双股 RNA 病毒，感染细胞后病毒核酸被 RLR 识别，激活 I 型干扰素表达途径，然而病毒通过 VP4 与 GILZ（亮氨酸拉链蛋白）互作抑制 I 型干扰素的表达，从而关闭宿主抗病毒免疫应答，产生免疫抑制；IBDVVP1 是 RNA 聚合酶；VP2 与 ORAV1 互作诱导细胞凋亡；VP3 竞争性结合 RLRs（MDA5），阻断 RLRs 识别 dsRNA 引起免疫应答，与免疫规避有关；VP5 与 VDAC2 及 RACK1 互作形成复合物，通过内源性细胞凋亡途径诱导细胞凋亡。

 ## 思考题

1. 病原抑制免疫应答的主要方式是什么？

2. 肿瘤细胞免疫逃逸的主要方式是什么？

3. 如何理解超敏反应、免疫抑制、免疫耐受与免疫逃逸对动物机体的影响？

 ## 参考文献

Alibek K.，Baiken Y.，Kakpenova A.，et al. 2014. Implication of human herpesviruses in on-cogenesis through immune evasion and suppression［J］. Infect Agent Cancer，9（1）：3. doi：10.1186/1750-9378-9-3.

Alzhanova D., Früh K. 2010. Modulation of the host immune response by cowpox virus ［J］. Microbes Infect，12（12-13）：900-909.

Amsler L., Verweij M. C., DeFilippis V. R. 2013. The tiers and dimensions of evasion of the type I interferon response by human cytomegalovirus ［J］. J Mol Biol，425（24）：4857-4871.

Antoniou A. N., Powis S. J. 2008. Pathogen evasion strategies for the major histocompatibility complex class I assembly pathway ［J］. Immunology，124（1）：1-12.

Arens R. 2012. Rational design of vaccines：learning from immune evasion mechanisms of persistent viruses and tumors ［J］. Adv Immunol，114：217-243.

Avota E., Gassert E., Schneider-Schaulies S. 2010. Measles virus-induced immunosuppression：from effectors to mechanisms ［J］. Med Microbiol Immunol，199（3）：227-237.

Baldari C. T., Tonello F., Paccani S. R., et al. 2006. Anthrax toxins：A paradigm of bacterial immune suppression ［J］. Trends Immunol，27（9）：434-440.

Berndtson K. 2013. Review of evidence for immune evasion and persistent infection in Lyme disease ［J］. Int J Gen Med，6：291-306.

Bueno S. M., González P. A., Schwebach J. R., et al. 2007. T cell immunity evasion by virulent Salmonella enterica ［J］. Immunol Lett，111（1）：14-20.

Coughlin M. M., Bellini W. J., Rota P. A. et al. 2013. Contribution of dendritic cells to measles virus induced immunosuppression ［J］. Rev Med Virol，23（2）：126-138.

Drake C. G., Jaffee E., Pardoll D. M., et al. 2006. Mechanisms of immune evasion by tumors ［J］. Adv Immunol，90：51-81.

Foster T. J. 2009. Colonization and infection of the human host by staphylococci：adhesion，survival and immune evasion ［J］. Vet Dermatol，20（5-6）：456-470.

Gajewski T. F., Meng Y., Harlin H. 2006. Immune suppression in the tumor microenvironment ［J］. J Immunother，29（3）：233-240.

Larson R. P., Shafiani S., Urdahl K. B. 2013. Foxp3（＋）regulatory T cells in tuberculosis ［J］. Adv Exp Med Biol，783：165-180.

Li Z，Wang Y，Li X，et al. 2013. Critical Roles of Glucocorticoid-Induced Leucine Zipper in Infectious Bursal Disease Virus（IBDV）-induced Suppression of Type I Interferon Expression and Enhancement of IBDV Growth in Host Cells via Interaction with VP4 ［J］. Journal of Virology，87（2）：1221-1231.

Li Z，Wang Y，Xue Y，et al. 2012. A critical role for voltage-dependent anion channel（VDAC）2 in infectious bursal disease virus（IBDV）-induced apoptosis in host cells via interacting with VP5 ［J］. Journal of Virology，86（3）：1328-1338.

Lin W，Zhang Z，Xu Z，et al. 2015. Association of Receptor of Activated Protein Kinase C1（RACK1）with Infectious bursal disease virusviralprotein VP5 and VDAC2 inhibits apoptosis and enhances viral replication. JBC，290（13）：8500-8510.

Noriega V., Redmann V., Gardner T., et al. 2012. Diverse immune evasion strategies by human cytomegalovirus [J]. Immunol Res, 54 (1-3): 140-151.

Ouyang P., Rakus K., van Beurden S. J., et al. 2014. IL-10 encoded by viruses: a remarkable example of independent acquisition of a cellular gene by viruses and its subsequent evolution in the viral genome [J]. J Gen Virol, 95 (Pt 2): 245-262.

Redford P. S., Murray P. J., O'Garra A. 2011. The role of IL-10 in immune regulation during M. tuberculosis infection [J]. Mucosal Immunol, 4 (3): 261-270.

Sasagawa T., Takagi H., Makinoda S. 2012. Immune responses against human papillomavirus (HPV) infection and evasion of host defense in cervical cancer [J]. J Infect Chemother, 18 (6): 807-815.

Sun Y, Han M, Kim C, et al. 2012. Interplay between interferon-mediated innate immunity and porcine reproductive and respiratory syndrome virus [J]. Viruses, 4 (4): 424-446.

Töpfer K., Kempe S., Müller N., et al. 2011. Tumor evasion from T cell surveillance [J]. J Biomed Biotechnol: 918471. doi: 10.1155/2011/918471.

Ye C, Jia L, Sun Y, et al. 2014. Inhibition of antiviral innate immunity by birnavirus VP3 protein via blockage of viral double-stranded RNA bincling to the host cytoplasmic RNA detector MDA5, J. Virol, 88 (19): 11154−11165.

>>> 阅读心得 <<<

附录一　参与免疫信号转导的蛋白分子名词中英文对照及相应的功能

英文名词缩写	英文全称	汉语名称或全称翻译	功能
AP-1	activating protein-1	活化蛋白-1	信号转导，启动下游基因表达
APRIL，	a proliferation-inducing ligand	细胞增殖诱导配体	TNF 家族成员，促进细胞增殖
BAFF	B cell activating factor	B 细胞活化因子	TNF 家族成员，促进 B 细胞活化
BCMA	B cell maturation antigen	B 细胞成熟抗原	是 BAFF 在 B、T 细胞上的受体，与细胞增殖有关
BLNK	B cell linker	B 细胞连接蛋白	细胞信号转导
Btk	Bruton's tyrosine kinase	Bruton 酪氨酸激酶	信号转导，使接头分子磷酸化
CARD	Caspase activation and recruitment domain	caspase 活化与招募功能区	是 RLRs 活化后，招募接头蛋白向下传递信号的区域
CLRs	C-type lectin receptors	C 型植物血凝素受体	识别病原相关分子模式
CTLD	C-type lectin-like domain	C 型植物血凝素样区域	识别病原相关分子模式
CTLA4	cytotoxic T lymphocyte-associated antigen-4	细胞毒 T 淋巴细胞相关抗原 4	抑制 T 细胞活化
DAG	diacylglycerol	二脂酰甘油	细胞信号转导（第二信使）
DCR	decoy receptor	假受体	结合 TRAIL 后，阻断死亡信号转导
DR	death receptor	死亡受体	属于 TNF 受体家族成员，是 TRAIL 的受体，与结合 TRAIL 后，引起凋亡

（续）

英文名词缩写	英文全称	汉语名称或全称翻译	功能
Foxp3	forkhead box P3	叉头状转录调控因子	调控基因表达，是调节性 T 细胞的特异标志，也是维护 Treg 抑制功能的关键基因
GADS	Grb2-like adaptor downstream of Shc	Shc 分子下游的接头分子 Grb2 类似物	T 细胞活化信号转导
GAS	gamma-activated sequence	γ 干扰素活化序列	是一种启动子，调控 γ 干扰素表达
GEF	guanine nucleotide exchange factor	鸟嘌呤核苷酸交换因子	T 细胞活化信号转导
GITR	glucocorticoid-induced tumor necrosis factor receptor family related gene	糖皮质激素诱导的肿瘤坏死因子受体家族相关基因	是 TNFR 家族成员，在调节性 T 细胞膜上高表达，是调节性 T 细胞的特异标志，与配体 GITRL 结合后，促进 T 细胞活化、增殖、分泌细胞因子
HVEM	herpes virus entry mediator	疱疹病毒入侵分子	该分子属于 TNF 受体家族成员，在多种细胞表达，其配体是 LIGHT，与细胞活化、增殖有关
ICOS	inducible constimulator	诱导性共刺激分子	是 T 细胞的一种抑制性受体，属于 CD28 家族成员，与配体 ICOSL 结合抑制细胞活化
IκB	inhibitor of NF-κB	NF-κB 抑制因子	抑制 NF-κB 核转移
IKK	inhibitor of NF-κB kinase	NF-κB 抑制因子激酶	使 IκB 磷酸化，释放 NF-κB，使其核转移
IP$_3$	inositol 1，4，5-triphosphate	1，4，5-三磷酸肌醇	细胞信号转导（第二信使）
IRAK	IL-1 receptor kinase	白介素－1 受体激酶	信号转导，使接头分子磷酸化
IRF	interferon regulatory factor	干扰素调节因子	信号转导，启动干扰素基因表达
ISRE	interferon-stimulated response elements	干扰素刺激反应元件	是一种启动子，调控干扰素的表达

（续）

英文名词缩写	英文全称	汉语名称或全称翻译	功能
ITAM	immunoreceptor tyrosine-based activation motif	免疫受体酪氨酸活化结构域	活化后，招募接头蛋白向下传递信号的区域
Jak1	janus kinase 1	Jak1 激酶	是一种酪氨酸蛋白激酶，使接头分子磷酸化，进行信号转导
JNK	c-Jun-N-terminal kinase	JNK 激酶	信号转导，使接头分子磷酸化
LAT	linker of activated T cells	T 细胞活化信号连接蛋白	T 细胞活化信号转导
LAG-3	lymphocyte activation gene-3	淋巴细胞活化基因 3	与淋巴细胞活化有关，是调节性 T 细胞的特异标志
Lck	L-tyrosine kinase	酪氨酸激酶	活化 CD3 胞内区，使 ITAM 磷酸化
LRR	leucine-rich repeats	亮氨酸富集重复区	识别病原相关分子模式
LTα，β	lymphotoxin-α；LT, lympho-toxin-β	淋巴毒素 α，β	TNF 家族成员，促进细胞增殖
MAVS	mitochondrial antiviral signaling protein	线粒体抗病毒信号转导蛋白	识别病毒的病原相关分子模式，信号转导
MyD88	myeloid differentiation factor 88	髓样分化因子 88	转导模式识别分子识别病原相关分子模式产生的信号
NBS	nucleotide-binding site	核苷酸结合位点	是 NLR 单体活化后聚集成三聚体的结合区域
NFAT	nuclear factor of activated T cells	T 细胞活化核因子	信号转导，启动下游基因表达
NF-κB	nuclear factor kappa enhancer binding protein	核因子 κ 增强子结合蛋白	信号转导，启动下游基因表达
NEMO	NF-κB essential modulator	NF-κB 调控关键因子	参与 NF-κB 信号转导
NGF	nerve growth factor	神经生长因子	TNF 家族成员，与炎症反应有关
NIK	NF-κB-inducing kinase	NF-κB 诱导激酶	信号转导，使接头分子磷酸化

（续）

英文名词缩写	英文全称	汉语名称或全称翻译	功能
NLRs	nucleotide-binding oligomerization domain（NOD）-like receptors	诺样受体（暂用名）	识别病原相关分子模式
OPG	osteoprotegerin	骨保护素（暂用名）又称破骨细胞抑制因子	属于 TNF 受体家族成员，是 TRAIL 的受体，与细胞凋亡有关；与骨代谢有关
PD-1	programmed death-1	程序性死亡分子1	T 细胞表面的负调控分子，PD-1 与配体 PD-L 结合后，抑制 T 细胞活化
PGN	peptidoglycan	肽聚糖	细菌的病原相关分子模式
PKC	protein kinase C	蛋白激酶 C	信号转导，使接头分子磷酸化
PIP2	phosphoinositol biophsphate	磷脂酰肌醇二磷酸	细胞信号转导
PI3K	phosphoinositol-3 kinase	磷酸肌醇激酶	信号转导，使接头分子磷酸化
PLCγ	phospholipase Cγ	磷脂酶 C	细胞信号转导
RANK	receptor activator of NF-κB	NF-κB 活化受体	属于 TNF 受体家族成员，是 RANKL 的受体，与炎症反应有关
RIP	receptor interacting protein	受体结合蛋白	信号转导
RLRs	retinoic acid-inducible gene I（RIG-I）-like helicases receptors	瑞格样受体（暂用名）	识别病原相关分子模式
SLP-76	SH2-containing leukocyte-specific protein of 76kD	含有 SH2 结构域的白细胞特异蛋白 76	免疫信号转导
STAT	signal transducer and activator of transcription	信号转导与转录启动子	信号转导，启动下游基因表达
TACI	transmembrane activator and CAML interactor	TACI 受体（暂用名）	属于 TNF 受体家族成员，是 APRIL 的受体，与肿瘤和自身免疫病发生有关
TAK1	TGF-β activated kinase 1	TGF-β活化激酶 1	信号转导，使接头分子磷酸化

（续）

英文名词缩写	英文全称	汉语名称或全称翻译	功能
TANK	TRAF family member-associated NF-κB activator	TRAF 相关 NF-κB 活化因子	信号转导
TBK	TANK-binding kinase	TANK 结合激酶	信号转导，使接头分子磷酸化
TIRAP	TIR domain-containing adapter protein	含有 TIR 功能区的接头蛋白（暂用名）	信号转导
TIR domain	Toll/IL-1 receptor（TIR）domain	TLR 的胞内功能区，	是 TLR 活化后招募接头蛋白向下传递信号的区域
TLRs	Toll-like receptors	拓样受体（暂用名）	识别病原相关分子模式
TNF	tumour necrosis factor	肿瘤坏死因子	一种促炎性反应细胞因子，参与多种炎症反应
TRAIL	TNF-related apoptosis-induring ligand	TNF 相关凋亡诱导配体	属于 TNF 家族成员，诱导细胞凋亡
TRAF6	tumor necrosis factor receptor-associated factor 6	肿瘤坏死因子相关分子 6	信号转导
TRAM	TRIF-related adapter molecule	TRIF 相关接头分子	信号转导
TRIF	TIR domain-containing adapter-inducing interferon-β	含有 TIR 功能区的β干扰素诱导接头分子（暂用名）	信号转导
TWEAK	TNF-related weak inducer of apoptosis	TNF 相关弱凋亡诱导分子	属于 TNF 家族成员，诱导细胞凋亡
Tyk2	tyrosine kinase 2	酪氨酸激酶 2	使接头分子磷酸化，进行信号转导
ZAP-70	Zata associated protein of 70 kD	Zata 相关蛋白-70 激酶（暂用名）	与 CD3 胞内区结合，使接头分子磷酸化

附录二　CD 抗原

CD抗原	其他名称	分子质量（kD）	表达细胞	功能
CD1a、b、c、d、e等		43～49	树突状细胞、B 细胞、朗罕氏细胞、某些胸腺细胞等	递呈脂类和糖脂类抗原
CD2	LFA-2，E-Rosette Receptor	45～58	胸腺细胞、T 细胞、NK 细胞等	是一种黏附分子，参与 T 细胞活化
CD3		γ：25～28 δ：20 ε：20	胸腺细胞、T 细胞、NKT 细胞等	TCR 复合分子，参与 TCR 介导的信号转导
CD4	L3T4	55	Th 细胞、胸腺细胞亚群、单核/巨噬细胞、粒细胞等	MHC-Ⅱ分子的共受体分子，胸腺细胞分化标志，HIV 受体
CD5	Leu1，T1，Ly-1	58	成熟 T 细胞、早期胸腺细胞，少部分成熟的 B 细胞等	对 TCR 和 BCR 介导的信号传递起调节作用
CD6	T12	105/130	胸腺细胞、多属外周 T 细胞、B 细胞亚群等	是一种黏附分子，使发育中的胸腺细胞与胸腺上皮细胞结合，有可能作为成熟 T 细胞的共刺激分子
CD7	gp40	40	多能造血干细胞、胸腺细胞、T 细胞等	?
CD8	T8，Leu-2，Lty-2	64	CTL、胸腺细胞亚群等	MHC-Ⅰ类分子的共受体
CD9	MRP-1，p24	24	血小板、早期 B 细胞、活化的 B 细胞、活化的 T 细胞、嗜酸性粒细胞、嗜碱性粒细胞等	调节细胞黏附、迁移，促进血小板活化
CD10	CALLA	100	B 细胞前体细胞、T 细胞前体细胞、骨髓基质细胞等	蛋白酶

（续）

CD 抗原	其他名称	分子质量（kD）	表达细胞	功能
CD11a	LFA-1，αL integrin	180	单核细胞、巨噬细胞、粒细胞、淋巴细胞等	是 LFA-1 分子的亚单位，该分子是一种细胞膜糖蛋白，通过与 ICAM-1 结合起到细胞间相互黏附的作用
CD11b	MAC-1，αM integrin，CR3	165	单核细胞、巨噬细胞、粒细胞、NK 细胞以及 T、B 细胞亚群等	是 MAC-1 分子的亚单位，主要介导中性粒细胞、单核细胞与内皮细胞的相互作用；介导吞噬表面含有 iC3b 或 IgG 的颗粒，介导炎性细胞的趋化性
CD11c	αX integrin，p150	145	树突状细胞、单核细胞、巨噬细胞、粒细胞、NK 细胞，以及 T、B 细胞亚群等	是 CD18 分子复合物的亚单位，与组织中巨噬细胞 CD11b 具有共同作用
CD12		90～120	单核细胞、巨噬细胞、血小板等	？
CD13	Aminopeptidase N，EC3.4.11.2，gp150	150	单核/巨噬细胞前体细胞、成熟的细胞粒细胞、单核细胞、骨髓基质细胞、破骨细胞、少数淋巴细胞等	？
CD14	LPS-R	53	单核细胞、巨噬细胞、粒细胞等	是内毒素（LPS）的受体分子，参与细胞活化
CD15（是一种多聚化合物）	Lewis X	？	粒细胞、单核细胞等	？
CD16	FcRⅢA	50～80	巨噬细胞、NK 细胞、中性粒细胞等	是 Fc 受体的亚单位，参与吞噬抗原-抗体复合物，以及抗体依赖性细胞介导的细胞毒作用（ADCC）
CDw17	Lactosylceramide	？	单核细胞、粒细胞、碱性粒细胞、血小板、B 细胞亚群、扁桃体树突状细胞等	具有结合细菌的作用，可能与吞噬作用有关

（续）

CD 抗原	其他名称	分子质量（kD）	表达细胞	功能
CD18	β2 integrin	95	所有的白细胞	是整合素的亚单位-β₂链，该链与CD11a、b或c结合一起形成整合素，是一种细胞黏附分子
CD19	B4	90	滤泡树突状细胞、发育早期的B细胞亚群等	与CD21及CD81都是BCR的共受体，在B细胞发育、活化和分化中起重要作用
CD20	B1，Bp35	33	B细胞	？
CD21	C3d receptor，CR2，ERV-R	145	B细胞、滤泡树突状细胞、不成熟的胸腺细胞亚群等	是 EBV、C3d、C3dg 及 iC3b 的受体，CD19 及 CD81 都是BCR 的共受体，参与BCR 介导的细胞转导
CD22	BL-CAM，Lyb8	140	成熟 B 细胞表面，前 B 和原 B 细胞浆中	是一种黏附分子，参与细胞信号转导调控
CD23	B6，BLAST-2，FcεRⅡ	45	人的 B 细胞及滤泡树突状细胞	参与 IgE 的合成；促进单核细胞释放TNF、IL-1、IL-6、GM-CSF 等细胞因子
CD24	BA-1，HSA	35～45	B 细胞（但在浆细胞中没有）和粒细胞	？
CD25	IL-2，Tac Ag	55	活化的 T 细胞、活化的单核/巨噬细胞	是 IL-2 的受体
CD26	EC3.4.14.5，ADA-bingding protein	110/120	成熟或活化的 T 细胞、B 细胞、NK 细胞、巨噬细胞	是 T 细胞活化过程中的共刺激分子
CD27	S152，T14	55	成熟的胸腺细胞、活化的 T 细胞和 B 细胞、NK 细胞、巨噬细胞、多数外周 T 细胞、记忆性 B 细胞等	调节 T、B 细胞活化过程中的共刺激信号，在胸腺细胞发育中起一定作用
CD28	T44，Tp44	90	成熟的 CD3⁺ 胸腺细胞、多数外周 T 细胞、浆细胞等	是 T 细胞活化共刺激分子，参与 T 细胞活化
CD29	β1 intergrin chain，GP，Platelet GPⅡa	130	白细胞	是 VLA-1 整合素的β亚单位

（续）

CD 抗原	其他名称	分子质量（kD）	表达细胞	功能
CD30	Ber-H2 Ag，Ki-1Ag	120	活化的 T 细胞、B 细胞、NK 细胞、单核细胞等	与细胞增殖和死亡有关
CD31	PECAM-1	130～140	内皮细胞、血小板、NK 细胞、单核细胞、中性粒细胞、T 细胞亚群等	是一种黏附分子
CD32	FcRⅡ，FcγRⅡ	40	B 细胞、粒细胞、单核细胞等	是 Fc 受体
CD33	gp67，p67	67	单核细胞、髓样前体细胞等	是一种唾液酸黏附素，起唾液酸依赖性细胞黏附作用
CD34		40	早期淋巴干细胞和前体细胞、小血管内皮细胞、胚胎成纤维细胞、某些神经细胞等	是一种细胞黏附分子
CD35	CR1，C3bR，C4bR	160/190/220/250/165/195/225/255	红细胞、中性粒细胞、B 细胞、单核细胞	是补体 C4b/C3b 包被颗粒的受体，介导颗粒物质黏附、吞噬，促进 C4b/C3b 裂解，对补体活化具有抑制作用
CD36	GPIV（Ⅲb）	88～113	血小板、成熟的单核/巨噬细胞、内皮细胞等	是一种黏附分子，参与血小板的黏附和聚集，参与血小板与单核或与肿瘤细胞黏附，参与识别凋亡的中性粒细胞，也是氧化 LDL 的清道夫受体
CD37		40～52	B 细胞、中性粒细胞、单核细胞、粒细胞等	参与信号转导
CD38	T10	45	早期 B 细胞、生发中心 B 细胞、浆细胞、早期 T 细胞等	NAD 糖水解酶
CD39	Bp50	40～52	B 细胞、T 细胞、中性粒细胞、粒细胞、单核细胞等	参与信号转导

（续）

CD抗原	其他名称	分子质量（kD）	表达细胞	功能
CD40	Bp50	48	B细胞、巨噬细胞、滤泡树突状细胞、内皮细胞、成纤维细胞、角质细胞、CD34⁺造血干细胞前体细胞等	参与B细胞的生长、分化、抗体型别转换，拯救生发中心凋亡的B细胞，促进巨噬细胞产生细胞因子，上调树突状细胞黏附分子
CD41	GPⅡb/Ⅲa，αⅡb integrin	CD41α：122 CD41β：125	血小板和巨核细胞	是血小板纤维蛋白原受体亚单位，通过结合纤维蛋白原聚集血小板等
CD42a	GPIX	23	血小板和巨核细胞	是血小板黏附分子，使血小板黏附血管内皮，放大血小板对血管素的反应
CD42b	GPIB-a	135/23	血小板和巨核细胞	是血小板黏附分子，使血小板黏附血管内皮，放大血小板对血管素的反应
CD42c	GPIB-b	22	血小板和巨核细胞	是血小板黏附分子，使血小板黏附血管内皮，放大血小板对血管素的反应
CD42d	GPV	85	血小板和巨核细胞	是血小板黏附分子，使血小板黏附血管内皮，放大血小板对血管素的反应
CD43	gpL115，Leuko-sialin	T细胞：95～115 中性粒细胞：115～135	白细胞（成熟的B细胞除外）	可能参与抑制细胞黏附作用
CD44	H-CAM，Pgp-1	85	多数细胞表面	是一种黏附分子，介导白细胞吸附、归巢和炎性趋化
CD44R		上皮细胞：85～250 淋巴细胞：85～200	上皮细胞、单核细胞和活化的白细胞	可能与白细胞吸附、滚动、归巢和炎性趋化有关

（续）

CD 抗原	其他名称	分子质量（kD）	表达细胞	功能
CD45	T200，EC3.1.3.4，不同分子质量的异构体包括：B220，CD45R、CD45RA、CD45RB、CD45RC、CD45RO	210/220/180/200	所有白细胞	介导 T、B 细胞活化
CD46	MCP	52～58，35～40	外周血淋巴细胞、非血液组织（唾液腺、肾导管等）	防止补体活化和在浆膜上沉积
CD47		45～60，47～55	多数细胞	是一种黏附分子和血管反应素受体，巨噬细胞免疫识别自我-非我的标志
CD48		45	所有白细胞（中性粒细胞除外）	是一种黏附分子，其受体是 CD2
CD49a	VLA-1，α1 integrin	200	活化的 T 细胞、单核细胞、神经细胞、平滑肌细胞等	是一种与 CD29 相关的整合素，能结合胶原蛋白和层粘连蛋白-1
CD49b	VLA-2，α2 integrin	160	B 细胞、单核细胞、血小板、巨核细胞、神经细胞、上皮细胞、内皮细胞、破骨细胞等	是一种与 CD29 相关的整合素，能结合胶原蛋白和层粘连蛋白-1
CD49c	VLA-3，α3 integrin	125/30	B 细胞和多数贴壁细胞	是一种与 CD29 相关的整合素，能结合胶原蛋白、层粘连蛋白-5、粘连蛋白、entactin、入侵素等
CD49d	VLA-4，α4 integrin	145	多种类型的细胞，包括 T 细胞、B 细胞、单核细胞、血小板、酸性粒细胞、嗜碱性粒细胞、肥大细胞、胸腺细胞、NK 细胞、树突状细胞等（中性粒细胞除外）	是一种细胞黏附分子，能与细胞表面配体 VCAM-1、MADV-CAM-1 结合，也能粘连蛋白，与淋巴细胞迁移、归巢有关，也是 T 细胞活化的共刺激分子
CD49e	VLA-5，α5 integrin	135	多种类型的细胞，包括记忆 T 细胞、单核细胞、血小板等	是一种与 CD29 相关的整合素，能结合粘连蛋白、入侵素等
CD49f	VLA-6，α6 integrin	125/25	T 细胞、单核细胞、血小板、巨核细胞、滋养层细胞等	是一种与 CD29 相关的整合素，能结合粘连蛋白、入侵素等

（续）

CD抗原	其他名称	分子质量（kD）	表达细胞	功能
CD50	ICAM-3	130	所有白细胞	是免疫应答的共刺激分子，能调节 LFA-1/ICAM-1 及整合素依赖性细胞黏附
CD51	αV integrin	125	血小板、巨核细胞等	是 α-V 整合素的亚单位，能结合 vitronectin、粘连蛋白、血管反应素，也可能粘连凋亡的细胞
CD52	CAMPATH-1, HE5	25～29	胸腺细胞、淋巴细胞、单核细胞、巨噬细胞、雄性动物生殖道上皮细胞等	?
CD53	MRC OX44	32～42	白细胞	信号转导、BCR 交联促进 B 细胞活化
CD54	ICAM-1	90，75～115	活化的 T 细胞、活化的 B 细胞、单核细胞、内皮细胞等	是 CD11a/CD18 或 CD11b/CD18 的配体，是鼻病毒的受体，是感染疟原虫红细胞的受体
CD55	DAF	70/55	多数细胞	防止补体活化和在浆膜上沉积
CD56	NCAM	175～220	人 NK 细胞、CD4+ 和 CD8+ 细胞亚群	神经系统的细胞黏附分子
CD57	HNK1，leu-7	110	NK 细胞、CD4+ 和 CD8+ 细胞亚群、单核细胞等	是 NK 细胞特征性表面抗原
CD58	LFA-3	55～70	多种细胞	是一种黏附分子，使杀伤性 T 细胞和靶细胞接触，使 APC 与 T 细胞接触，使胸腺细胞与胸腺上皮细胞接触
CD59	IF-5Ag，H19，HRF20	18～25	多种细胞	对补体介导的膜穿孔具有抑制作用，与 T 细胞活化和黏附有关

（续）

CD抗原	其他名称	分子质量（kD）	表达细胞	功能
CDw60	GD3	130	T 细胞亚群、血小板、胸腺上皮细胞、活化的角质细胞、滑液囊成纤维细胞、肾小球细胞、平滑肌细胞、胶质细胞等	可能是有丝分裂原活化 T 细胞的共刺激分子
CD61	β3 integrin，GPⅢa	110	血小板、巨核细胞、巨噬细胞等	与 CD41 或 CD51 相关的整合素亚单位
CD62E	E-Selectin，E-LAM-1	140	急性活化的内皮细胞、皮肤和滑液囊慢性炎症病变组织细胞	是一种黏附分子，介导白细胞向炎性部位的内皮细胞迁移
CD62L	L-Selectin，LE-CAM-1	65	外周血 B 细胞、NK 细胞、T 细胞、单核细胞、粒细胞、胸腺细胞等	是一种黏附分子，介导淋巴细胞归巢及炎性细胞向为性部位迁移等
CD62P	P-Selectin，LE-CAM-3	120	内皮细胞、血小板、巨核细胞等	与 PSGL-1 结合，介导白细胞在炎性区域沿着活化的内皮细胞向炎症部位迁移
CD63		40～60	内皮细胞、血小板、脱离的中性粒细胞、巨核细胞等	？
CD64	FcRⅠ	72	单核细胞、巨噬细胞、血液和生发中心树突状细胞、多核细胞、髓样细胞等	吞噬作用、Fc 受体介导的抗原复合物内噬作用，抗原捕获、递呈，介导 ADCC，介导细胞因子和反应氧中间体释放等
CD65	VIM-2	？	髓样细胞	？
CD65s	Sialyated-CD65		单核细胞和粒细胞	可能参与吞噬和钙离子内流
CD66a	Biliary Glycoprotein	160～180	粒细胞和上皮细胞	是一种黏附分子，促进中性粒细胞活化
CD66b	CGM6，NCA-95	95～100	粒细胞	是一种黏附分子，促进中性粒细胞活化
CD66c	NCA	90	粒细胞和上皮细胞	是一种黏附分子，促进中性粒细胞活化
CD66d	CGM1	30	粒细胞	？

（续）

CD 抗原	其他名称	分子质量（kD）	表达细胞	功能
CD66e	CEA	180～200	上皮细胞	? 可能与细胞黏附有关
CD66f	PSG	54～72	胚胎肝细胞	? 可能参与免疫调控，保护胎儿避免母亲带来的免疫损伤
CD68	gp110, macrosialin	110	单核细胞、巨噬细胞、树突状细胞、中性粒细胞、嗜碱性粒细胞、肥大细胞、髓样前体细胞、CD34$^+$造血干细胞亚群、活化的 T 细胞、某些外周血 B 细胞等	?
CD69	AIM（activation inducer molecule），VEA（very early activation）	60	活化的白细胞（包括 T 细胞）、胸腺细胞、B 细胞、NK 细胞、中性粒细胞、嗜酸性粒细胞、朗罕氏细胞、生发中心的 B 细胞、CD4$^+$ T 细胞等	参与淋巴细胞、单核细胞和血小板早期活化过程，促进钙离子内流和合成细胞因子及其受体，具有促进 NK 细胞裂解靶细胞的作用
CD70	CD27-ligang, Ki-24	75/95/170	活化的 T、B 淋巴细胞和巨噬细胞	是 CD27 的配体，可能参与 B、T 淋巴细胞的活化
CD71	T9, transferring receptor	190	所有的增殖细胞	参与摄入铁离子过程
CD72	Ly-19.2, Ly-32.2, Lyb-2	42	B 细胞（浆细胞除外）	?
CD73	ECTO-5' nucleotidase	69/70/72	T、B 淋巴细胞亚群，外周血 B 细胞，滤泡树突状细胞、上皮细胞、内皮细胞等	在形成核糖核酸和去氧核糖核酸过程中参与嘌呤和嘧啶脱磷过程
CD74	Invariant chain	33/35/41	B 细胞、活化的 T 细胞、巨噬细胞、活化的内皮核上皮细胞等	
CDw75	Lactosamines	53	B 细胞、外周血 T 细胞亚群、红细胞等	细胞黏附，是 CD22 的配体
CDw76		?	B 细胞、T 细胞亚群	?
CD77		?	生发中心 B 细胞	?

（续）

CD 抗原	其他名称	分子质量（kD）	表达细胞	功能
CD79a	MB-1	40～45	B 细胞	BCR 的组成部分，与信号转导有关
CD79b	B29	37	B 细胞	BCR 的组成部分，与信号转导有关
CD80	B7-1	60	活化的 B 细胞和 T 细胞、巨噬细胞等	参与 T 细胞活化
CD81	TAPA-1	26	造血干细胞、上皮细胞、内皮细胞等	是 CD19/21/leu-13 信号转导复合体成员，是 B 细胞共受体
CD82	4F9, C33, IA4, KAI1, R2	45～90	活化和分化的造血干细胞	信号转导
CD83	HB15	43	树突状细胞、B 细胞、朗罕氏细胞等	?
CD84	GR6	73	单核细胞、血小板、循环 B 细胞等	?
CD85	GR4	110	浆细胞、B 细胞、NK 细胞等	可能与 T 细胞活化有关
CD86	B7.2	80	树突状细胞、记忆 B 细胞、生发中心 B 细胞、单核细胞等	参与 T 细胞活化，与 CD28 或 CTLA-4 相互作用
CD87	UPA-R	41～68，35～59	T 细胞、NK 细胞、单核细胞、巨噬细胞、血管内皮细胞、成纤维细胞、平滑肌细胞、角质细胞、胎盘滋养细胞、肝细胞等	是 uPA 的受体（uPA 能将血浆酶原转化为血浆酶），可能起到整合素的作用（与细胞黏附有关）
CD88	C5a receptor	43	粒细胞、单核细胞、树突状细胞等	参与活化粒细胞和补体 C5a 介导的炎症反应
CD89	Fcα receptor	45～70，55～75，70～100，50～65	各发育阶段的髓样细胞、活化的嗜酸性粒细胞、尘细胞、脾脏巨噬细胞等	诱导吞噬、脱粒和杀灭病原微生物的作用
CD90	THY-1	25～35	造血干细胞、胸腺细胞、T 细胞、淋巴结小管内皮细胞等	可能参与淋巴细胞共刺激作用，抑制造血干细胞增殖和分化
CD91	α2 Macroglobulin receptor	515/85	单核细胞和各种非造血细胞	β_2 微球蛋白受体

（续）

CD抗原	其他名称	分子质量（kD）	表达细胞	功能
CDw92	GR9	70	单核细胞、粒细胞、外周血淋巴细胞等	？
CDw93	GR11	110	单核细胞、粒细胞、内皮细胞等	？
CD94	Kp43	70	NK 细胞、CD8+ T 细胞	是 NKG2-A 复合物的亚单位，与抑制 NK 细胞功能有关
CD95	APO-1，Fas	45/90	活化的 T、B 淋巴细胞	介导细胞凋亡
CD96	TACTILE	160	活化的 T、NK 细胞	？
CD97	BL-KDD/F12，CD55 ligand	75～85	活化的 T、B 淋巴细胞，单核细胞，粒细胞等	结合 CD55
CD98	4F2，FRP-1，RL-388	125	单核细胞、T 细胞、B 细胞等	细胞活化
CD99	CD99R，E2	32	外周血淋巴细胞、胸腺细胞	？
CD100		30/120	多种细胞，包括红细胞、血小板、活化的 T 细胞、生发中心 B 细胞等	促进 T 细胞活化和黏附
CD101	p126，v7	240	单核细胞、粒细胞、树突状细胞、活化的 T 细胞等	参与 T 细胞活化
CD102	Intracellular adhesion molecule(ICAM)-2	55～65	血管内皮细胞、单核细胞、血小板、某些成熟的淋巴细胞等	参与免疫应答和淋巴细胞循环
CD103	HML-1，αE integrin	175	外周组织中的淋巴细胞	可能与淋巴细胞的组织特异性有关
CD104	β4 integrin	220	胸腺细胞、内皮细胞、上皮细胞、Schwann 细胞、滋养细胞等	是与 CD49f 相关的整合素，结合层粘连蛋白
CD105	Endoglin	180	内皮细胞、单核/组织巨噬细胞等	调解细胞对 TGF-β1 的反应
CD106	VCAM-1	100～110	内皮细胞	黏附分子，是 VLA-4 的配体
CD107a	LAMP-1	100～120	活化的血小板	？
CD107b	LAMP-2	100～120	活化的血小板	？

（续）

CD 抗原	其他名称	分子质量（kD）	表达细胞	功能
CDw108	JMH human-blood-antigen	76	淋巴细胞、淋巴母细胞	可能是一种黏附蛋白
CD109	Platelet activation factor	170	活化的 T 细胞、血小板、内皮细胞等	?
CD110	Thrombopoietin receptor，Mpl	82～84	干细胞、巨核细胞、血小板等	
CD111	PRR/Nectin-1	64～72	干细胞、巨噬细胞、中性粒细胞等	
CD112	PRR2/Nectin-2	64～72	单核细胞、中性粒细胞、干细胞等	
CD113	PRR3/Nectin-3	83	上皮细胞、胎盘组织细胞	
CD114	G-CSF receptor	95/139	粒细胞、单核细胞等	调解髓样细胞增殖和分化
CD115	M-CSF receptor	150	单核细胞、巨噬细胞	是 M-CSF 受体
CD116	GM-CSF receptor α chain	80	单核细胞、中性粒细胞、嗜酸性粒细胞等	主要是结合 GM-CSF 亚单位的受体
CD117	SCF-receptor，c-kit	145	造血干细胞	生长因子受体
CD118	LIF receptor	190	上皮细胞	?
CD119	IFN-γ receptor	90	单核细胞、B 细胞、上皮细胞等	是干扰素受体
CD120a	TNF receptor type 1	50～60	单核细胞、中性粒细胞等	是 TNF 受体
CD120b	TNF receptor type 2	50～60	单核细胞、中性粒细胞、活化的淋巴细胞等	是 TNF 受体
CD121a	IL-1 receptor type 1	80	胸腺细胞、T 细胞等	I 型白介素-1 受体
CD121b	IL-1 receptor type 2	60～70	B 细胞、巨噬细胞、单核细胞等	I 型白介素-1 受体
CD122	IL-2 receptor β Chain	70～75	T 细胞、B 细胞、NK 细胞、单核/巨噬细胞等	参与 IL-2 和 IL-15 介导的信号转导
CD123	IL-3 receptor α Chain	70	骨髓干细胞、粒细胞、单核细胞、巨核细胞等	IL-3 受体的一部分
CD124	IL-4/IL-13 receptor	140	B 细胞、T 细胞、前体细胞	是 IL-4 和 IL-13 受体的亚单位

（续）

CD 抗原	其他名称	分子质量（kD）	表达细胞	功能
CD125	IL-5 receptor α Chain	60	嗜酸性粒细胞、嗜碱性粒细胞等	是 IL-5 受体
CD126	IL-6 receptor α Chain	80	B 细胞、T 细胞、单核细胞、肝细胞等	是 IL-6 的受体
CD127	IL-7 receptor α Chain	65~75，90	B 细胞前体细胞、T 细胞等	是 IL-7 的受体
CDw128a	CXCR1 IL-8 receptor A	55~67	？	趋化因子受体
CDw128b	CXCR2 IL-8 receptor B	55~67	？	趋化因子受体
CD130	gp130 receptor subunit for IL-6, IL-11, LIF, OSM, LNTF, CT-1	130~140	所有细胞	是 IL-6、IL-11、白血病抑制因子等介导的信号转导受体的亚单位
CD131	Common β chain for IL-3, IL-5, GM-CSF Receptor	120	髓样细胞	是与 IL-3、GM-CSF 及 IL-5 受体信号转导有关的受体亚单位
CD132	Common γ chain for IL-2, IL-4, IL-7, IL-9 and IL-15 Receptors	64，65~70	T 细胞、B 细胞、NK 细胞、单核/巨噬细胞、中性粒细胞等	是 IL-2、IL-4、IL-7、IL-9，以及 IL-15 受体的亚单位
CD133	AC-133	120	干细胞	？
CD134	OX40	50	活化的 T 细胞	与细胞黏附有关
CD135	Flt3/Flk2，STK-1	130	多能干细胞	是造血细胞生长因子的受体
CD136	Macrophage stimulating protein receptor	180	上皮细胞	诱导细胞迁移、增值和形态改变
CD137	4-1BB	30	T 细胞、B 细胞、单核细胞等	是 T 细胞增殖的共刺激分子
CD138	SYNDECAN-1	20	浆细胞和上皮细胞	结合 I 型胶原蛋白
CD139		209/228	B 细胞、单核细胞、粒细胞、滤泡树突状细胞等	？
CD140a	PDGF receptor α	180	内皮细胞	是血小板生长因子 α 受体

（续）

CD 抗原	其他名称	分子质量（kD）	表达细胞	功能
CD140b	PDGF receptor β	180	内皮细胞	是血小板生长因子 β 受体
CD141	Thrombomodulin	75	内皮细胞、巨核细胞、血小板、单核细胞、中性粒细胞等	参与蛋白 C 的活化
CD142	Tissue factor	45	单核细胞、炎性部位血管内皮细胞等	促进微环境血凝
CD143	Angiotensin converting enzyme	170/180/90/110	内皮细胞、活化的巨核细胞、某些 T 细胞等	是一种酶，具有血压调节作用
CD144	VE-CADHERIN	135	内皮细胞	调控内皮细胞黏附、通透性和迁移
CDw145		25/90/110	内皮细胞、某些基质细胞	?
CD146	MUC18/S-endo	118	内皮细胞、活化的 T 细胞等	可能是一种黏附分子
CD147	Neurothelin/Basigin	50～60	内皮细胞、白细胞、红细胞、血小板	是一种黏附分子
CD148	HPTP-ETA/DEP-1	240～260，200～250，	粒细胞、单核细胞、T 细胞、树突状细胞、血小板	抑制细胞生长
CDw149	MEM-133	120	外周血淋巴细胞、单核细胞、中性粒细胞、嗜酸性粒细胞、血小板等	?
CD150	SLAM	70	T 细胞、B 细胞、胸腺细胞等	B 细胞共刺激分子
CD151	PETA-3	32	血小板、巨核细胞、不成熟的造血细胞、内皮细胞等	是一种黏附分子
CD152	CTLA-4	44	活化的 T 细胞	对 T 细胞活化具有负调控抑制作用
CD153	CD30 Ligand	40	活化的 T 细胞	是 CD30 的配体，对 T 细胞有共刺激作用
CD154	CD40 Ligand，T-BAM，TRAP，gp39	33	活化的 CD4T 细胞	是 CD40 的配体，促进 B 细胞活化和增值
CD155	Poliovirus receptor	80～90	单核细胞、巨噬细胞、胸腺细胞、神经细胞等	? 是脊髓灰质炎病毒的受体

（续）

CD抗原	其他名称	分子质量（kD）	表达细胞	功能
CD156	TACE/ADAM17，MS2	69	中性粒细胞、单核细胞等	可能参与白细胞迁移
CD157	BP-3/IF-7，BST-1	42～45	粒细胞、单核细胞、巨噬细胞、内皮细胞等	促进淋巴细胞生长
CD158a	EB6，MHC-I specific receptor，p50.1，p58.1	58/50	NK 细胞、T 细胞等	调解 NK 细胞介导的细胞裂解作用
CD158b	GL183，MHC-I specific receptor，p50.2，p58.2	58/50	NK 细胞、T 细胞等	调解 NK 细胞介导的细胞裂解作用
CD159a	NKG2a	43	NK 细胞	与 NK 细胞作用有关
CD159c	NKG2c	40	NK 细胞	与 NK 细胞作用有关
CD160	By55	26	T 细胞、NK 细胞等	与 NK 细胞和 T 细胞的作用有关
CD161	NKR-P1	60	NK 细胞、T 细胞等	调解 NK 细胞介导的细胞裂解作用，诱导胸腺细胞增殖
CD162	PSGL-1	250/160/220	外周血 T 细胞、单核细胞、粒细胞、B 细胞	介导白细胞滚动
CD163	GHI/61，M130	130	单核细胞	?
CD164	MGC-24	80	T 细胞、单核细胞、粒细胞、B 细胞、前体细胞等	?
CD165	AD2/gp37	37	外周淋巴细胞、胸腺细胞、单核细胞、血小板	是一种黏附分子
CD166	ALCAM，CD6 Ligand	100	活化的 T 细胞、单核细胞、上皮细胞、神经细胞、成纤维细胞等	是一种能结合 CD6 的黏附分子
CD167a	Discoidin domain receptor，DDR1	120	上皮细胞，肌母细胞	是一种酪氨酸激酶受体
CD168	RHAMM	85～95	成纤维细胞、淋巴细胞、造血细胞、恶性 B 细胞	与细胞移行有关
CD169	sialoadhesin	220	巨噬细胞	参与细胞和细胞间的相互作用
CD170	Siglec-5	140	中性粒细胞	参与唾液酸依赖性细胞间的相互作用

（续）

CD 抗原	其他名称	分子质量（kDa）	表达细胞	功能
CD171	L1	200	单核细胞、T 细胞、B 细胞	是一种细胞黏附分子，起到维护淋巴结结构的作用
CD172a	SIRP α	110	单核细胞、T 细胞、干细胞	?
CD172b	SIRP β1	50	单核细胞、树突状细胞等	?
CD172g	SIRP γ，SIRP β2	45～50	干细胞、活化的 NK 细胞	?
CD173	H2，blood group O antigen	碳水化合物表位	红细胞、干细胞、血小板	是一种血型抗原
CD174	Lewis Y blood group antigen	碳水化合物表位	造血干细胞、上皮细胞	是一种血型抗原
CD175	TN	碳水化合物表位	干细胞	?
CD175s	Sialyl-Tn	碳水化合物表位	成红细胞	?
CD176	Thomson-Friedrenreich antigen	碳水化合物表位	干细胞	?
CD177	NB1	58～64	中性粒细胞	是一种糖蛋白
CD178	Fas Ligand	38～42	活化的 T 细胞	是一种诱导细胞凋亡的分子，能结合 Fas（CD95）
CD179a	V pre beta	16～18	原 B 细胞和早期 B 细胞	形成前 B 细胞替代受体的亚单位
CD179b	Lambda 5	22	原 B 细胞和早期 B 细胞	形成前 B 细胞替代受体的亚单位
CD180	Rp105/Bgp95	95～105	单核细胞、树突状细胞、B 细胞	?
CD181	CXCR1	39	中性粒细胞、T 细胞	?
CD182	CXCR2	40	单核细胞、粒细胞、T 细胞	?
CD183	CXCR3	40	活化的 T 细胞和 NK 细胞	是一种 G 蛋白偶联的趋化因子受体
CD184	CXCR4	45	干细胞、B 细胞、单核细胞、树突状细胞、内皮细胞	是一种 G 蛋白偶联的趋化因子受体，也是 HIV 的共受体

（续）

CD抗原	其他名称	分子质量（kDa）	表达细胞	功能
CD185	CXCR5	45	B细胞、T细胞	与细胞趋化有关
CD186	CXCR6，BONZO	40	T细胞	与细胞趋化有关
CD191	CCR1	39	T细胞、单核细胞、干细胞	与细胞趋化有关
CD192	CCR2	40	单核细胞、T细胞、B细胞、嗜碱性粒细胞	与细胞趋化有关
CD193	CCR3	45	嗜酸性粒细胞、嗜碱性粒细胞、T细胞、树突状细胞等	与细胞趋化有关
CD194	CCR4	41	T细胞、嗜碱性粒细胞、血小板、单核细胞等	与细胞趋化有关
CD195	CCR5	45	单核细胞、T细胞	与细胞趋化有关
CD196	CCR6	45	T细胞、B细胞、树突状细胞等	与细胞趋化有关
CD197	CCR7	45	T细胞	与细胞趋化有关
CDw198	CCR8	50	T细胞、单核细胞等	与细胞趋化有关
CDw199	CCR9	50	T细胞	与细胞趋化有关
CD200	OX-2	45～50	胸腺细胞、B细胞、内皮细胞、活化的T细胞等	与细胞信号传递有关
CD201	EPCR	50	内皮细胞	?
CD202b	Tie/Tek	150	内皮细胞、造血干细胞	?
CD203c	NPP3	130～150	嗜碱性粒细胞、肥大细胞等	?
CD204	Macrophage scavenger receptor	220	巨噬细胞	?
CD205	DEC-205	205	树突状细胞、胸腺上皮细胞等	?
CD206	Macrophage Mannose receptor	180	树突状细胞、巨噬细胞、单核细胞等	是一种甘露糖受体，起模式识别分子的作用
CD207	Langerin	40	郎罕氏细胞	?
CD208	DC-LAMP	70～90	间指树突状细胞	?
CD209	DC-SIGN	44	树突状细胞	结合HIV

（续）

CD 抗原	其他名称	分子质量（kD）	表达细胞	功能
CDw210	IL-10R	90～110	T 细胞、B 细胞、NK 细胞、单核细胞、巨噬细胞	是 IL-10 的受体
CD212	IL-12Rβ1	100	活化的 T 细胞、NK 细胞	是 IL-12 受体的亚单位
CD213a1	IL-13Rα1	65	B 细胞、单核细胞、成纤维细胞、内皮细胞等	是 IL-13 受体的亚单位
CD213a2	IL-13Rα2	65	B 细胞、单核细胞等	是 IL-13 受体的亚单位
CD217	IL-17R	120	多种细胞	是 IL-17 的受体
CD218a	IL-18Rα	70	B 细胞、中性粒细胞、树突状细胞、	是 IL-18 受体的亚单位
CD218b	IL-18Rβ	70	B 细胞、中性粒细胞、树突状细胞、	是 IL-18 受体的亚单位
CD220	Insulin receptor	140/70	多种细胞	是胰岛素受体
CD221	IGF-1 receptor	140/70	多种细胞	是 IGF-1 受体
CD222	IGF2 receptor/Mannose-6-phosphate receptor	250	多种细胞	是 IGF-2 受体，是甘露糖-6 磷酸受体
CD223	LAG-3	70	活化的 T 细胞和 NK 细胞	是细胞因子受体
CD224	Gamma Glutamyl transferase (GGT)	100	白细胞和干细胞	通过调解 GSH 的合成防止抗氧化应激
CD225	Leu-13	17	多种细胞	?
CD226	DNAM-1	65	T 细胞、NK 细胞、单核细胞、血小板	?
CD227	MUC-1	300	干细胞和上皮细胞	?
CD228	Melanotransferrin	80～95	干细胞和黑色素瘤细胞	?
CD229	Ly-9	95/110	T 细胞和 B 细胞	?
CD230	Prion protein	35	多种细胞	是一种朊蛋白
CD231	TALLA-1	30～45	癌变 T 细胞	?
CD232	VESPR(Plexin C1)	200	多种细胞	?
CD233	Band 3	90	红细胞	?

（续）

CD抗原	其他名称	分子质量（kD）	表达细胞	功能
CD234	Duffy	35～45	红细胞	?
CD235a	Glycophorin A	36	红细胞	是血型糖蛋白 A
CD235b	Glycophorin B	20	红细胞	是血型糖蛋白 B
CD236	Glycophorin C/D	32/23	红细胞和干细胞	是血型糖蛋白 C/D
CD236R	Glycophorin C	32	红细胞和干细胞	是血型糖蛋白 C
CD238	Kell	93	红细胞和干细胞	?
CD240CE	Rhesus 30 CE	30～32	红细胞	?
CD240D	Rhesus 30 D	30～32	红细胞	?
CD241	Rhesus 50 Glyco-protein	50	红细胞	?
CD242	ICAM-4	42	红细胞	可能与细胞黏附有关
CD243	MDR-1	180	干细胞	?
CD244	2B4	70	NK 细胞与 T 细胞	NK 细胞活化受体
CD245	P220/240	220～240	T 细胞	?
CD246	Anaplastic lymphoma kinase	80	癌变 T 细胞	?
CD247	TCR zeta chain	16	NK 细胞与 T 细胞	T 细胞受体亚单位
CD248	Endosialin	175	基质成纤维细胞和肿瘤内皮细胞	?
CD249	Aminopeptidase A	160	内皮细胞和上皮细胞	?
CD250	Reserved for TNF	?	T 细胞	TNF 家族分子
CD251	Reserved for lymphotoxin	?	T 细胞	淋巴毒素
CD252	OX40 Ligand	34	树突状细胞、内皮细胞、活化的 B 细胞	OX40 的配体
CD253	TRAIL	33～34	活化的 T 细胞、NK 细胞、活化的 B 细胞和单核细胞	诱导细胞凋亡和免疫调节
CD254	TRANCE,RANKL	35	活化的 T 细胞、基质细胞、破骨细胞	? 一种细胞膜受体
CD255	TWEAK	?	T 细胞	是一种膜蛋白分子，与信号传递有关
CD256	APRIL	16	髓样细胞	是一种膜蛋白分子，与信号传递有关

（续）

CD抗原	其他名称	分子质量（kD）	表达细胞	功能
CD257	Blys，BAFF	45	髓样细胞	是一种膜蛋白分子，与信号传递有关
CD258	LIGHT	28	活化的 T 细胞和不成熟的树突状细胞	是一种膜蛋白分子，与信号传递有关
CD259	NGF	?	?	?
CD260	淋巴毒素 β 受体	?	?	?
CD261	TRAIL-R1，APO2	57	白细胞，肿瘤细胞	是一种膜蛋白分子，与信号传递有关
CD262	TRAIL-R2，DR5	60	多种细胞	是一种膜蛋白分子，与凋亡信号传递有关
CD263	TRAIL-R3，DcR1	65	多种细胞	是一种膜蛋白分子，与调节凋亡信号传递有关
CD264	TRAIL-R4，DcR2	35	多种细胞	是一种膜蛋白分子，与调节凋亡信号传递有关
CD265	RANK，TRANCE-R	97	多种细胞	是一种膜蛋白分子，与信号传递有关
CD266	TWEAK-R	14	HUVEC	是一种膜蛋白分子，与信号传递有关
CD267	TACI	32	B 细胞、活化的 T 细胞等	是一种膜蛋白分子，与信号传递有关
CD268	BAFF-R	25	B 细胞、T 细胞等	是一种膜蛋白分子，与信号传递有关
CD269	BCMA	27	B 细胞	是一种膜蛋白分子，与信号传递有关
CD270	LIGHT-R	?	?	是一种膜蛋白分子，与信号传递有关
CD271	NGFR	75	神经细胞、基质细胞、滤泡树突状细胞等	?
CD272	BTLA	?	Th1T 细胞	?
CD273	B7-DC，PD-L2	25	树突状细胞、活化的 T 细胞、活化的单核细胞	是一种膜蛋白分子，与信号传递有关
CD274	B7-H1，PD-L1	40	树突状细胞、活化的 T 细胞、活化的单核细胞	是一种膜蛋白分子，与信号传递有关

（续）

CD 抗原	其他名称	分子质量（kD）	表达细胞	功能
CD275	ICOSL	60	树突状细胞、B 细胞、T 细胞、活化的单核细胞等	?
CD276	B7-H3	40～45	树突状细胞、活化的单核细胞等	是一种膜蛋白分子，与信号传递有关
CD277	BT3.1，BTF5	56	T 细胞、B 细胞、NK 细胞、单核细胞、树突状细胞、干细胞等	?
CD278	ICOS，AILIM	56	活化的 T 细胞	?
CD279	PD1	55	活化的 T 细胞和 B 细胞	与免疫信号传递有关
CD280	Endo180，TEM22	180	髓样前体细胞、成纤维细胞、内皮细胞、巨噬细胞等	?
CD281	TLR1，TIL	90	单核细胞、中性粒细胞等	识别病原，传递免疫信号
CD282	TLR2，TIL4	85	单核细胞、中性粒细胞等	识别病原，传递免疫信号
CD283	TLR3	100	成纤维细胞、树突状细胞等	识别病原，传递免疫信号
CD284	TLR4	85	单核细胞、树突状细胞、内皮细胞等	识别病原，传递免疫信号
CD285	TLR5	?	单核细胞、树突状细胞等	识别病原，传递免疫信号
CD286	TLR6	92	单核细胞、树突状细胞等	识别病原，传递免疫信号
CD287	TLR7	?	单核细胞、树突状细胞、内皮细胞等	识别病原，传递免疫信号
CD288	TLR8	120	白细胞、单核细胞、树突状细胞等	识别病原，传递免疫信号
CD289	TLR9	115～120	树突状细胞、活化的 B 细胞等	识别病原，传递免疫信号
CD290	TLR10	95	树突状细胞、B 细胞等	识别病原，传递免疫信号
CD291	TLR11	?	?	识别病原，传递免疫信号
CD292	BMPR1A	50～58	骨髓前体细胞	?

（续）

CD抗原	其他名称	分子质量（kD）	表达细胞	功能
CDw293	BMPR1B	50～58	骨髓前体细胞	?
CD294	CRTH2，GPR44	55～70	Th2T 细胞、嗜酸性粒细胞、嗜碱性粒细胞等	?
CD295	LEPR，OBR	130～150	多种细胞	?
CD296	ART1	37	上皮细胞、肌肉细胞、T 细胞、髓样细胞等	?
CD297	ART4，Dombrock Blood Group	38	红细胞、成红细胞、活化的单核细胞等	?
CD298	钠、钾 ATP 酶 β3 亚单位	52	多种细胞	?
CD299	DC-SIFNR	45	内皮细胞	?
CD300a	CMRFH	60	树突状细胞、单核细胞、淋巴细胞等	?
CD300c	CMRF35A	?	树突状细胞、单核细胞、淋巴细胞等	?
CD300e	CMRF35L1	?	单核细胞等	?
CD301	MGL，CLECSF14	38	单核细胞	?
CD302	DCL1	30	粒细胞、单核细胞、树突状细胞等	?
CD303	BDCA2	38	树突状细胞	?
CD304	BDCA4，Neuropilin	140	树突状细胞	?
CD305	LAIR-1	40	NK 细胞、T 细胞、B 细胞、单核细胞等	?
CD306	LAIR-2	?	?	?
CD307	IRTA2，FcRH5	100	B 细胞	?
CD308	VEGFR1	?	?	?
CD309	VEGFR2，FLK1，KDR	230	内皮细胞、干细胞等	?
CD310	VEGFR2	?	?	?
CD311	EMR1	?	?	?
CD312	EMR2	90	中性粒细胞、单核细胞等	?
CD313	EMR3	?	?	?

（续）

CD 抗原	其他名称	分子质量（kD）	表达细胞	功能
CD314	NKG2D	42	NK 细胞、NKT 细胞、T 细胞等	是一种膜分子，与信号传递有关
CD315	CD9P1，SMAP6	135	B 细胞、活化的单核细胞等	?
CD316	EWI2，IgSF8	63	B 细胞、T 细胞、NK 细胞等	?
CD317	BST2，HM1.24	29～33	B 细胞、T 细胞、单核细胞、NK 细胞、等	?
CD318	CDCP1，SIMA135	135	干细胞	?
CD319	CRACC，SLAMF7	66	NK 细胞、B 细胞、T 细胞、树突状细胞等	?
CD320	8D6	?	滤泡树突状细胞	
CD321	JAM-1，F-11R	32～35	多种细胞	?
CD323	JAM-3	?	?	?
CD324	E-Cadherin，Cadherin 1	120	上皮细胞、干细胞、成红细胞等	120
CD325	N-Cadherin，Cadherin 2	140	神经细胞、内皮细胞、干细胞等	?
CD326	Ep-CAM	40	上皮细胞	?
CD327	Siglec6，OB-BP1	?	B 细胞、滋养细胞等	?
CD328	Siglec7，AIRM1	75	NK 细胞、单核细胞、T 细胞等	?
CD329	Siglec9	?	NK 细胞、单核细胞、粒细胞等	?
CD330	Siglec10	?	?	?
CD331	FGFR1，FLT2	130	成纤维细胞、上皮细胞等	?
CD332	FGFR2，KGFR	115～135	成纤维细胞、上皮细胞等	?
CD333	FGFR3，JTK4	115～135	成纤维细胞、上皮细胞等	?
CD335	NKp46，NCR1，Ly94	46	NK 细胞	?
CD336	NKp44，NCR2，Ly95	44	NK 细胞	?

（续）

CD 抗原	其他名称	分子质量（kD）	表达细胞	功能
CD337	NKp30，NCR3，Ly117	30	NK 细胞	?
CD338	ABCG2，BCRP	72	干细胞	?
CD339	Jagged1，JAG1	150	基质细胞、上皮细胞	
CD340	HER-2	185	干细胞	?
CD344	FZD4	60	干细胞，其他多种细胞	?
CD349	FZD9	64	干细胞，其他多种细胞	?
CD350	FZD10	65	干细胞，其他多种细胞	?

注：? 表示目前未知。

附录三　猪病免疫防治基本理论概述

　　哺乳动物的免疫系统是经长期进化而形成的机体防御体系，包括免疫器官、免疫细胞和细胞因子。免疫系统的各种因素巧妙地相互协作，通过免疫应答的方式为机体发挥正常的生理功能提供保障。固有免疫又称为先天性免疫（innate immunity），是机体免疫防御的重要组成部分，包含机械屏障、生理屏障、细胞吞噬屏障和炎症反应屏障四类防御屏障。固有免疫不仅能在病原感染早期阻止、抑制与杀灭病原体，而且还是通向获得性免疫（acquired immunity）的桥梁。固有免疫与获得性免疫在不同层次上相互密切配合最终彻底清除感染，恢复和维持机体的正常生理功能，因此，免疫在机体疫病防御中起着至关重要的作用。

　　在宿主初次感染病原早期，固有免疫发挥主要作用，尤其是吞噬细胞在消灭和清除病原中起关键作用。不仅如此，吞噬细胞在消灭病原的同时，还根据病原能否在细胞内寄生的特点将其抗原标志部分（即抗原表位）递呈给特异性T淋巴细胞（包括 CD4 和 CD8T 细胞），使之活化，进一步分化为效应性T细胞和记忆性T细胞，发挥细胞免疫的作用。CD4T 细胞在 B 细胞活化中起重要的辅助作用，促使 B 细胞活化并分化为浆细胞产生抗体，发挥体液免疫作用，同时有部分活化的 B 细胞分化为记忆性 B 细胞。获得高质量功能性记忆细胞是接种疫苗预防传染病的理论基础。

　　宿主初次接触抗原（注射疫苗或感染病原）后产生免疫应答，这一过程包括固有免疫消灭、清除和处理抗原，向获得性免疫过渡，针对该抗原的特异性B 细胞和 T 细胞被活化，分化为浆细胞产生抗体和效应性 T 细胞，随着抗原被清除，效应性淋巴细胞（细胞毒 T 细胞和浆细胞）逐渐凋亡消逝，而记忆性 T、B 淋巴细胞长期存活，这些记忆性淋巴细胞宛如训练有素的士兵，当同一种抗原再次进入宿主时，立即被活化，产生大量的效应性细胞，发起攻击（即回忆性免疫应答的过程），将其消灭。如浆细胞产生抗体中和病原或阻断病原感染靶细胞，效应性 T 细胞摧毁已经感染病原或藏匿病原的靶细胞。因此，疫苗接种的主要目的是获得功能性的记忆性淋巴细胞，消除病原感染。然而，机体对不同抗原产生的免疫应答是区别对待的，如对能在细胞内增殖的病原（病毒、胞内寄生菌-李氏杆菌、沙门氏菌、布鲁氏菌、结核分支杆菌等），主要采取细胞免疫为主，以细胞毒 T 细胞破坏其赖以生存的环境（感染细胞），使病原释放出来，在体液免疫的配合下，将病原彻底清除；对胞外寄生菌（如大肠杆菌、葡萄球菌、链球菌等）和灭活疫苗，机体主要产生体液免疫应答，因为这类抗原不在宿主细胞内寄生。由于抗体可以阻止病原入侵靶细胞，也可以中和体液内的病原，还可以通过初乳给仔猪提供早期保护，但不能进入细胞内中和病原，因此对病毒和胞内寄生菌的免疫预防，除了要诱导产生高亲和力的抗体外，更重要的是要诱导机体产生细胞免疫应答，清除病原赖以生存的环境，使病原释放出来，由抗体中和，再由吞噬细胞吞噬进行消灭。由于只有弱毒活苗才能有效刺激机体产生较强的细胞免疫，所以在病毒性传染病的免疫预防中，弱毒活苗的接种是十分必要的。

需要明确的是，免疫预防仅仅是疫病防制中的辅助性手段，绝不是接种疫苗就万事大吉。实践证明，无论宿主的免疫力如何坚强，也只能抵抗一定程度的病原感染，不能抵御大量的强毒攻击，因此环境卫生控制是疫病防制的根本。通过适宜的卫生消毒措施和管理，降低病原在猪舍内的含量，减少动物接触大量病原机会，在适宜的免疫措施配合下，猪群才能得到保护，发挥最佳生产性能，取得最大经济效益。

在采取免疫预防措施时，应考虑以下因素：

1. 疫苗接种只是疫病防制的辅助性手段，免疫接种不一定都能产生预期的预防效果，这与诸多因素有关，如疫苗质量、疫苗血清型、免疫时间和剂量、免疫抑制病、遗传特性等。然而，有时猪群发病是因为大量病原攻击突破了疫苗免疫所提供的保护力，因此必须在加强环境卫生控制病原数量条件下，接种合适的疫苗，保护猪群健康。

2. 决定接种某种疫苗要考虑经济效益，评估不进行免疫接种存在的风险。风险评估应考虑猪场的以往病史、目前发病情况、猪群安全性等。同时，还需考虑疫苗效力和副作用，尤其是对种猪群要进行较全面的风险评估。

3. 除特殊情况外，疫苗接种应按标签说明进行，根据保护对象制订免疫程序，例如，如果保护对象是新生仔猪，免疫接种应在母猪产前3～5周进行，刺激母猪产生抗体，通过初乳母源抗体保护仔猪；如果疫苗接种是预防繁殖障碍性疾病，那么在配种前接种疫苗较为合理。

4. 如果猪群较稳定，则使用单苗或联苗均可；但如果猪群有某种疫病在流行，则使用单苗的效果较好。试验证实，两种单苗接种时间间隔若少于3天，后接种的疫苗免疫效果会受一定的影响。

5. 常见的疫苗种类和使用原则。

目前猪病防疫中普遍使用的疫苗有活疫苗和灭活苗两大类。

（1）活疫苗　活疫苗包括弱毒活苗、活载体疫苗和基因缺失苗。弱毒活苗是将病原通过一定宿主系统（如细胞培养、接种动物）传代使毒力致弱制成的，也有非致弱的自然弱毒制成的疫苗。活载体疫苗是将保护性抗原表位插入活载体（病毒载体或细菌载体）制成的活疫苗。基因缺失苗是将病原毒力基因去除而制成的疫苗。活疫苗在使用上要求达到一定的条件，保证接种时有足够的活菌/毒量进入体内，如果接种时疫苗的活力不足（即多数死亡），达不到有效剂量，就难以刺激机体产生具有保护性的免疫力。一般而言，弱毒疫苗的抗原表位全面，免疫效果较好，只要使用恰当，就能引起机体产生坚强的免疫力。基因缺失苗的免疫效果与敲除哪段基因有关，如果敲除的那段基因对宿主免疫力有抑制作用，则该苗的效果优于弱毒苗；但若敲出的毒力基因没有免疫抑制作用，仅与复制有关，则该苗的效果不及弱毒苗，因为病原在体内需要复制才能刺激机体产生坚强的细胞免疫力。另外，某些毒素具有较好的免疫原性，敲出后势必影响机体的免疫应答，从效果上不如弱毒苗。活载体疫苗相对保护力较弱，因为引起免疫应答的抗原表位种类有限，只能引起机体针对某种（些）抗原的免疫应答，但通常活载体本身是抵抗另一种疾病的弱毒或基因缺失苗，因而一次免疫可以预防两种或多种疾病。活载体疫苗应用的实际效果是机体针对载体的免疫力强，而针对插入抗原的免疫应答程度有限。由于上述原因，在不同环境和饲养条件下使用何种活疫苗应有选择性，如在污染严重的发病场，应选择弱毒活苗或效果好的基因缺失苗，而在环境较好、饲养管理水平高及没有疫病流行的猪场，根据需要，可选用活载体疫苗，减少免疫次数，降低应激反应，提高猪的生产性能。

（2）灭活苗　灭活苗往往和佐剂混用，如油佐剂灭活苗、氢氧化铝胶苗等，灭活苗可诱导机体产生坚强的体液免疫应答，产生高效价的抗体，但细胞免疫应答较弱。循环抗体能够中和病原或阻断病原感染靶细胞，但对已经进入细胞内的病原无能为力，因为抗体不能进入细胞内发挥作用。细胞免疫专门解决细胞内病原的问题，通过效应性T细胞将病原感染细胞破坏，使细胞内的病原释放出来，在抗体、补体和其他炎性因子的作用下通过直接中和、调理和补体级联反应，将病原消灭和清除。因此，灭活苗最好要与活苗交替使用。在母猪产前2～3周用灭活苗可提高初乳中的抗体含量，对保护仔猪有利。

6. 联苗和单苗的使用要因地制宜。一般而言，单苗的效果要好于联苗，然而联苗一次免疫可防几种疾病，省事省力。应该选择联苗还是单苗要看猪场的疫病控制情况。基本原则是：如果猪场疫病控制情况较好，环境好和饲养管理到位，可使用联苗，减少应激反应；如果猪场环境较差，疫情不断，建议使用单苗，最大限度地获得免疫效果。两种单苗的使用时间最少间隔3天，否则先接种的疫苗对后接种的疫苗影响较大。

附录四　影响猪群免疫力的因素

免疫应答是一种生物学过程，受多种因素的影响。在接种疫苗的猪群中，不同个体的免疫应答程度都有差异，接种疫苗的动物群体免疫应答呈正态分布，有的较强、有的较弱。因而，绝大多数猪在接种疫苗后都能产生较强的免疫应答，但因个体差异，会有少数猪应答能力差，因而在有强毒感染时，不能抵抗攻击而发病。如果群体免疫力强，则不会发生流行；如果群体抵抗力弱，则会发生较大的疾病流行。影响猪群免疫的因素如下：

1. 遗传因素　动物机体对接种抗原的免疫应答在一定程度上是受遗传控制的。因此，不同品种，甚至同一品种不同个体的猪，对同一疫苗的免疫反应强弱也有差异。

2. 营养状况　动物的营养状况也是影响免疫应答的因素之一。维生素、微量元素及氨基酸的缺乏都会使机体的免疫功能下降，如维生素 A 缺乏会导致淋巴器官的萎缩，影响淋巴细胞的分化、增殖、受体表达与活化，导致体内的 T 淋巴细胞、NK 细胞数量减少，吞噬细胞的吞噬能力下降，B 淋巴细胞的抗体产生能力下降。因而，营养状况是免疫防制中不可忽略的因素。

3. 环境因素　环境因素包括猪舍温度、湿度、通风状况、环境卫生及消毒等。动物机体的免疫功能在一定程度上受到神经、体液和内分泌的调节。如果环境过冷或过热、湿度过大，通风不良都会使动物出现不同程度的应激反应，导致动物对抗原的免疫应答能力下降。接种疫苗后不能取得相应的免疫效果，表现为抗体水平低和细胞免疫应答减弱。环境卫生和消毒工作做得好可减少或杜绝强毒感染的机会，使动物安全度过接种疫苗后的诱导期。

只要环境工作做得好，就可大大减少猪发病的机会，即使动物抗体水平不高也能得到保护。如果环境差，环境中有大量的病原，即使抗体水平较高的动物群体，也存在着发病的可能。虽然多次免疫可使抗体水平很高，但这并非疾病防控要达到的目的。因为高免疫力（抗体水平很高）对动物本身来说就是一种应激反应。有资料表明，动物经多次免疫后，高水平的抗体会使动物的生产力下降。因而，做好环境卫生与接种疫苗在疾病防控中同等重要。

4. 疫苗方面　疫苗的保存与运输是免疫防制工作中十分重要的环节。保存与运输不当会使疫苗质量下降，甚至失效。湿苗应在低温下冻结保存。弱毒冻干苗应保存于 2～8℃。灭活苗应贮存于 2～8℃，严防冻结，否则影响疫质量及免疫效果。

在疫苗的使用过程中，有很多因素影响免疫效果，如疫苗稀释方法、接种途径、免疫程序等。各个环节都应给予足够的重视。

5. 血清型　有些病的病原含有多个血清型，如猪丹毒、猪肺疫、猪大肠杆菌病，其病原的血清型多，给免疫防治造成困难，选择适当的疫苗株是取得理想免疫效果的关键。若疫苗株与疾病病原的血清型有差异，则难以取得良好的预防效果。因而，针对血清型多的疾病，应考虑使用多价苗。

6. 母源抗体　母源抗体的被动免疫对初生仔猪是十分重要的，但也会给疫苗的接种带来一定的影响，尤其是用弱毒苗免疫动物时，如果仔猪存在较高水平的母源抗体，就会极大地影响疫苗的免疫效果。因此，首免日龄应根据母源抗体测定的结果来确定。

7. 其他因素　除上述因素外，其他因素如疾病、疫苗间的干扰（尤其是弱毒苗之间）、接种人员的素质等都有可能影响疫苗的免疫效果。

附录五　猪场主要疫病免疫学
诊断与监测技术

随着养猪业的发展，越来越需要多种特异的诊断方法。实验室手段可使疾病的诊断更加快速和准确，这已被生产单位逐渐采用。下面着重介绍主要疫病的免疫学诊断与监测技术。

一、全血平板凝集试验

（一）材料

猪丹毒凝集抗原；玻板、9 号针头、酒精棉、酒精灯与取血环。

（二）操作

（1）在玻板上滴加 1 滴抗原（用前摇匀）。
（2）用酒精棉擦拭针头与取血环并在酒精灯上灼烧消毒。
（3）用针头刺破猪耳静脉，用取血环取血并与玻璃板上的抗原液充分混合，2～3min 观察结果。
（4）结果判定。出现颗粒状凝集为阳性反应，否则为阴性反应。

（三）注意事项

（1）调整取血环，应使取血量与抗原量大致相等。
（2）抗原使用前应充分摇匀。
（3）取血前针头与取血环应消毒安全，防止感染。

（四）应用

本试验在实践中主要用于猪丹毒诊断。诊断时应注意，注射过猪丹毒疫苗的猪也可出现阳性反应，应事先了解疫苗接种史。

二、血清凝集试验（以布鲁氏菌病为例）

（一）玻片凝集试验

1. 材料　布鲁氏平板凝集抗原；布鲁氏阳性血清；布鲁氏阴性血清；待

检血清；检疫箱；接种环；滴管等。

2. 操作

（1）将检疫箱通电，使玻板温度达 30℃ 左右。

（2）取待检血清 0.08、0.04、0.02、0.01mL 分别加于 4 个方格内，同时设立阳性血清对照。

（3）在每个方格内的血清附近滴加 0.03mL 抗原，然后用接种环将抗原与血清混匀。轻轻摇动检疫箱，使抗原与血清充分混合，3～5min 内记录结果。

（4）结果记录标准：有较大的凝集块，液体完全透明为"♯"，即 100% 凝集；有可见凝集片，液体不甚透明为"＋＋"，即 50% 凝集；介于前两者之间为"＋＋＋"，即 75% 凝集；液体混浊有小颗粒为"＋"，即 25% 凝集；液体均匀混浊为"－"，即 0 凝集。

（5）结果判定：若猪血清为 0.04mL 时出现 50% 以上凝集，则为阳性反应；若猪血清为 0.08mL 时出现 50% 以上凝集，则为可疑。出现可疑反应的猪，应经 3～4 周重新采血检查。倘若再次检查的结果仍为可疑，而且猪群无临床症状和大批的阳性反应，则应判为阴性。

（二）试管凝集试验

1. 材料 布鲁氏试管凝集抗原液（1：20 稀释）；布鲁氏（＋）血清（1：25 稀释）；布鲁氏（－）血清（1：25 稀释）；稀释液（0.5% 石炭酸生理盐水）；灭菌试管、吸管及试管架；待检血清。

2. 操作

（1）取 7 只灭菌试管置于试管架上，按附表 5-1 稀释。上述过程完成后每管内应含 1.0mL 液体。

（2）将 7 只试管充分摇匀，置入 37℃ 温箱中反应 24h，判定结果。

（3）结果判定：液体完全透明，凝集物均匀铺布于管底，振荡时，凝集物呈片状、块状或颗粒状为"♯"，即 100% 凝集；液体不甚透明，管底有明显的凝集物，振荡时有块状或小片絮状物为"＋＋"，即 50% 凝集；介于上述两者间为"＋＋＋"，即 75% 凝集；液体透明度差，管底有少量凝集物为"＋"，即 25% 凝集；液体均匀混浊，管底无凝集物为"－"，即 0 凝集。

以出现 50% 凝集的血清最高稀释度为该血清的凝集价。当猪血清凝集价为 1：50 以上时，可判为阳性反应。若凝集价为 1：25，则判为可疑，应经 3～4 周再次采血复检。若复检后应为可疑，而且猪群无临床症状和大批的阳性反应，则可判定为阴性反应。

如果被检的猪血清有个别的弱阳性反应，猪群并未有临床症状，需经 3～4 周再次采血复检，以防止非特异性反应现象。

附表 5-1　布鲁氏菌试管凝集反应

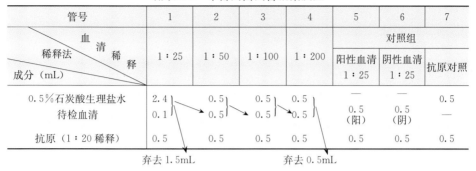

管号		1	2	3	4	5	6	7
稀释法　血清稀释　成分（mL）		1：25	1：50	1：100	1：200	对照组		
						阳性血清 1：25	阴性血清 1：25	抗原对照
0.5％石炭酸生理盐水		2.4	0.5	0.5	0.5	—	—	0.5
待检血清		0.1	0.5	0.5	0.5	0.5（阳）	0.5（阴）	—
抗原（1：20 稀释）		0.5	0.5	0.5	0.5	0.5	0.5	0.5

弃去 1.5mL　　　　　　弃去 0.5mL

（三）血清凝集试验在其他猪病检测中的应用举例

1. 猪巴氏杆菌病　用玻片凝集试验以菌体抗原检测血清中的抗体。

2. 猪丹毒　坡片凝集试验和试管凝集试验都可用于猪丹毒抗体的检测。做试管凝集试验检测血清时，凝集价在 1：200 以上方可判为阳性反应。

3. 猪传染性萎缩性鼻炎　用试管凝集试验对 3 月龄以上的猪进行检测。血清稀释按 1：10、1：20、1：40、1：80……进行。凝集价在 1：80 以上时为阳性，1：40 为可疑，1：120 以下则为阴性。

三、琼脂扩散试验

（一）材料

优质琼脂粉或琼脂糖；0.01mol/L pH7.2 PBS（其中含 0.76％的 NaCl）；抗原；阳性血清与待检血清；载玻片（或平皿）、打孔器，加样器等。

（二）操作

1. 琼脂平板的制备　称取琼脂粉 1.2g 置于 150mL 三角瓶中，然后加入 100mL PBS 溶液，加入 0.01％硫柳汞加上棉塞后，在水浴中煮沸或微波炉中融化琼脂，待琼脂完全溶解后，在水浴中保持 60℃。取 3.5mL 琼脂液体在干净的载玻片上浇板，或取 15mL 倒入洁净的平皿中，冷却凝固后备用。

2. 打孔与加样　用孔径 4mm、孔距 3mm 的固定组合打孔器打孔（附图 5-1）。

3. 抗体效价测定　中央孔加抗原，外周孔加倍比稀释的血清，每一稀释度加一孔。

4. 扩散　将加完样的琼脂板置于湿盒中在室温或 37℃下扩散 24～48h 判定结果。

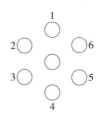

附图 5-1 琼脂扩散试验

中央孔加抗原；外周孔 2 和 5 加阳性血清；外周孔 1、3、4 和 6 加待检血清。

5. 结果判定 当阳性血清与抗原孔之间出现明显致密清晰的沉淀线时，待检血清与抗原孔形成沉淀线或者阳性血清的沉淀线末端向邻近待检血清孔偏弯者，判为阳性；待检血清与抗原之间不形成沉淀线，或阳性血清的沉淀线向邻近的待检血清孔直伸或远离者，判为阴性；抗体效价的测定是以出现阳性反应（明显清晰的沉淀线）的血清最高稀释度为该血清的琼扩效价。

（三）注意事项

（1）为防止琼脂板发霉，琼脂胶中应加入硫柳汞（占总量的 0.01%）防腐。

（2）浇琼脂板时防止过薄或过厚。

（3）打孔时切忌活动琼脂胶，以防琼脂胶与玻片之间出现空隙，加样后液体易从底部流出。克服方法：打完孔后，在玻片的另一面用酒精灯轻轻加热，用手背皮肤测试温度以觉得略烫为度，孔底即被封好。

（4）加样时应加满而不溢出，若有溢出，可及时用滤纸将溢出的液体吸净。

（四）应用

本试验操作简便、准确、快速、重复性好，因而在生产中得到了广泛应用。如在集约化养猪场中常用于猪丹毒、猪肺疫、猪副伤寒、猪瘟、猪水疱病和猪弓形虫病等血清抗体的检测，也可用于检测抗原。

四、间接红细胞凝集试验（间接血凝试验）

（一）材料

抗原敏化红细胞（冻干致敏红细胞）；阳性、阴性猪血清及待检猪血清；稀释液：0.01mol/L pH7.2 PBS（加入 2%免血清，0.05%NaN$_3$；微量 96 孔 V 形血凝板；微量加样器、滴头及微型振荡器。

（二）操作

（1）待检血清灭活：将待检猪血清置于 60℃ 水浴中灭活 30min。

（2）用微量加样器在 V 形血凝板上每孔加入 25μL 稀释液。

（3）取 25μL 待检血清加到第 1 孔，用加样器以吸入与排出的方式混合 4～5 次。取出 25μL 置入第 2 孔进行混匀，依次到第 11 孔，取出 25μL 弃掉，血清稀释度从第 1～11 孔分别为 1：2、1：8、1：32、1：64、1：128、1：256、1：512、1：1024、1：2048、1：4096。最后孔（第 12 孔）留做致敏红细胞对照，同时设立阳性血清与阴性血清对照。

（4）每孔加入 25μL 致敏红细胞，在振荡器上振荡 1～2nin，置于室温或 37℃ 反应 1～2h，观察结果。

（5）结果判定：红细胞呈薄层凝集，布满整个孔底或边缘卷曲呈荷叶边状为"♯"，即 100% 凝集；红细胞呈薄层凝集，但面积较小、中心致密、边缘松散，为"＋＋"，即 50% 凝集；介于上述两者间的为"＋＋＋"，即 75% 凝集；红细胞大部分集中于中央，周围有少量凝集为"＋"，即 25% 凝集；红细胞沉底呈圆点状，周围光滑、无分散凝集现象为 0 凝集。

以出现 50% 凝集（＋＋）的血清最高稀释度为该血清的间接血凝效价。

（三）应用举例

间接红细胞凝集试验是一种快速、简便、敏感和特异的血清学技术，可用于多种疾病血清抗体的检测。

1. 口蹄疫　感染相关抗原（VIA）抗体的检测。该方法通过检测 VIA 抗体判断动物是否感染过口蹄疫。在试验中，将待检血清稀释成 1：10、1：20……稀释度。以血凝效价 1：20 以上者为阳性。同时应设立对照组。

2. 猪气喘病　该试验主要用于检测猪气喘病血清抗体。在试验中，待检血清经灭活后，应经醛化红细胞吸附后再用，方法是：取 0.2mL 待检血清，加 0.3mL 2% 的醛化红细胞，37℃ 吸附后自然沉淀或 2 000r/min 离心 10min 取上清，即 2.5 倍稀释的血清，然后进行 1：5、1：10、1：20、1：40、1：80、1：160 系列稀释。结果判定时，阳性对照血清血凝效价应≥1：40；阴性对照<1：5；抗原致敏红细胞对照孔无自凝现象。待检血清血凝效价≥1：10 判为阳性；血凝效价<1：5 判为阴性；血凝效价介于阴阳性之间，判为可疑。阴性与可疑的猪必须再经 4 周后复检，如果两次检测均为阴性，则可判定为无猪气喘病；若两次结果均为可疑，则判为阳性。该试验可用于猪气喘病普查和

诊断。

3. 猪瘟 该试验以 2 倍系列稀释经灭活的待检血清，血凝效价大于 1∶16 者为阳性，主要用于猪瘟抗体效价检测与猪瘟普查。

4. 弓形虫病 该试验以 2 倍系列稀释经灭活的待检血清。阳性对照（中国农业科学院兰州兽医研究所提供）血凝效价应≥1∶1 024，其他对照均为阴性，待检血清血凝效价≥1∶64 为阳性。

5. 猪衣原体病 该试验以 2 倍系列稀释经灭活的待检血清，血凝效价≥1∶64 判为阳性；血凝效价≤1∶16 为阴性；介于阳性与阳性反应之间为可疑。可疑者应进行复检，若复检后的结果仍为可疑，则可判为阳性。

五、荧光抗体技术

（一）材料

组织切片、病毒组织培养物、细菌悬液；95%乙醇；0.01mol/L pH7.2 PBS；抗血清；FITC 标记的抗猪 IgG（如兔抗猪 IgG）；FITC 标记猪抗体（特异性 IgG）；荧光显微镜。

（二）操作

1. 直接法

（1）细菌悬液或感染组织可在玻片上进行涂片或触片，组织切片用笔圈上，吹干。

（2）固定标本将玻片放入 95%乙醇中室温固定 5～10min，用 PBS 冲洗，吹干。

（3）滴加 FITC 标记的特异性猪 IgG，37℃染色 30min。

（4）冲洗、干燥、封片及镜检。

2. 间接法

（1）病毒感染组织可进行冷冻切片，病毒组织细胞培养物载片用笔圈上，吹干。

（2）固定标本同直接法。

（3）滴加抗血清于标本部位，室温或 37℃作用 30min，然后用 PBS 冲洗，依次用同样的 3 杯 PBS 液依次浸泡 5min，取出晾干。

（4）滴加按效价稀释的 FITC 标记的抗猪 IgG。37℃染色 30min。

（5）冲洗、干燥、封片及镜检。

（6）无论是直接法还是间接法，都应设立阳性和阴性对照。

3. 结果判定 阳性反应可见到黄绿色荧光，阴性无荧光。

（三）注意事项

（1）本试验易出现非特异性荧光，因此冲洗时应按规程彻底进行，同时设立阴性与阳性对照。

（2）切片宜薄不宜厚，涂片也不宜太厚。

（3）阳性反应一般可见到固定的细菌或病毒的荧光染色特征，参照有关资料做出正确判断。

（四）应用举例

1. 猪狂犬病　取猪脑组织海马回制成触片，干燥后丙酮固定，用狂犬病荧光抗体染色，用 pH9.0 的硼酸缓冲液冲洗后再用蒸馏水冲洗。干燥后在荧光显微镜下检查特异性荧光。

2. 猪丹毒　用病变组织（脾、肾、肝、淋巴结）做成切片。用猪丹毒 A 型、B 型荧光抗体采用直接法进行检查，在荧光显微镜下观察到亮绿色的菌体者为阳性。

3. 猪痢疾　采集待检猪粪便做涂片，用直接法荧光抗体技术检查，以观察到黄绿色螺旋体样菌体为阳性，即可做出确诊。

4. 猪瘟　采集待检猪的肾或脾、扁桃体做触片，或用扁桃体、淋巴结、肾等组织制作冰冻切片。用直接法加入猪瘟荧光抗体进行染色，在荧光显微镜下观察，以出现亮绿色或黄绿色荧光细胞、轮廓清楚、胞浆着染、核不着色为阳性。应设立猪瘟血清抑制染色试验，以鉴定荧光的特异性。

5. 猪流行性腹泻　主要用于检测自然死亡的初生仔猪肠上皮细胞或细胞培养物内的病毒抗原。用直接法检测肠上皮细胞洗脱物涂片。冰冻切片或细胞培养物中的猪流行性腹泻病毒。若用 0.02％伊文思兰稀释的荧光抗体染色，在荧光显微镜下检查，以细胞浆内有弥漫性或颗粒性亮绿色的荧光为阳性；若细胞呈红色荧光，则为阴性。应注意的是，在检查用 FITC 标记的荧光抗体染色片时，阳性者应发出亮绿色荧光。凡是暗绿色或黄色的荧光，均属于非特异性荧光。

6. 猪传染性胃肠炎　取扁桃体、肠系膜淋巴结做触片或冰冻切片，或取空肠黏膜上皮细胞经处理后的细胞沉淀物做成涂片。用荧光抗体（经含 0.02％伊文思兰的 0.01mol/L pH7.2 PBS 稀释）直接进行检测。在荧光显微镜下以观察到细胞内有特异性荧光者为阳性。所有细胞浆内未见特异性荧光者为阴性。

六、酶联免疫吸附试验（ELISA）两种方法——间接法和夹心法

（一）材料

0.05mol/L pH9.6 碳酸盐缓冲液；稀释液：0.01mol/L pH7.2 PBS（含 0.13mol/L NaCl，5％胎牛血清）；洗涤液：0.01mol/L pH7.2 PBS（含 0.13mol/L NaCl，0.05％吐温-20）；30％ H_2O_2；邻苯二胺（OPD）；pH5.0 磷酸氢二钠-柠檬酸缓冲液；2mol/L H_2SO_4；抗原；阳性血清、阴性血清、待检血清；酶标记抗 PEDV IgG 与酶标兔抗猪 IgG；40 孔聚苯乙烯酶联板；酶联免疫检测仪。

（二）操作

1. 间接法

（1）用碳酸盐缓冲液配制一定浓度的抗原包被液包被酶联板，每孔 100μL，置于 37℃条件下 2h 或 4℃冰箱中过夜。

（2）倾去孔内液体，用洗涤液加满各孔，洗涤 3 次，每次 3min，然后倾尽洗涤液。

（3）除调零孔外，其余孔加入用稀释液稀释的待检血清，每孔 100μL 同时设立阴性、阳性血清对照，37℃反应 0.5h。若进行抗体效价监测，参照（4）。

（4）抗体效价的测定：将待检血清进行倍比稀释，每份血清加 2 排孔，即同一稀释度的血清加上下相邻的 2 个孔。每孔 100μL，调零孔不加血清，同时设立阴性、阳性血清对照。37℃反应 0.5h。

（5）洗涤同（2）。

（6）除调零孔外，每孔加入酶标记兔抗猪 IgG 100μL，37℃反应 0.5h。

（7）洗涤同（2）。

（8）每孔加入新鲜配制的底物溶液（取 OPD40mg 溶于 100mL pH5.0 磷酸盐-柠檬酸缓冲液，临用前加入 30％ H_2O_2 0.15mL）100mL，室温下观察显色（5～30min）。

（9）每孔加入 50μL 2mol/L H_2SO_4 终止反应。

（10）用酶联免疫检测仪测定每孔 OD490nm 的光密度（OD 值）。

2. 夹心法 以检测 PEDV 抗原为例。

（1）抗体包被 以一定浓度的猪抗 PEDV 抗体或 PED 免疫血清（用碳酸盐缓冲液进行稀释）包被酶联板，每孔 100μL。置于 37℃ 2h 或 4℃冰箱中过夜。

（2）洗涤　同间接法（2）。

（3）加待检样本　除调零孔外，每份样本加 2 个孔，每孔 $100\mu L$，同时设立阴阳性对照及酶结合物对照（抗体＋PBS＋酶结合物）。置于 37℃ 反应 0.5h。

（4）洗涤　同（2），加入酶标抗体 37℃ 反应 0.5h。

（5）加底物溶液　同间接法（8）。

（6）同间接法（9）。

（7）同间接法（10）。

3. 结果判定　ELISA 常用的判定方法有以下三种。

（1）阴阳性表示法　待检样本吸收值≥阴性样本平均吸收值＋2SD（标准差）判为阳性。

（2）P/N 比法　样本吸收值/阴性样本平均吸收值≥2～3 者为阳性。

（3）终点表示法　以出现阳性反应的样本最高稀释度为该样本的滴度（或效价）。

（三）注意事项

（1）包被过程中以高 pH 和低离子强度的条件为佳，包被浓度 1～100μg/mL 为选择最佳浓度。

（2）血清或抗原稀释液应含 5%～10% 异种动物血清或 1%BSA 或 0.5% 明胶，以起封闭作用，防止非特异性反应。否则应在第（2）与（3）步之间加封闭液进行封闭。

（3）洗涤要充分，酶结合物按要求进行稀释和使用，底物溶液一定要现用现配。

（4）显色时，阴性对照刚出现微黄色时应立即终止反应，阴性对照应设 4～6 个孔。

（5）用 P/N 比法判定结果时，阴性对照孔若小于 0.1，则易出现误判。

（6）用自动酶联仪检测时，应按仪器规定说明确定调零孔。

（7）同一稀释度 2 个孔 OD490 值的平均值为该稀释度的 OD 值，对照孔应做同样处理。

（四）应用举例

自 20 世纪 70 年代建立 ELISA 以来，该试验已广泛用于疾病的诊断、流行病学调查及血清抗体的监测。间接法 ELISA 主要用于疫病血清抗体的监测和诊断；夹心法 ELISA 用于检测多种病原（细菌、病毒）的抗原成分与诊断。

1. 猪瘟　用猪瘟单克隆抗体纯化酶联免疫吸附试验抗原（中国兽医药品监察所提供）以间接法 ELISA 检测血清中的猪瘟病毒抗体，可区别强毒感染和弱毒疫苗免疫后产生的抗体。其使用方法按抗原使用说明书进行。判定标准为：在猪瘟弱毒酶联板上，待检血清样本 OD 值－阴性血清 OD 值≥0.2，即判为猪瘟弱毒抗体阳性；在猪瘟强毒酶联板上，待检血清样本 OD 值－阴性血清 OD 值≥0.5，判为猪瘟强毒抗体阳性。该方法是猪瘟抗体监测、了解猪群猪瘟强毒感染状况及猪瘟流行病学调查十分有效的手段，也为制订合理的免疫程序，最终消灭猪瘟提供了重要的依据。

2. 猪流行性腹泻 用双抗体夹心法 ELISA 从粪便中直接检测猪流行性腹泻病毒（长春解放军农牧大学报道），适于快速诊断。在试验中粪便样本应经处理后再使用（将粪便用稀释液稀释 5～10 倍悬液，3 000r/min 离心 15min，取上清液进行检测）。每份样本加 2 个孔，并设立阳性对照（抗体＋阳性粪便＋酶结合物）、阴性对照（抗体＋阴性粪便＋酶结合物）、酶结合物对照（抗体＋PBS＋酶结合物），以及调零孔。以 P/N 比值≥2 判为阳性，否则为阴性。

3. 猪旋毛虫病 该病可用间接法 ELISA 检测猪旋毛虫病抗体进行快速诊断，适于猪旋毛虫病检疫。

4. 猪气喘病 用间接法 ELISA 检测猪气喘病抗体可做出诊断。用微量全血酶联免疫吸附试验（吉林省兽医科学研究所建立），可检测出初期病猪和病变吸收后期的病猪。

七、斑点酶联免疫吸附试验（Dot-ELISA）

（一）材料

硝酸纤维滤膜（NCM，孔径 $0.45\mu mol/L$）；0.01mol/L pH7.2 PBS；封闭液（PBS 加入 10％马血清或 0.1％明胶）；30％H_2O_2；3，3-二氨基联苯胺（DAB）；抗原液、阴性对照液，待检液；待检血清、阳性血清及阴性血清；酶标兔抗猪 IgG；0.05mol/L Tris-HCl 缓冲液；洗涤液（PBS 加入 0.05％吐温-20）。

（二）操作

本试验介绍间接法 Dot-ELISA，既可检测抗原，也可检测抗体。

1. 检测抗原

（1）NCM 的处理 在 NCM 上划 6mm×6mm 的方格。在方格中央用笔尖圆尾末端压成圆形痕迹。置于蒸馏水中浸泡 10min，取出后晾干备用。

（2）点样 取 $10\mu L$ 待检液在 NCM 圆圈内点样。同时设立阳性与阴性对照。自然干燥或 37℃ 干燥。

（3）封闭 将 NCM 置于封闭液中，37℃ 30min，用洗涤液洗涤 1 次，每次 3min。

（4）加工作浓度的猪阳性血清　将 NCM 置于猪阳性血清中，37℃作用 1h，取出用洗涤液洗涤 3 次，每次 3min。

（5）加酶标兔抗猪 IgG　37℃作用 1h，然后洗涤 3～4 次，每次 3min。

（6）加底物溶液　0.05mol/L Tris-HCl 缓冲液 100mL，加 DAB 40mg 及 30%H$_2$O$_2$ 50μL，作用 5～20min。

（7）终止显色　将 NCM 置于蒸馏水中浸泡 2～3min。

（8）干燥　自然干燥或 37℃干燥。

（9）观察结果

2. 检测抗体

（1）NCM 的处理。同检测抗原（1）。

（2）点样。取已知抗原液点样，自然晾干或 37℃干燥。

（3）封闭。同检测抗原（3）。

（4）将点样后的 NCM 按点样格子剪成小块，置入系列稀释的待检血清（1∶10、1∶50、1∶100、1∶200、1∶400、1∶800、1∶1 600、1∶3 200、1∶6 400、1∶12 800），同时设立阴性、阳性血清对照。37℃作用 1h，然后用洗涤液洗涤 3 次，每次 3min。

（5）、（6）、（7）、（8）与（9）分别同于检测抗原（5）、（6）、（7）、（8）与（9）。

判定标准与阴性对照相同，不呈现斑点者为（－）；以斑点深棕色，背景白色，对比度清晰为强阳性（♯）；斑点浅棕色，对比度清晰为（＋＋）；介于两者之间为（＋＋＋）；斑点较弱或点内有不均质的棕色点为（＋）。

以出现阳性反应的血清最高稀释度为该血清的 Dot-ELISA 效价。

（三）注意事项

（1）试验中的加点抗原、血清及酶标抗体的稀释度，应根据预试验确定。

（2）试验中应使用不溶性供氢体，如 DAB、4-氯-1-萘酚等，不能用可溶性供氢体。

（3）根据试验目的确定检测抗原或抗体。

（4）封闭液可使用异种动物血清、BSA 或明胶溶液等进行封闭。根据预试验选择最佳封闭条件。

（四）应用

Dot-ELISA 可进行常规 ELISA 所做的试验。应用方面参见 ELISA 试验。

八、病毒中和试验

病毒中和试验特异性强，既可用已知病毒检测血清中和抗体，又可用特异抗血清检测病毒，该试验方法操作较烦琐，在一般的养猪场化验室难以进行。在生产实践中受到一定限制。但其仍不失为一种标准的、可靠的血清抗体或病毒的检测或鉴定方法。

附录六　猪常见传染病免疫程序

1. 猪瘟　对所有的猪实施全面免疫。

（1）种公猪　每年春、秋季节用猪瘟兔化弱毒疫苗各免疫接种一次。

（2）种母猪　产前 30 天免疫接种一次；或春、秋两季各免疫接种一次。

（3）仔猪　非疫区猪场，仔猪 20 日龄、70 日龄各免疫接种一次；疫情严重的猪场，建议采用乳前免疫（或称超免），即仔猪出生后不吃初乳，立即用猪瘟兔化弱毒疫苗接种，待 2h 后方可哺乳。

（4）后备种猪　按仔猪免疫程序，配种前免疫一次，产前一个月免疫接种一次。

（5）新引进猪　要及时补免。

2. 猪丹毒、猪肺疫

（1）种猪　春秋两季分别用猪丹毒、猪肺疫菌苗各免疫接种一次。

（2）仔猪　断奶后分别用猪丹毒、猪肺疫菌苗免疫接种一次，70 日龄分别用猪丹毒、猪肺疫菌苗免疫接种一次。饲养管理条件好的猪场也可以不注射这两种菌苗。

3. 仔猪副伤寒　仔猪断奶后（30～35 日龄）口服或注射一头份仔猪副伤寒菌苗；饲养管理条件好的猪场仔猪也可以不注射。

4. 仔猪大肠杆菌病（仔猪黄痢）　妊娠母猪于产前 40～42 天和 15～20 天分别用大肠杆菌腹泻菌苗（K88、K99、987P）免疫接种一次。

5. 仔猪红痢　妊娠母猪于产前 30 天和产前 15 天分别用红痢菌苗免疫接种一次。

6. 猪细小病毒病

（1）种公猪、种母猪　每年用猪细小病毒疫苗免疫接种一次。

（2）后备公猪、母猪　配种前一个月免疫接种一次。

7. 猪气喘病

（1）种猪　成年猪每年用猪气喘弱毒菌苗免疫接种一次（右侧胸腔注射）。

（2）仔猪　7～15 日龄免疫一次。

（3）后备种猪　配种前再免疫一次。

8. 猪流行性乙型脑炎　对流行地区种猪后备母猪在蚊蝇季节到来之前 1～2 个月（多数地区在 4～5 月份）用乙型脑炎弱毒疫苗免疫接种一次。

9. 猪传染性萎缩性鼻炎

（1）公猪、母猪　春秋两季各注射一次，种母猪产前一个月免疫一次。

（2）仔猪　仔猪在 1、4 周龄各免疫一次灭活苗。

10. 猪口蹄疫

（1）繁殖母猪和种公猪　每年 1、5、9 月各接种一次 O 型口蹄疫灭活苗，3mL 肌内注射。

（2）仔猪　30、60 日龄各免一次，灭活苗 2mL 肌内注射，育肥猪 100～120 日龄再免疫一次，3mL 肌内注射。

（3）后备母猪　除 35、70 日龄各免一次外，配种前再免疫一次，3mL 肌内注射。

11. 猪伪狂犬病

（1）繁殖母猪　配种前肌内注射基因缺失弱毒活疫苗，产前 3 周肌内注射一次灭活苗。

（2）种公猪　每年接种两次基因缺失弱毒活苗。

（3）仔猪　出生后 30～35 日龄注射一次活苗，60～70 日龄再免一次。

（4）备注　以上各种疫苗免疫接种方法和剂量应按相关产品说明书规定进行。

附录七　猪病免疫防控推荐方案

农业部于 2007 年 3 月 28 日下发的《关于做好 2007 年猪病防控工作通知》农医发 [2007] 10 号文件附件 2《猪病免疫推荐方案（试行）》作为附录五转载如下。

一、总体要求

为了有效预防控制猪病发生与流行，保障畜牧业持续健康发展、畜产品安全和人民身体健康，特制定本方案。

国家对口蹄疫实行强制免疫，对猪瘟实行全面免疫，免疫密度达到 100％。各地结合当地饲养特点和疫病流行情况，对其他猪病实行免疫。同时应及时开展免疫效果监测，并根据免疫抗体消长情况调整免疫程序，以确保免疫质量。

各地依据本方案，结合当地实际情况，可制定相应得免疫方案。

二、免疫病种

本方案包括的免疫病种为：口蹄疫、猪瘟、高致病性猪蓝耳病、猪伪狂犬病、猪流行性乙型脑炎、猪细小病毒病、猪传染性胃肠炎、猪流行性腹泻、猪肺疫、猪丹毒、猪链球菌病、猪大肠杆菌病、仔猪副伤寒、猪气喘病、猪传染性萎缩性鼻炎和猪传染性胸膜肺炎等。

三、推荐的免疫程序

（一）商品猪

免疫时间	使用疫苗
1 日龄	猪瘟弱毒疫苗【注 1】
7 日龄	猪喘气病灭活疫苗【注 2】
20 日龄	猪瘟弱毒疫苗
21 日龄	猪气喘病灭活疫苗【注 2】

（续）

免疫时间	使用疫苗
23～25 日龄	高致病性猪蓝耳病灭活疫苗 猪传染性胸膜肺炎灭活疫苗【注 2】 链球菌Ⅱ型灭活疫苗【注 2】
28～35 日龄	口蹄疫灭活疫苗 猪丹毒疫苗、猪肺疫疫苗或猪丹毒-猪肺疫二联苗【注 2】 仔猪副伤寒弱毒疫苗【注 2】 传染性萎缩性鼻炎灭活疫苗【注 2】
55 日龄	猪伪狂犬病基因缺失弱毒疫苗 传染性萎缩性鼻炎灭活疫苗【注 2】
60 日龄	口蹄疫灭活疫苗 猪瘟弱毒疫苗
70 日龄	猪丹毒疫苗、猪肺疫疫苗或猪丹毒-猪肺疫二联苗【注 2】

注：①猪瘟弱毒疫苗建议使用脾淋疫苗。②【注 1】在母猪带毒严重，垂直感染引发哺乳仔猪猪瘟的猪场实施。③【注 2】根据本地疫病流行情况可选择进行免疫。

（二）种母猪

免疫时间	使用疫苗
每隔 4～6 个月	口蹄疫灭活疫苗
初产母猪配种前	猪瘟弱毒疫苗 高致病性猪蓝耳病灭活疫苗 猪细小病毒灭活疫苗 猪伪狂犬病基因缺失弱毒疫苗
经产母猪配种前	猪瘟弱毒疫苗 高致病性猪蓝耳病灭活疫苗
产前 4～6 周	猪伪狂犬病基因缺失弱毒疫苗 大肠杆菌双价基因工程苗【注 2】 猪传染性胃肠炎、流行性腹泻二联苗【注 2】

注：①种猪 70 日龄前免疫程序同商品猪。②乙型脑炎流行或受威胁地区，每年 3～5 月份（蚊虫出现前 1～2 月），使用乙型脑炎疫苗间隔一个月免疫两次。③猪瘟弱毒疫苗建议使用脾淋疫苗。④【注2】根据本地疫病流行情况可选择进行免疫。

（三）种公猪

免疫时间	使用疫苗
每隔 4～6 个月	口蹄疫灭活疫苗

（续）

免疫时间	使用疫苗
每隔 6 个月	猪瘟弱毒疫苗 高致病性猪蓝耳病灭活疫苗 猪伪狂犬病基因缺失弱毒疫苗

注：①种猪 70 日龄前免疫程序同商品猪。②乙型脑炎流行或受威胁地区，每年 3～5 月份（蚊虫出现前 1～2 月），使用乙型脑炎疫苗间隔一个月免疫两次。③猪瘟弱毒疫苗建议使用脾淋疫苗。

四、技术要求

（1）必须使用经国家批准生产或已注册的疫苗，并做好疫苗管理，按照疫苗保存条件进行贮存和运输。

（2）免疫接种时应按照疫苗产品说明书要求规范操作，并对废弃物进行无害化处理。

（3）免疫过程中要做好各项消毒，同时要做到"一猪一针头"，防止交叉感染。

（4）经免疫监测，免疫抗体合格率达不到规定要求时，尽快实施一次加强免疫。

（5）当发生动物疫情时，应对受威胁的猪进行紧急免疫。

（6）建立完整的免疫档案。

索　引

免疫科学家经典励志故事音频

1. 免疫学诞生与发展（1）

2. 免疫学诞生与发展（2）

3. 免疫学诞生与发展（3）

4. 米奇尼科夫

5. 巴尔的摩与泰敏

6. Dulbecco

7. Varmus and Bishop

8. 诺贝尔奖争议

9. Doherty

10. Zinkernagel

11. 先天性免疫诺贝尔奖